U0322956

高职高专计算机任务驱动模式教材

Dreamweaver CS6网页设计与制作

游　琪　吴积军　主　编

廖海生　张广云　副主编

清华大学出版社

北　京

内容简介

本书以项目为主线，通过项目讲解网页设计与制作的相关知识，从网页制作初学者的角度出发，系统详细地介绍了使用 Dreamweaver CS6 制作网页的全部知识和各种设计技巧，鼓励学生在实践中加深对网页设计相关内容的理解与掌握。本书共分 15 个项目，主要包括网页设计的基本知识，使用 Dreamweaver CS6 制作框架网页、表格网页及 DIV＋CSS 布局网页，特效网页的制作，动态网页的制作及网站上传和维护等内容。本书内容由浅入深，通俗易懂，在讲解时对操作过程中的每一个步骤都有详细的说明，并配有插图；每个知识点采用"任务驱动"模式进行编写，通过具体的课堂任务案例及课后的巩固练习，结合当前最新网页制作技术，由浅入深、循序渐进地介绍了网页制作技术。

本书可作为高等职业院校、高等专科学校计算机专业的教材与参考书，也可作为网页设计初学者的自学用书。

图书在版编目(CIP)数据

Dreamweaver CS6 网页设计与制作/游琪，吴积军主编. —北京：清华大学出版社，2014 (2019.12重印)
(高职高专计算机任务驱动模式教材)
ISBN 978-7-302-36564-8

Ⅰ. ①D…　Ⅱ. ①游…　②吴…　Ⅲ. ①网页制作工具－高等职业教育－教材　Ⅳ. ①TP393.092

中国版本图书馆 CIP 数据核字(2014)第 112334 号

责任编辑：陈砺川
封面设计：徐日强
责任校对：李　梅
责任印制：丛怀宇

出版发行：清华大学出版社
网　　址：http://www.tup.com.cn，http://www.wqbook.com
地　　址：北京清华大学学研大厦 A 座　　**邮　　编**：100084
社 总 机：010-62770175　　**邮　　购**：010-62786544
投稿与读者服务：010-62776969，c-service@tup.tsinghua.edu.cn
质量反馈：010-62772015，zhiliang@tup.tsinghua.edu.cn
课件下载：http://www.tup.com.cn，010-62795764
印 刷 者：北京富博印刷有限公司
装 订 者：北京市密云县京文制本装订厂
经　　销：全国新华书店
开　　本：185mm×260mm　　**印　张**：13.25　　**字　　数**：317 千字
版　　次：2014 年 9 月第 1 版　　**印　　次**：2019 年12月第6次印刷
定　　价：29.00 元

产品编号：059184-01

出版说明

我国高职高专教育经过十几年的发展，已经转向深度教学改革阶段。教育部于 2006 年 12 月发布了教高[2006]第 16 号文件《关于全面提高高等职业教育教学质量的若干意见》，大力推行工学结合，突出实践能力培养，全面提高高职高专教学质量。

清华大学出版社作为国内大学出版社的领跑者，为了进一步推动高职高专计算机专业教材的建设工作，适应高职高专院校计算机类人才培养的发展趋势，根据教高[2006]第 16 号文件的精神，2007 年秋季开始了切合新一轮教学改革的教材建设工作。该系列教材一经推出，就得到了很多高职院校的认可和选用，其中部分书籍的销售量都超过了 3 万册。现重新组织优秀作者对部分图书进行改版，并增加了一些新的图书品种。

目前国内高职高专院校计算机网络与软件专业的教材品种繁多，但符合国家计算机网络与软件技术专业领域技能型紧缺人才培养培训方案，并符合企业的实际需要，能够自成体系的教材还不多。

我们组织国内对计算机网络和软件人才培养模式有研究并且有过一段实践经验的高职高专院校，进行了较长时间的研讨和调研，遴选出一批富有工程实践经验和教学经验的双师型教师，合力编写了这套适用于高职高专计算机网络、软件专业的教材。

本套教材的编写方法是以任务驱动、案例教学为核心，以项目开发为主线。我们研究分析了国内外先进职业教育的培训模式、教学方法和教材特色，消化吸收优秀的经验和成果。以培养技术应用型人才为目标，以企业对人才的需要为依据，把软件工程和项目管理的思想完全融入教材体系，将基本技能培养和主流技术相结合，课程设置中重点突出、主辅分明、结构合理、衔接紧凑。教材侧重培养学生的实战操作能力，学、思、练相结合，旨在通过项目实践，增强学生的职业能力，使知识从书本中释放并转化为专业技能。

一、教材编写思想

本套教材以案例为中心，以技能培养为目标，围绕开发项目所用到的知识点进行讲解，对某些知识点附上相关的例题，以帮助读者理解，进而将知识转变为技能。

考虑到是以“项目设计”为核心组织教学，所以在每一学期配有相应的实训课程及项目开发手册，要求学生在教师的指导下，能整合本学期所学的知识内容，相互协作，综合应用该学期的知识进行项目开发。同时，在教材中采用了大量的案例，这些案例紧密地结合教材中的各个知识点，循序渐进，由浅入深，在整体上体现了内容主导、实例解析、以点带面的模式，配合课程后期以项目设计贯穿教学内容的教学模式。

软件开发技术具有种类繁多、更新速度快的特点。本套教材在介绍软件开发主流技术的同时，帮助学生建立软件相关技术的横向及纵向的关系，培养学生综合应用所学知识的能力。

二、丛书特色

本系列教材体现目前工学结合的教改思想，充分结合教改现状，突出项目面向教学和任务驱动模式教学改革成果，打造立体化精品教材。

(1) 参照和吸纳国内外优秀计算机网络、软件专业教材的编写思想，采用本土化的实际项目或者任务，以保证其有更强的实用性，并与理论内容有很强的关联性。

(2) 准确把握高职高专软件专业人才的培养目标和特点。

(3) 充分调查研究国内软件企业，确定了基于 Java 和.NET 的两个主流技术路线，再将其组合成相应的课程链。

(4) 教材通过一个个的教学任务或者教学项目，在做中学，在学中做，以及边学边做，重点突出技能培养。在突出技能培养的同时，还介绍解决思路和方法，培养学生未来在就业岗位上的终身学习能力。

(5) 借鉴或采用项目驱动的教学方法和考核制度，突出计算机网络、软件人才培训的先进性、工具性、实践性和应用性。

(6) 以案例为中心，以能力培养为目标，并以实际工作的例子引入概念，符合学生的认知规律。语言简洁明了、清晰易懂，更具人性化。

(7) 符合国家计算机网络、软件人才的培养目标；采用引入知识点、讲述知识点、强化知识点、应用知识点、综合知识点的模式，由浅入深地展开对技术内容的讲述。

(8) 为了便于教师授课和学生学习，清华大学出版社正在建设本套教材的教学服务资源。在清华大学出版社网站(www.tup.com.cn)免费提供教材的电子课件、案例库等资源。

高职高专教育正处于新一轮教学深度改革时期，从专业设置、课程体系建设到教材建设，依然是新课题。希望各高职高专院校在教学实践中积极提出意见和建议，并及时反馈给我们。清华大学出版社将对已出版的教材不断地修订、完善，提高教材质量，完善教材服务体系，为我国的高职高专教育继续出版优秀的高质量的教材。

清华大学出版社

高职高专计算机任务驱动模式教材编审委员会

2014 年 3 月

前　言

随着互联网技术的高速发展，网络正逐步改变着人们的生活方式和工作方式。越来越多的个人、企业纷纷建立自己的网站，利用网站来宣传和推广自己。

Dreamweaver CS6 是世界顶级软件厂商 Adobe 推出的一套拥有可视化编辑的界面，用于制作并编辑网站和移动应用程序的网页设计软件。由于它支持代码、拆分、设计、实时视图等多种方式来创作、编写和修改网页，因此初级人员可以无须编写任何代码就能快速创建 Web 页面。其成熟的代码编辑工具更适用于 Web 开发高级人员的创作。它以强大的功能和友好的操作界面备受广大网页设计工作者的欢迎，成为网页制作的首选软件。

1. 本书内容

本书在编写过程中以项目为导向，采用由浅入深、由易到难的方式进行讲解。全书结构清晰，内容丰富，主要内容包括以下 3 个方面。

(1) 基础入门。本书项目 1 和项目 2 介绍网页制作基础、网页的基本要素、网页设计工具、网站规划、Dreamweaver CS6 工作界面及基本操作、创建与管理站点等内容。

(2) 网页制作与设计。本书项目 3～项目 12 介绍在网页中创建文本、使用图像与多媒体丰富网页内容、网页中的超链接和使用表格/框架布局页面、表单网页的制作、创建 CSS 样式、将 CSS 应用到网页、应用 DIV＋CSS 灵活布局网页及利用模板和库创建网页等内容。

(3) 动态网页设计。本书项目 13～项目 15 介绍使用 JavaScript 行为创建动态效果的操作方法与技巧以及网站的上传和维护方面的知识。

2. 本书特点

(1) 以能力的培养和提高为目标来构建教学内容。首先是布置学习目标，通过案例引入、分析案例，说明每个任务的学习目的，以企业网站建设项目作为主线展开，介绍网站设计与制作的全过程，将理论与实践完美地结合，把实用技术作为重点。

(2) 教材的编写满足社会的需求。突出职业院校特点，以职业能力为本，以技能教育为重点。教学内容以学术为本，以实用性和就业为目标。在教学内容的编写上以学生兴趣为先导，采用项目教学的方法，在教学内容中采用大量的案例，增强教材的可读性。一线企业的资深人员参与编写课后实训，可让学生接触到行业最新资讯。

在此，要特别感谢的是陈浩雄、吴一兵两位来自企业的高级工程师，在本书的编写过程中，他们除参编课后实训内容之外，还在百忙之中提出了很多有参考价值的意见和建议。

由于时间仓促，书中难免会有不足之处，恳请广大读者批评指正。

编　者

2014 年 6 月

目　录

项目1　网页设计的基础知识

项目描述

因特网(Internet)是全球性的网络,是一种公用信息的载体,是大众传媒的一种。它具有快捷性、普及性,是现今最流行、最受欢迎的传媒之一,这种大众传媒的传播速度比以往任何一种通信媒体的传播速度都要快,现我国网民接近5亿,因特网普及率超过世界平均水平。在中国,因特网已成为思想文化信息的集散地和社会舆论的放大器,有着日益强大的社会影响力。而因特网上的信息是通过网页向全世界展示的。

本项目主要通过介绍网页的基本组成元素、网站类型和结构、Web标准、布局结构和网页制作的常用软件及网站开发流程等让读者对网页设计有一个初步的认识。

知识目标

- 了解网页设计元素的组成;
- 了解网站的类型和结构;
- 了解开发网站的基本流程;
- 了解网页的设计制作工具。

技能目标

- 认识网页的组成元素;
- 了解Web标准;
- 了解网站的开发流程;
- 熟悉网页制作的常用软件。

任务1.1　网站欣赏

任务描述

因特网已经发展多年,网络已经成为人们生活中不可或缺的一部分了,Internet、局域网及手机移动互联网等,生活中处处可见网络的影响。伴随着网络的快速发展,因特网也拉动了一些新兴产业,如网络游戏、网络聊天、网上影视等都得到了飞速发展。同时,网络传媒、电子商务等给企业带来了无限的商机。使因特网具有这种强大功能的元素就是网站,在

Internet 上的交流离不开网站这个载体。当然,具有载体功能的网站也是有一定规则和标准的,并不是随意生成的。

相关知识与技能

1. 网页和网站

网站是由网页集合而成的,而大家通过浏览器所看到的画面就是网页。具体来说,网页是一个 HTML 文件,浏览器是用来解读这份文件的,网页是由许多 HTML 文件集合而成的。

(1) 网页

网页(Web page)是一个文件,它存放在世界某个角落的某一部计算机中,而这部计算机必须是与 Internet 相联的。网页经由网址(URL)来识别与存取,是万维网中的一"页",是超文本标记语言格式(标准通用标记语言的一个应用,文件扩展名为.html 或.htm)。在浏览器上输入网址后,经过一段复杂而又快捷的程序,网页文件会被传送到用户的计算机上,然后通过浏览器解释网页的内容,最后展示到用户的眼前。

(2) 网站

网站(Website),就是指在因特网上根据一定的规则,使用 HTML 等工具制作的用来展示特定内容的相关网页的集合。简单地说,网站是一种通信工具,人们可以通过网站来发布自己想要公开的资讯,或者利用网站来提供相关的网络服务。人们可以通过网页浏览器来访问网站,获取自己需要的资讯或者享受网络服务。衡量一个网站的性能通常从网站空间大小、网站位置、网站连接速度(俗称"网速")、网站软件配置、网站提供服务等几方面考虑,最直接的衡量标准是这个网站的真实流量。

(3) 网站的类型

① 按照制作技术可以分为静态网站和动态网站。

静态网页通常使用.htm、.html、.shtml 等后缀,是实际存在的网页文件,但是它无法处理用户的信息交互过程。

动态网页通常以.asp、.aspx、.jsp 和.php 等为后缀,常与数据库结合。由程序动态生成,可以处理复杂的用户信息交互过程。

② 按照网站内容可以分为门户网站、企业网站、个人网站、专业网站及职能网站。

(4) 网站的结构

① 线状结构。线状结构是网站最简单的结构方式,一般分为单向线状和双向环状两种形式。在这种结构中,网页一层层链接起来,步步深入,逻辑清晰。单向线状只提供往下一层网页的链接,即从网页 1 可以链接到网页 2,从网页 2 可以链接到网页 3,以此类推。双向环状除了像单向线状那样链接外,还可以倒着从网页 3 回到网页 2,从网页 2 回到网页 1。但无论是单向线状还是双向环状都不能在网页之间自由跳转链接。线状结构如图 1-1 所示。

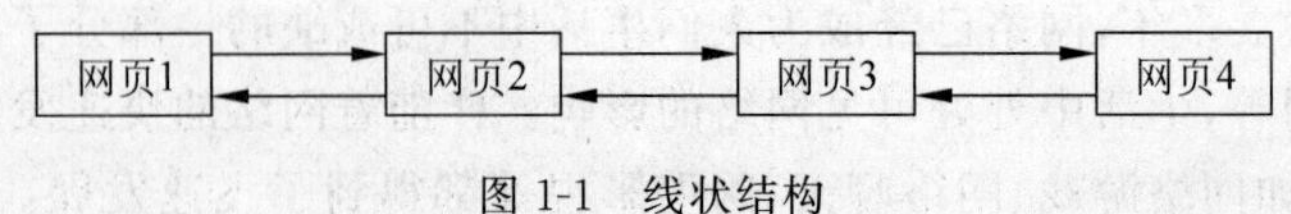

图 1-1 线状结构

线状结构一般用于信息量较少的小型网站、索引站点，或者用来构成网站中的一部分内容，如在线手册、电子图书、联机文档等。对于信息内容较多的网站，采用这种结构方式就显得层次太深、结构过于单薄，因此，一般不用线状结构设计网站的总体结构。

② 树状结构。树状结构，顾名思义，整个网站的架构就像一棵大树，有根、有干、有枝、有叶。整个站点把一个网页作为中心，然后从这个中心向外分散出多个分支，在这些分支上，可以继续生出新的枝干。每一级网页与上下级网页都是相互连通的，但在不同枝干的上下级网页间不能随意跳转链接。树状结构如图 1-2 所示。

树状结构是组织复杂信息的最好方式之一，也是目前网站所采用的主要方式之一，它结构清晰，访问者可以根据路径清楚地知道所在的位置。但在建立枝干的层次时，最多不应超过 4 个，层次太多会降低访问者的阅读效率，使访问者产生厌烦情绪。

③ 网状结构。网状结构是指网页之间像一张网，可相互链接，随意跳转。在网络结构中有一个主页，所有的网页都可以和主页进行链接，同时，各个网页之间也可以随意链接。网页之间没有明显的结构，而是靠网页的内容进行逻辑联系。网状结构如图 1-3 所示。

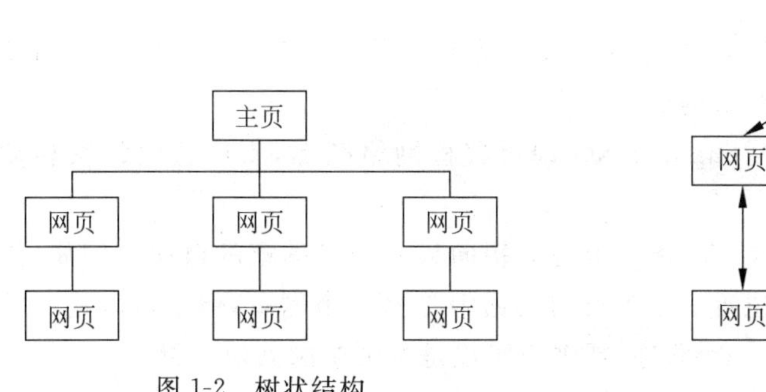

图 1-2　树状结构

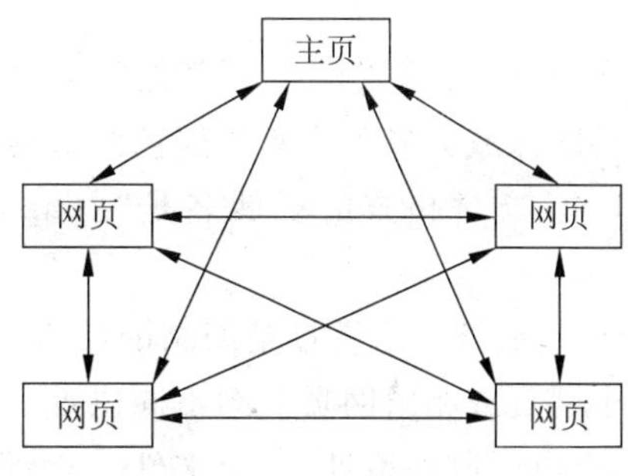

图 1-3　网状结构

采用这种结构的网站，如果网页信息内容不能科学分类，访问者容易在网页跳转过程中迷失方向，很难快速找到所需要的信息。因此，在使用这种结构时，要适度地进行网页间的链接。

实际上人们发现，一个访问轻松、寻找信息快捷的网站往往是综合了多种网站结构，以树状结构为主框架，在此基础上按照网页信息的分类，对各级网页进行网状编排，对某些特殊的内容进行线状链接。

(5) 网页的基本元素

网页的元素组成，如图 1-4 所示。

① 文本。网页中的信息以文本为主。文本一直是人类最重要的信息载体与交流工具，网页中的信息也以文本为主。与图像相比，文本虽然不能够很快引起浏览者的注意，但却能准确地表达信息的内容和含义。为了丰富文本的表现力，人们可以通过文本的字体、字号、颜色、底纹和边框等来展现信息。

文本在网页中的主要功能是显示信息和超链接。

② 图像。图像的功能：提供信息、展示作品、装饰网页、表现风格和超链接。

网页中使用的图像主要是 GIF、JPEG、PNG 等格式。

GIF 文件格式的扩展名是“.gif”。GIF 文件的特点是文件小，使用时占用系统内存少，调用时间短。

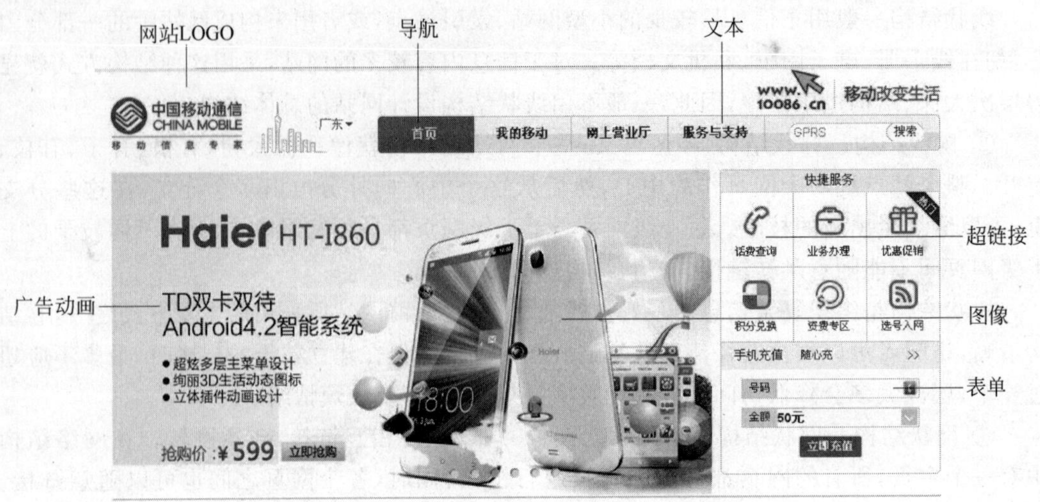

图 1-4　网页的元素组成

JPEG 文件格式的扩展名是“.jpg”。JPEG 文件是扫描照片、带材质的图像、带渐变色过渡的图像或者多于 256 种颜色图像的最佳格式。

PNG 文件格式的扩展名是“.png”。PNG 即可移植网络图形，支持透明背景和动态效果。

③ 超链接。超链接是网站的灵魂，从一个网页指向另一个目的端的链接。例如，指向另一个网页或相同网页上的不同位置。这个目的端通常是另一个网页，但也可以是一幅图片、一个电子邮件地址、一个文件、一个程序，或者也可以是本页中的其他位置。

④ 动画。动画实质上是动态的图像。在网页中使用动画可以有效地吸引浏览者的注意。有活动的对象比静止的对象更具有吸引力，因而，网页上通常有大量的动画。网页中使用较多的动画是 GIF 动画与 Flash 动画。

动画的功能是提供信息、展示作品、装饰网页、动态交互。

⑤ 声音。声音是多媒体网页的一个重要组成部分。当前存在着一些不同类型的声音文件和格式，也有不同的方法将这些声音添加到 Web 页中。

一般说来，不要使用声音文件作为网页的背景音乐，那样会影响网页的下载速度。

⑥ 视频。在网页中视频文件格式也非常多，常见的有 RealPlayer、MPEG、AVI 和 DivX 等，视频文件的采用让网页变得非常精彩而且有动感。

⑦ 表单。表单通常用来接收用户在浏览器端的输入，然后将这些信息发送到用户设置的目标端。

通常表单的用途是收集联系信息、接收用户要求、获得反馈意见、设置访问者签名、让浏览者输入关键字去搜索相关网页、让浏览者注册会员或以会员身份登录。如用户反馈表单、留言簿表单、搜索表单和用户注册表单等。

⑧ 色彩。一个好的网页设计会给用户带来记忆深刻、好用易用的体验。网页设计的版式、信息层级、图片、色彩等视觉方面的运用，直接影响到用户对网站的最初感觉，而在这些内容中，配色方案是至关重要的，网站整体的定位、风格都需要通过颜色，给用户带来感官上的刺激，从而产生共鸣。

一个网站不可能单一地运用一种颜色，让人感觉单调、乏味；但也不能将所有的颜色都运用到一个网站中去。一个网站必须有一种或两种主题色，不至于让客户迷失方向，也不至于单调、乏味。所以确定网站的主题色也是设计者必须考虑的问题之一。

一个页面尽量不要超过4种色彩，用太多的色彩会让人感觉没有方向，没有侧重。当主题色确定好以后，考虑其他配色时，一定要考虑其他配色与主题色的关系，要体现什么样的效果。另外还要考虑哪种因素占主要地位，是明度，纯度还是色相。

2. 布局结构

布局就是以最合适浏览的方式将图片和文字排放在页面的不同位置。不同的制作者会有不同的布局设计。网页布局有以下几种常见结构。

(1)"国"字形布局

这种结构也可以称为"同"字形，是一些大型网站所喜欢的结构类型，即最上面是网站的标题以及横幅广告条，接下来就是网站的主要内容，左右分列一些小条内容，中间是主要部分，与左右一起罗列到底，最下面是网站的一些基本信息、联系方式、版权声明等。这种结构是最常见的一种结构类型。

(2) 拐角形本局

这种结构与上一种结构很相近，其实只是形式上的区别，上面是标题及广告横幅，接下来的左侧是一窄列链接等，右列是很宽的正文，下面也是一些网站的辅助信息。在这种结构中，一种很常见的类型是最上面是标题及广告，左侧是导航链接。

(3) 标题正文形布局

这种结构最上面是标题，下面是正文。比如一些文章页面或注册页面等就是这种结构类型。

(4) 封面形布局

这种结构基本上是指一些网站的首页，大部分为一些精美的平面设计结合一些小的动画，放上几个简单的链接或者仅是一个"进入"的链接，有的甚至直接在首页的图片上做链接而没有任何提示。这种结构大部分用于企业网站和个人主页，如果处理得当，会给人带来赏心悦目的感觉。

(5) T形布局

所谓T形布局，就是指网页上边和左边相结合，页面顶部为横条网站标志和广告条，左下方为主菜单，右面显示内容，这是网页设计中用得最广泛的一种布局方式。在实际设计中还可以改变T形布局的形式，如左右两栏式布局，一半是正文，另一半是形象的图片、导航；或正文不等两栏式布置，通过背景色区分，分别放置图片和文字等。

这样的布局有其固有的优点：首先，因为人的注意力主要在右下角，所以企业想要发布给用户的信息，大都能被用户以最大可能性获取，而且很方便；其次是页面结构清晰，主次分明、易于使用。缺点是规矩呆板，如果细节色彩上不注意，很容易让人"看之无味"。

(6)"口"形布局

这是一个形象的说法，指页面上下各有一个广告条，左边是主菜单，右边是友情链接等，中间是主要内容。

这种布局的优点是页面充实、内容丰富、信息量大，是综合性网站常用的结构，特别之处是顶部中央的一排小图标起到了活跃气氛的作用。缺点是页面拥挤，不够灵活。也有将四边空出，只用中间的窗口型设计，例如网易壁纸网站使用多帧形式，只有页面中央部分可以滚动，其界面类似游戏界面。

(7)"三"形布局

这种布局多用于国外网站，国内用得不多。其特点是页面上横向放有两条色块，将页面整体分割为 4 个部分，色块中大多放广告条。

(8) 对称对比布局

顾名思义，它指采取左右或者上下对称的布局，一半深色，一半浅色，一般用于设计型网站。其优点是视觉冲击力强，缺点是将两部分有机地结合比较困难。

(9) POP 布局

POP 源自广告术语，指页面布局像一张宣传海报，以一张精美图片作为页面的设计中心。常用于时尚类网站，其优点显而易见：漂亮、吸引人，缺点是速度慢。

3. Web 标准

(1) Web 标准的概念

Web 标准，即网站标准。它不是某一个标准，而是一系列标准的集合。网页主要由3 部分组成：结构(structure)、表现(presentation)和行为(behavior)。对应的标准也分 3 方面：结构化标准语言主要包括 XHTML 和 XML；表现标准语言主要包括 CSS；行为标准主要包括对象模型(如 W3C DOM、ECMA Script 等)。这些标准大部分由万维网联盟(W3C)起草和发布，也有一些是其他标准组织制定的，比如 ECMA(European Computer Manufacturers Association)的 ECMA Script 标准。

(2) 建立 Web 标准的目的

建立 Web 标准的目的是解决网站中由于浏览器升级、网站代码冗余等带来的问题。Web 标准是在 W3C 的组织下建立的，主要有以下几个目的。

① 简化代码，从而降低建设成本。

② 实现结构和表现分离，确保任何网站文档都能够长期有效。

③ 让网站更容易使用，能适应更多不同用户和更多网络设备。

④ 当浏览器版本更新，或者出现新的网络交互设备时，确保所有应用能够继续正确执行。

⑤ 提供最多利益给网站用户。

(3) 使用 Web 标准的优势

建立 Web 标准的优势是能够实现加快网页解析的速度，实现信息跨平台的可用性以及更加良好的用户体验，以高效开发与简单维护降低服务成本，最重要的是它便于改版，实现与未来的兼容，对网站浏览者和网站拥有者都有相应的好处。

① 使用网站标准对网站浏览者的好处。

a. 文件下载与页面显示速度加快。

b. 内容能被更多的用户所访问(包括失明、视弱、色盲等残障人士)。

c. 内容能被更广泛的设备所访问(包括屏幕阅读机、手持设备、搜索机器人、打印机、电冰箱，等等)。

d. 用户能够通过样式选择定制自己的表现界面。

e. 所有页面都能提供适于打印的版本。

② 使用网站标准对网站拥有者的好处。

a. 使用更少的代码和组件，网站容易维护。

b. 带宽要求降低（代码更简洁），成本降低。举个例子：当 ESPN. com 使用 CSS 改版后，每天节约超过两兆字节（Megabytes）的带宽。

c. 更容易被搜寻引擎搜索到。

d. 改版方便，不需要变动页面内容。

e. 提供打印版本而不需要复制内容。

f. 提高网站易用性。

任务实现

1. 门户网站（Portal Web）

门户网站是指通向某类综合性因特网信息资源并提供有关信息服务的应用系统。门户网站最初提供搜索服务、目录服务，后来由于市场竞争日益激烈，门户网站不得不快速地拓展各种新的业务类型，希望通过门类众多的业务来吸引和留住互联网用户，以至于目前门户网站的业务包罗万象，成为网络世界的“百货商场”或“网络超市”。

搜狐是全球最大的中文门户网站，为用户提供 24 小时不间断的最新资讯，以及搜索、邮件等网络服务。内容包括全球热点事件、突发新闻、时事评论、热播影视剧、体育赛事等。

打开 IE 浏览器，在地址栏中输入 www. sohu. com. ，按 Enter 键，打开“搜狐”网站，如图 1-5 所示。

图 1-5　搜狐首页

2. 静态网站

静态网站是指全部由 HTML(标准通用标记语言的子集)代码格式页面组成的网站,所有的内容包含在网页文件中。网页上也可以出现各种视觉动态效果,如 GIF 动画、Flash 动画、滚动字幕等,而网站主要由静态化的页面和代码组成,如图 1-6 所示。

图 1-6 静态网站

3. 动态网站

动态网站并不是指具有动画功能的网站,而是指网站内容可根据不同情况动态变更的网站,一般情况下动态网站通过数据库进行架构。动态网站除了要设计网页外,还要通过数据库和编程来使网站具有更多自动的和高级的功能。动态网站能实现如用户注册、信息发布、产品展示、订单管理等交互功能,如图 1-7 所示。

图 1-7　动态网站

任务 1.2　网页设计工具

任务描述

制作网页的专业软件工具的功能越来越完善，操作也越来越简单，处理图像、制作动画、发布网站的专业网站非常广泛。

常用于制作网页的工具如下。

(1) 网页编辑工具有 HTML、Dreamweaver。

(2) 图像图像编辑工具有 Photoshop、JPEGView、Flash、Firework、Swish。

(3) 网站原型图设计工具有 Axure RP、Balsamiq Mockups、Pencil Project 和 OmniGraffle。

(4) 网站发布工具有 CuteFTP、flashFXP。

相关知识与技能

1. 网页编辑工具

(1) 超文本置标语言

超文本置标语言，即 HTML(Hypertext Markup Language)，是用于描述网页文档的一种标记语言。

(2) Dreamweaver CS6

Dreamweaver CS6 是世界顶级软件厂商 Adobe 推出的一套拥有可视化编辑界面，用于制作并编辑网站和移动应用程序的网页设计软件。CS6 新版本使用了自适应网格版面创建页面，在发布前使用多屏幕预览审阅设计，可大大提高工作效率。改善的 ftp 性能，更高效地传输大型文件。“实时视图”和“多屏幕预览”面板可呈现 HTML5 代码，更能够检查自己的工作。

2. 图形图像编辑工具

(1) Photoshop

Adobe Photoshop，简称 PS，是由 Adobe Systems 开发和发行的图像处理软件。Photoshop2 主要处理由像素所构成的数字图像。使用其众多的编修与绘图工具，可以有效地进行图片编辑工作。PS 有很多功能，在图像、图形、文字、视频、出版等各方面都有涉及。

2003 年，Adobe Photoshop 8 被更名为 Adobe Photoshop CS。2013 年 7 月，Adobe 公司推出了最新版本的 Photoshop CC，自此，版本 Photoshop CS6 成为 Adobe Photoshop CS 系列最后一个版本。

Adobe 只支持 Windows 操作系统和 Mac OS 操作系统版本的 Photoshop，但 Linux 操作系统用户可以通过使用 Wine 来运行 Photoshop CS6。

(2) JPEGView

JPEGView 是一款小巧且快速的图片查看、编辑软件，支持的图片格式包括 JPEG、BMP、PNG、WEBP、GIF 和 TIFF。JPEGView 提供即时的图片处理功能，允许调整典型的图片参数，如锐度、色彩平衡、对比度和感光度。

(3) Flash

Flash 是一种集动画创作与应用程序开发于一身的创作软件，到 2013 年 9 月 2 日为止，最新的零售版本为 Adobe Flash Professional CC(2013 年发布)。Adobe Flash Professional CC 为创建数字动画、交互式 Web 站点、桌面应用程序以及手机应用程序开发提供了功能全面的创作和编辑环境。Flash 广泛用于创建吸引人的应用程序，它们包含丰富的视频、声音、图形和动画。你可以在 Flash 中创建原始内容或者从其他 Adobe 应用程序(如 Photoshop 或 Illustrator)导入内容，快速设计简单的动画，以及使用 Adobe AcitonScript 3.0 开发高级的交互式项目。设计人员和开发人员可使用它来创建演示文稿、应用程序和其他允许用户交互的内容。Flash 可以包含简单的动画、视频内容、复杂演示文稿和应用程序以及介于它们之间的任何内容。通常，使用 Flash 创作的各个内容单元称为应用程序，即使它们可能只是很简单的动画，你也可以通过添加图片、声音、视频和特殊效果，构建包含丰富媒体的 Flash 应用程序。

(4) Firework

Adobe Fireworks 是 Adobe 推出的一款网页作图软件，软件可以加速 Web 设计与开发，是一款创建与优化 Web 图像、快速构建网站与 Web 界面原型的理想工具。Fireworks 不仅具备编辑矢量图形与位图图像的灵活性，还提供了一个预先构建资源的公用库，并可与 Adobe Photoshop、Adobe Illustrator、Adobe Dreamweaver 和 Adobe Flash 软件随时集成。在 Fireworks 中将设计迅速转变为模型，或利用来自 Illustrator、Photoshop 和 Flash 的其他资源。然后直接置入 Dreamweaver 中轻松地进行开发与部署。

(5) Swish

Swish 是一个快速、简单且经济的方案，让你可以在网页中加入 Flash 动画。只要单击几下鼠标，就可以加入酷炫的动画效果。它还可以创造形状、文字、按钮以及移动路径。

3. 网站原型图设计工具

常用的 Web 应用原型图设计工具有 4 种：Axure RP、Balsamiq Mockups、Pencil Project 和 OmniGraffle。

(1) Axure RP

Axure 的发音是"Ack-sure"，RP 则是"Rapid Prototyping"的缩写。Axure RP Pro 是美国 Axure Software Solution 公司的精心杰作，可以说 Axure 是 Windows 上最出色的原型设计软件，亦是 Web 产品前期设计的首选，原因是：够简单、上手快，能帮助网站需求设计者快捷而简便地创建基于目录组织的原型文档、功能说明、交互界面以及带注释的 Wireframe 网页，并可自动生成用于演示的网页文件和 Word 文档，以提供演示与开发。Axure RP 具备强大的六合一功能，即网站构架图、示意图、流程图、交互设计、自动输出网站原型、自动输出 Word 格式规格文件。

(2) Balsamiq Mockups

Balsamiq Mokups 是用 Flex 和 Air 实现的，在 Mac OS、Linux 和 Windows 下都能使用，有桌面版本以及 Confluence、JIRA 和 XWiki 中的版本；涂鸦风格，使用起来也很简单，各模块工具也很齐全。

(3) Pencil Project

Pencil Project 是一个原型界面设计的 Firefox 插件，通过它内置的模板，可以创建可链接的文档，并输出成为 HTML 文件、PNG、OpenOffice 文档、Word 文档、PDF。

(4) OmniGraffle

OmniGraffle 可以用来绘制图表，流程图，组织结构图以及插图，也可以用来组织头脑中思考的信息，组织头脑风暴的结果，绘制心智图，作为样式管理器，或设计网页或 PDF 文档的原型。遗憾的是，它只能运行在 Mac OS X 和 iPad 平台之上。

4. 网站发布工具

(1) CuteFTP

CuteFTP 是小巧强大的 FTP 工具之一，具有友好的用户界面，稳定的传输速度，LeapFTP、FlashFXP 和 CuteFTP 堪称 FTP 三剑客。FlashFXP 传输速度比较快，但有时对于一些教育网 FTP 站点却无法链接；LeapFTP 传输速度稳定，能够链接绝大多数 FTP 站点（包括一些教育网站点）；CuteFTP 虽然相对来说比较庞大，但其自带了许多免费的 FTP 站点，资源丰富。

CuteFTP 最新 Pro 版是最好的 FTP 客户程序之一，如果你是 CuteFTP 老版本的用户，你会发现很多有用的新特色，如目录比较，目录上传和下载，远端文件编辑，以及 IE 风格的工具条，可让你编列顺序一次下载或上传同一站台中不同目录下的文件。

(2) FlashFXP

FlashFXP 是一个功能强大的 FXP/FTP 软件，融合了一些优秀 FTP 软件的优点，如像 CuteFTP 一样可以比较文件夹，支持彩色文字显示；像 BpFTP 一样支持多文件夹选择文件，能够缓存文件夹；像 LeapFTP 一样的外观界面，甚至设计思路也相差无几。FlashFXP 支持文件夹（带子文件夹）的文件传送、删除；支持上传、下载及第三方文件续传；可以跳过指定的文件类型，只传送需要的文件；可以自定义不同文件类型的显示颜色；可以缓存远端文件夹列表，支持 FTP 代理及 Socks 3&4；具有避免空闲功能，防止被站点踢出；

FlashFXP 还可以显示或隐藏“隐藏”属性的文件、文件夹；支持每个站点使用被动模式等。

任务实现

贯穿本课程的项目实例“珠海航展”网站的文本编辑工具用 Dreamweaver CS6 制作实现，图像用 Photoshop 处理实现。

任务 1.3 开发网站的基本流程

任务描述

网站开发是制作一些专业性强的网站，比如说动态网页，如 ASP、PHP、JSP 网页。网站开发不仅仅是网站美工和内容，还可能涉及域名注册查询、网站的一些功能的开发。对于较大的组织和企业，网站开发团队可以有数以百计的人（Web 开发者）。规模较小的企业可能只需要一个永久的或兼职的网站管理员，或相关的工作职位，如一个平面设计师或信息系统技术人员的二次分配。Web 开发可能是一个部门，而不是与指定的部门之间的协作努力。

相关知识与技能

网站设计要能充分吸引访问者的注意力，让访问者产生视觉上的愉悦感。因此在网页创作的时候就必须将网站的整体设计与网页设计的相关原理紧密结合起来。网站设计是将策划案中的内容、网站的主题模式，结合自己的认识通过艺术的手法表现出来；而网页制作通常就是将网页设计师所设计出来的设计稿，按照 W3C 规范用 HTML 将其制作成网页格式。

虽然每个网站的主题、内容、规模和功能等可能各有异同，但是都有一个基本的开发流程可以遵循，大致分为 4 个阶段。

1. 需求分析阶段

(1) 目标定位：做这个网站干什么？这个网站的主要职能是什么？网站的用户对象是谁？他们用网站干什么？

(2) 用户分析：网站主要用户的特点是什么？他们需要什么？他们厌恶什么？如何针对他们的特点引导他们？如何做好用户服务？

(3) 市场前景：网站如同一个企业，它需要能养活自己。这是前提，否则任何惊天动地的目标都是虚无的。网站的市场结合点在哪里？这些确定了才能决定网站的主题、风格。

2. 平台规划阶段

(1) 内容策划：这个网站要经营哪些内容？其中分重点、主要和辅助性内容，这些内容在网站中具有各自的体现形式。内容划分好以后，就进行文字策划（起名），把每个内容包装成栏目。

(2) 界面策划：结合网站的主题进行风格策划。如色彩包括主色、辅色、突出色，版式设计包括全局、导航、核心区、内容区、广告区、版权区及板块设计。

(3) 网站功能：主要是管理功能和用户功能。管理功能是人们通常说的后台管理，关键是做到管理方便、智能化。而用户功能就是用户可以进行的操作，这涉及交互设计，它是用户和网站对话的接口，非常重要。

3. 项目开发阶段

（1）界面设计：根据界面策划的原则，对网站界面进行设计及完善。

（2）程序设计：根据网站功能规划进行数据库设计和代码编写。

（3）系统整合：将程序与界面结合，并实施功能性调试。

4. 测试验收阶段

（1）测试、调试与完善网站。

（2）发布与推广网站。

（3）维护和更新网站。

任务实现

在网站制作之前，我们在珠海市及周边市区进行了实地调研，结果显示有很多在珠海的外省务工人员根本不知道每隔两年的珠海航展，因此，决定制作开发以“珠海航展”为名的关于航展的网站。旨在通过这个网站让更多的人了解航展、关心航天、热爱航天、支持航展和参与航展，同时希望通过珠海航展这样的活动，不仅可以使中外航空航天工作者增进了解，而且搭建一个展示中国航空航天发展成就的平台。

小　　结

当今时代，互联网已经成为人们生活中不可或缺的部分，它为人们提供了大量服务，其中最重要的就是WWW(万维网，World Wide Web)服务。本项目主要介绍了网页设计的基础知识，包括网页和网站、Web标准、布局结构和网页设计工具及开发网站的基本流程等。

思　考　题

1. 从制作技术上，网页基本可以分为哪两大类？它们有何不同？
2. 网页有哪些基本元素？
3. 简述网页的设计流程。

巩 固 练 习

1. 参照任务1打开动态网站或静态网站，熟悉网站、网页及网页中的基本元素。
2. 参照任务2熟悉网页设计制作软件。
3. 参照任务3的网站开发流程，对开发“酷致网络科技有限公司”网站进行设计，并初步规划出该网站的架构为树状结构，导航菜单如图1-8所示。

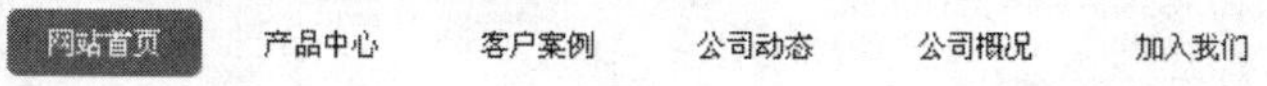

图1-8　导航菜单

项目 2 Dreamweaver CS6 的基础操作

项目描述

Dreamweaver CS6 是世界顶级软件厂商 Adobe 推出的一套拥有可视化编辑界面，用于制作并编辑网站和移动应用程序的网页设计软件。通过本次项目的学习，对站点有比较清晰的理解，对网页文档的基本操作会更加熟练。

知识目标

- 认识 Dreamweaver CS6 界面；
- 熟练使用 Dreamweaver CS6 自定义页面；
- 了解本地站点和远程站点；
- 熟悉创建网站站点；
- 熟悉文档的基础操作。

技能目标

- 能够使用 Dreamweaver CS6 自定义页面；
- 能够创建网站站点；
- 能够熟练操作文档。

任务 2.1 使用 Dreamweaver CS6 自定义页面

任务描述

通过 Dreamweaver CS6 自定义页面，在熟悉 Dreamweaver CS6 工作界面的同时，也对 Dreamweaver CS6 工作界面各个组成部分的主要功能有更直观的认识，另外，可以为以后使用这个软件节省时间。

相关知识与技能

1. 认识 Dreamweaver CS6 工作界面

双击桌面上的 Dreamweaver CS6 快捷方式图标，启动 Dreamweaver CS6，弹出如图 2-1 所示的界面。

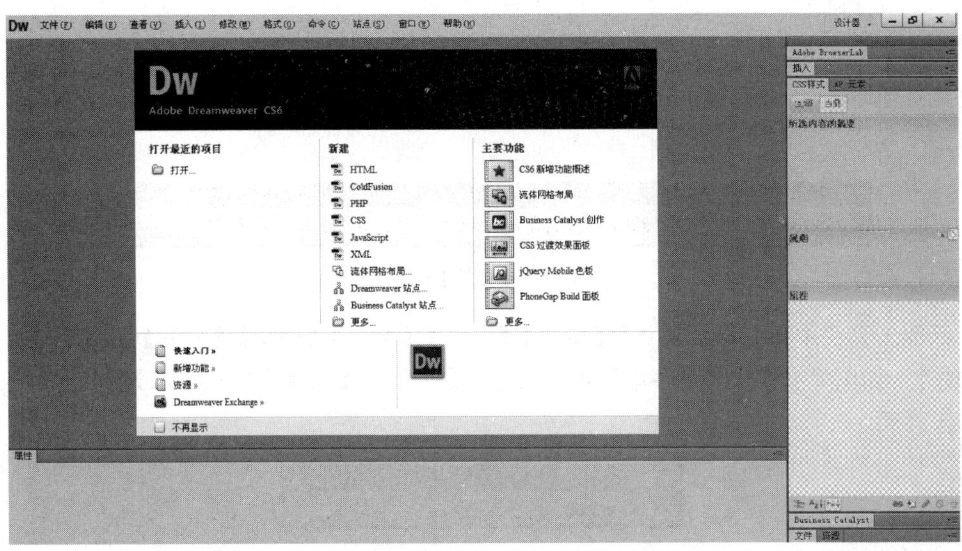

图 2-1　Dreamweaver CS6 工作界面

在该界面中，在【新建】分类中单击 HTML 按钮新建一个文档，弹出如图 2-2 所示的操作界面。Dreamweaver CS6 的操作界面主要包括：菜单栏、工具栏、插入栏、文档窗口、状态栏、【属性】面板和浮动面板组等，整体布局紧凑、合理。

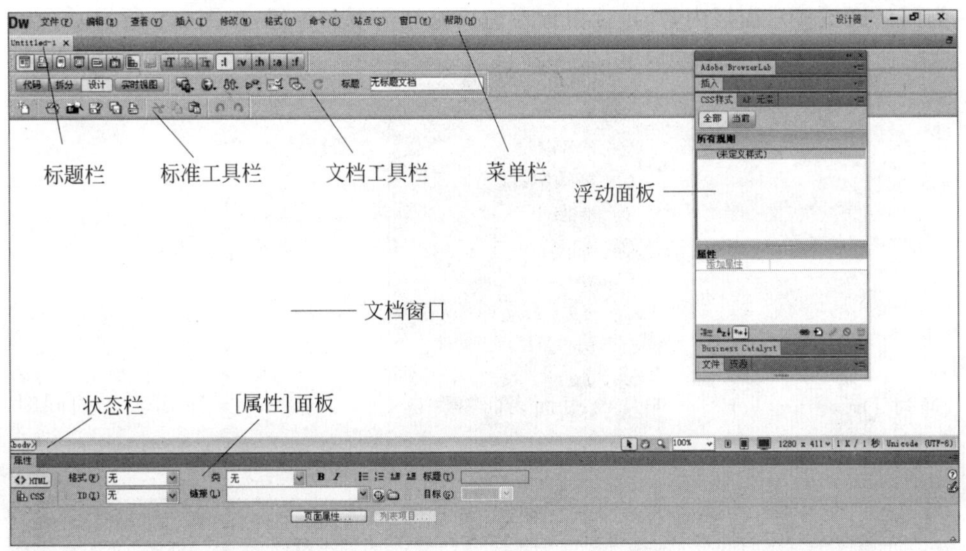

图 2-2　Dreamweaver CS6 操作界面

(1) 标题栏

标题栏用于显示网页文档的路径和名称。

(2) 菜单栏

Dreamweaver CS6 的菜单栏包括【文件】、【编辑】、【查看】、【插入】、【修改】、【格式】、【命令】、【站点】、【窗口】和【帮助】10 个菜单,如图 2-2 所示。

(3) 工具栏

文档工具栏包括用于切换文档窗口视图的【代码】、【拆分】、【实时视图】按钮和一些常用的功能按钮,如图 2-3 所示。在菜单栏中依次选择【查看】→【工具栏】→【文档】命令,即可打开文档工具栏。

图 2-3 【文档】工具栏

标准工具栏中包括网页文档如【新建】、【打开】、【保存】、【剪切】、【复制】和【粘贴】等基本操作按钮,如图 2-4 所示。在菜单栏中依次选择【查看】→【工具栏】→【标准】命令,即可打开标准工具栏。

图 2-4 【标准】工具栏

(4) 插入栏

插入栏中放置的是编写网页的过程中经常用到的对象和工具,通过该面板可以很方便地使用网页中所需的对象以及对对象进行编辑所要用到的工具。

显示插入面板的方法,选择【窗口】→【插入】菜单命令,在 Dreamweaver CS6 的主界面的右侧面板区域显示面板内容,按住鼠标左键可拖至需要的位置,如图 2-5 所示。

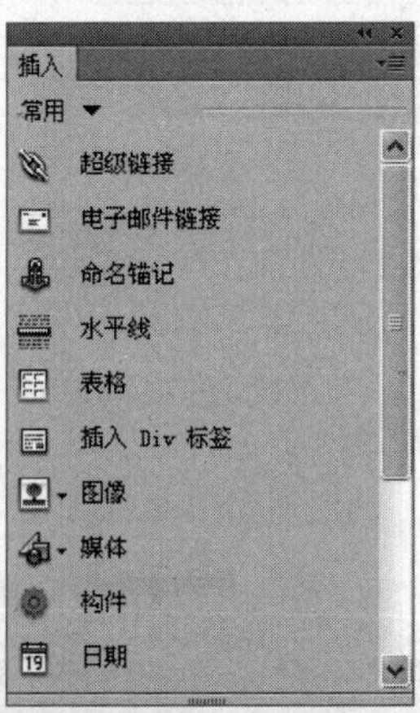

图 2-5 插入面板

（5）文档窗口

文档窗口主要用于文档的编辑，可同时打开多个文档进行编辑，可以在【代码】视图、【拆分】视图和【设计】视图中分别查看文档。【设计】视图中，显示的网页类似于浏览器中显示的内容；【代码】视图中，显示当前网页的 HTML 内容；【拆分】视图同时满足了上述两种不同的设计需求。

（6）属性面板

属性面板主要用于查看和更改所选对象的各种属性，每种对象都具有不同的属性。属性面板包括两种选项，一种是 HTML 选项，将默认显示文本的格式、样式和对齐方式等属性。另一种是 CSS 选项，单击属性面板中的 CSS 选项，可以在 CSS 选项中设置各种属性，如图 2-6 所示。

图 2-6　【属性】面板

（7）浮动面板组

在 Dreamweaver CS6 工作界面的右侧排列着一些浮动面板，这些面板有不同功能，分管各自的区域，集中了网页编辑和站点管理过程中最常用的一些工具按钮。这些面板被集合到面板组中，每个面板组都可以展开或折叠，并且可以和其他面板停靠在一起。面板组还可以停靠到集成的应用程序窗口中。这样就能够很容易地访问所需的面板，而不会使工作区变得混乱，图 2-7 所示的是默认打开的面板组。

如需要关闭某一个面板，在该面板组的对应面板标题位置单击鼠标右键，弹出如图 2-8 所示的快捷菜单，选择【关闭】命令即可。

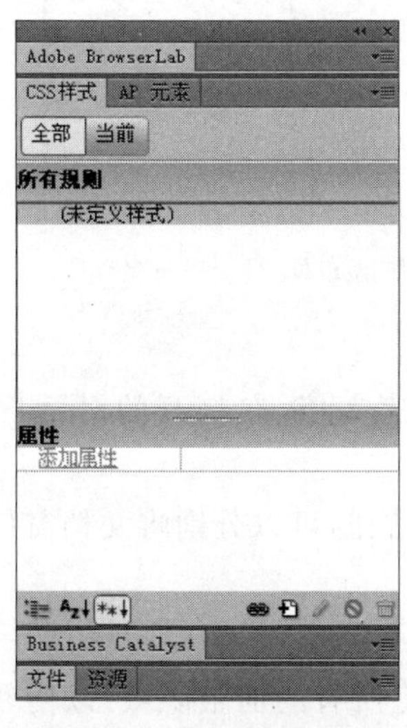

图 2-7　浮动面板组

图 2-8　关闭面板的快捷菜单

（8）状态栏

状态栏用于显示当前编辑文档的其他有关信息，如文档的大小、估计下载时间、窗口大小、缩放比例和标签选择器等。常用的标签选择器(快捷键：Ctrl＋E)位于文档窗口下状态栏的最左边,使用标签选择器可以快速选择网页中的元素,如表格、图片等。

2. 自定义页面

它主要是对 Dreamweaver CS6 的工作区布局类型、文档窗口视图方式等进行自定义操作。

(1) 自定义工作区布局

① 运行 Dreamweaver CS6,按 Ctrl＋N 组合键,新建文档,在打开的对话框中单击【创建】按钮。

② 单击文档工具栏中的【拆分】按钮,选择【查看】→【垂直拆分】命令,如图 2-9 所示。

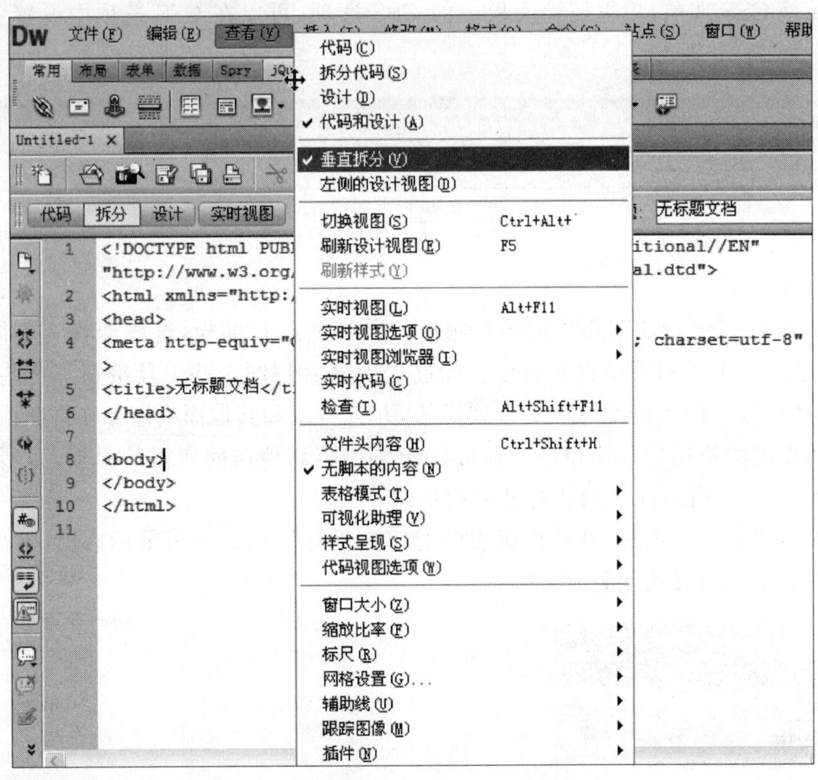

图 2-9　自定义 Dreamweaver CS6 工作区布局

(2) 自定义文档窗口视图方式

① 运行 Dreamweaver CS6,按 Ctrl＋N 组合键,新建文档,在打开的对话框中单击【创建】按钮。

② 分别单击文档工具栏中的【代码】、【拆分】、【设计】按钮,可以分别将文档窗口切换至"代码"、"拆分"、"设计"显示模式,如图 2-10 所示。

(3) 自定义文档显示方式

① 隐藏所有面板。选择【窗口】→【隐藏面板】命令,将所有的面板隐藏,以便使文档窗口获得更大的显示范围,如图 2-11 所示。

② 文档窗口最大化显示。当文档窗口非最大化时,单击文档窗口右上角的【最大化】按钮,可以使文档窗口达到最大化显示方式,如图 2-12 所示。

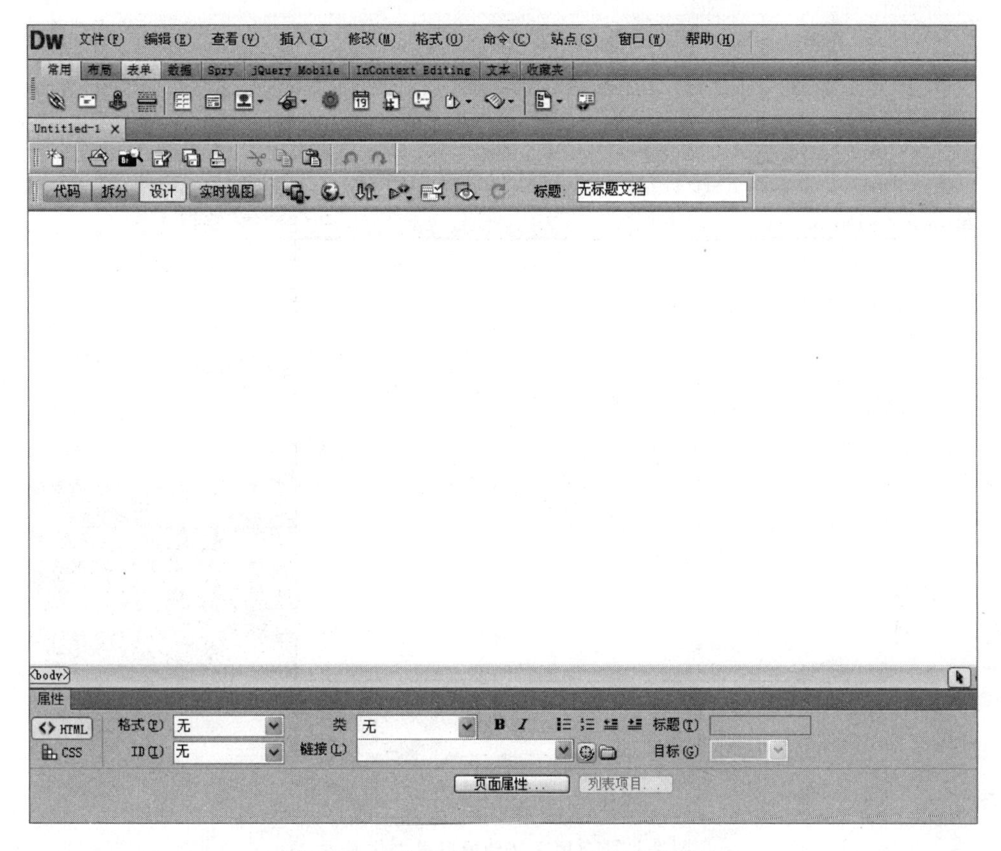

图 2-10　自定义 Dreamweaver CS6 文档窗口

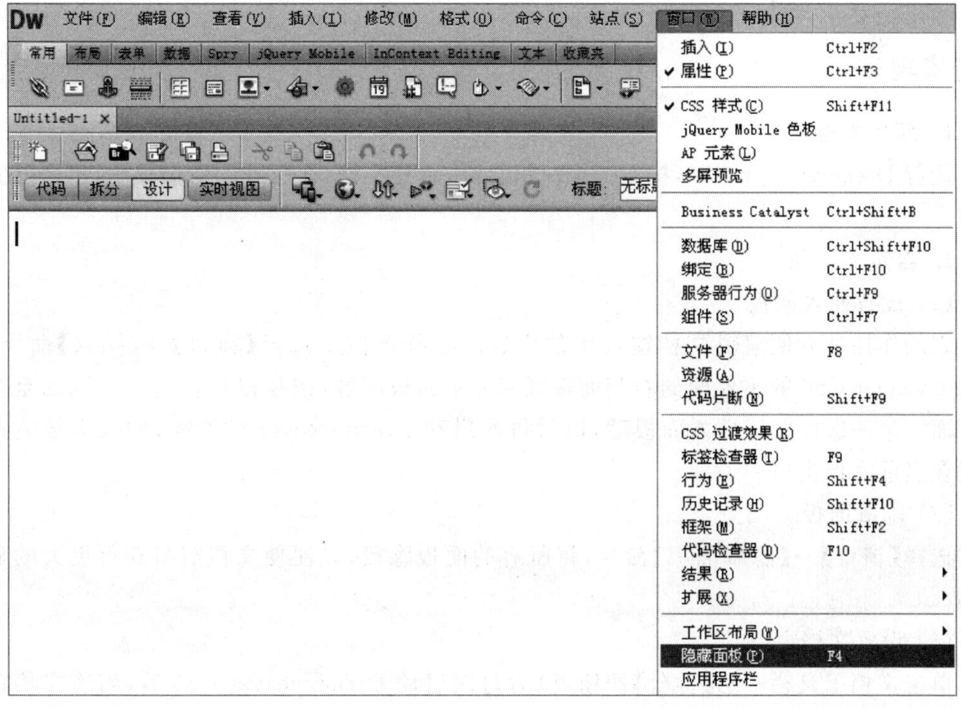

图 2-11　自定义文档窗口隐藏所有面板显示

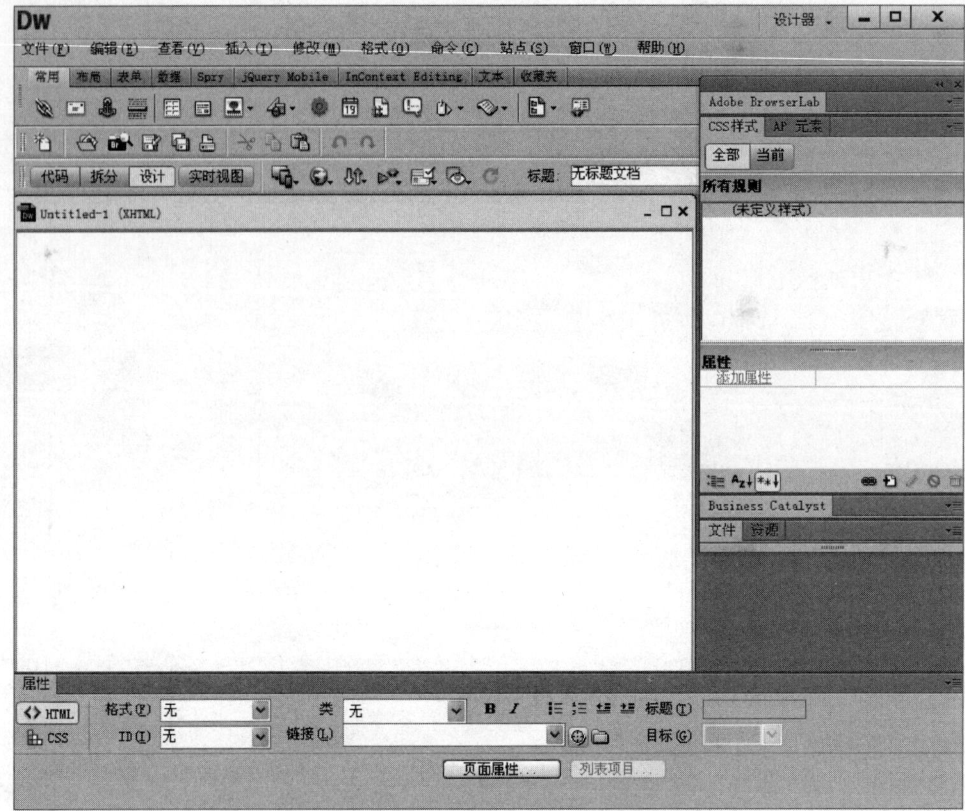

图 2-12 自定义文档窗口最大化显示

任务实现

1. 新建文档

运行 Dreamweaver CS6，按 Ctrl＋N 组合键，新建文档，在打开的对话框中，单击【创建】按钮。

2. 自定义页面

(1) 设置插入面板

它的作用是方便编辑文档窗口中的内容。在菜单栏中选择【窗口】→【插入】命令，在 Dreamweaver CS6 的主界面的右侧面板区域显示面板内容，按住鼠标左键可以拖动至菜单栏下面。第一次设置好插入面板后，以后每次启动 Dreamweaver CS6 时，插入面板会自动加载在当前文档窗口中。

(2) 隐藏面板

选择【窗口】→【隐藏面板】命令，将所有的面板隐藏，以便使文档窗口获得更大的显示范围。

(3) 设置文档窗口

单击文档工具栏中的【拆分】按钮，以后每次启动 Dreamweaver CS6 后，当前文档窗口就是默认的拆分窗口形式。

任务 2.2 创建网站站点

任务描述

在使用 Dreamweaver CS6 制作网页前，最好先创建站点，这是为了更好地利用站点对文件进行管理，尽可能地减少错误，如路径出错、链接出错等。站点是一系列文档的组合，这些文档之间通过各种超链接关联起来。站点用于存放用户网页、素材等本地文件夹，是用户工作的目录与网页关联的所有文件。

相关知识与技能

1. 规划站点

网页是指某一个页面，一个网站则是由很多个页面组成的，用于向浏览者传递较完整的信息。例如某企业网站，一般应包括公司简况、产品展示、服务信息、价格信息、联系方式等诸多内容，这些内容如何进行组织，才更方便访问者获取信息呢？这就要进行网站的规划。

利用不同的文件夹将不同的网页内容分门别类地保存，合理地组织站点结构，以提高工作效率，加快对站点的设计。可根据规划制作出一个导航草图以理清思路。

2. 站点的分类

(1) 按地理位置分为本地站点和远程站点

本地站点：本地计算机硬盘中存放网页的文件夹，通常是用户计算机的工作目录，是存放网页、素材的本地文件夹。

远程站点：Internet 网络服务器上存放网页的文件夹。在 Internet 上浏览各种网站，其实就是用浏览器打开存储于 Internet 服务器上的 HTML 文档与其他相关资源。基于 Internet 服务器的不可知特性，通常将存储于 Internet 服务器上的站点和相关文档称作远程站点。

(2) 按交互性分为静态站点和动态站点

静态站点：浏览者与网页之间不涉及交互活动，静态页面向每一位浏览者发送完全相同的响应。

动态站点：动态页面可自定义响应，根据浏览者的输入信息提供不同的页面。

3. 创建和管理站点

(1) 新建站点

在菜单栏依次选择【站点】→【新建站点】命令，如图 2-13 所示。

(2) 设置站点信息

① 在弹出的【站点设置对象】对话框中设置站点信息，如图 2-14 所示。在站点名称中输入相应的名字，在本地站点文件夹中单击右侧的【浏览文件夹】按钮，在打开的【选择根文件夹】对话框中选择具体位置，单击【打开】按钮，如图 2-15 所示。

② 设置好的站点信息如图 2-16 所示，在该对话框中单击【保存】按钮，即将设置好的站点信息保存在磁盘中。此时，在【文件】面板中可以看到创建的本地站点 webs，如

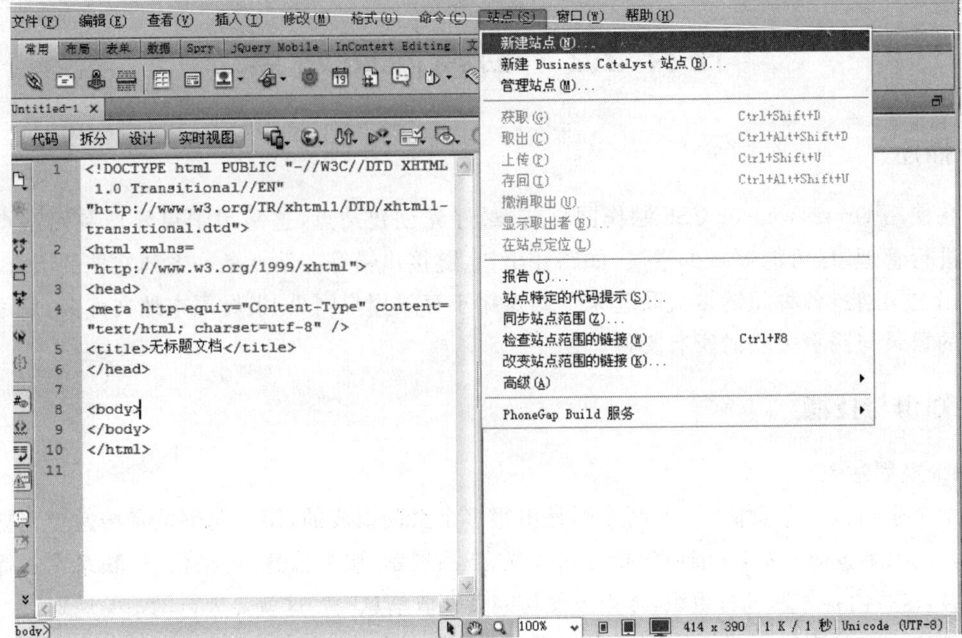

图 2-13　创建站点

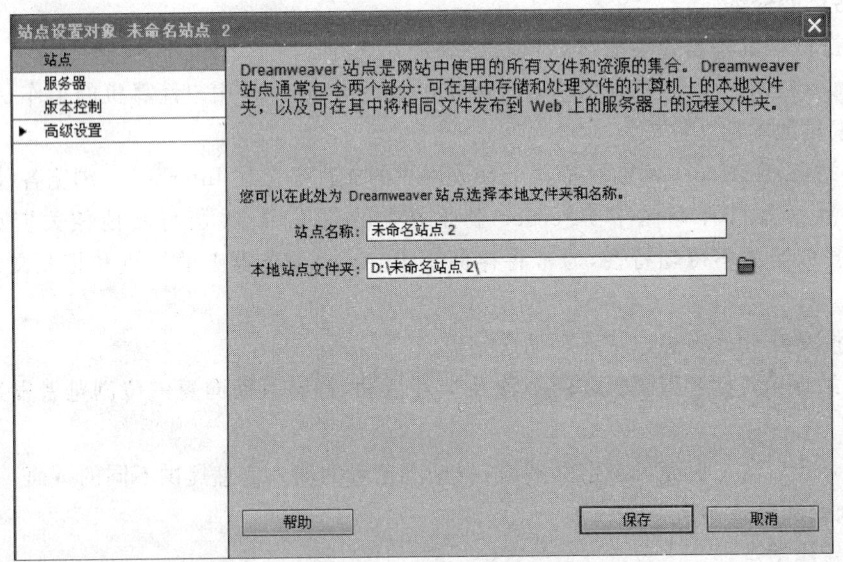

图 2-14　设置站点信息

图 2-17 所示。如该站点中有文件和文件夹，则在此均能看见。

(3) 在站点中新建文件夹

在网页制作中，一般网站中的素材文件夹包含 images(存放图片/图像)、CSS(存放样式)、Flash(存放 Flash 格式动画)、HTML(存放除首页以外的页面)等。

① 选择 webs 选项，单击【完成】按钮，即切换为当前站点。

② 在“文件”面板中选择“站点-webs”文件夹，单击鼠标右键，在弹出的快捷菜单中选择

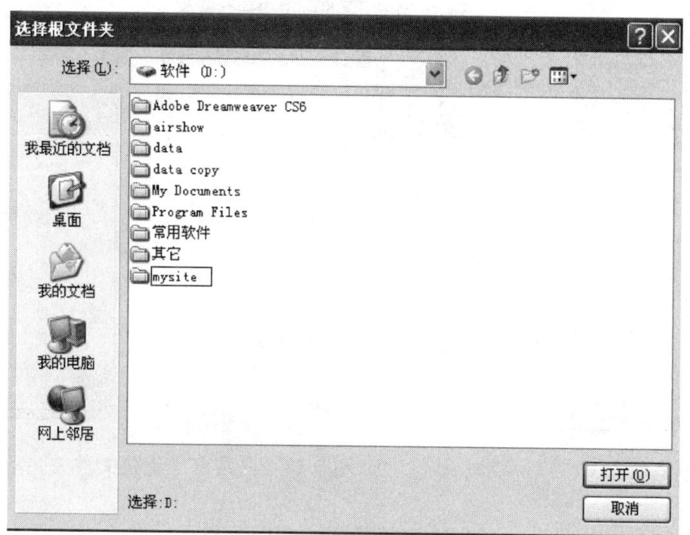

图 2-15　选择根文件夹

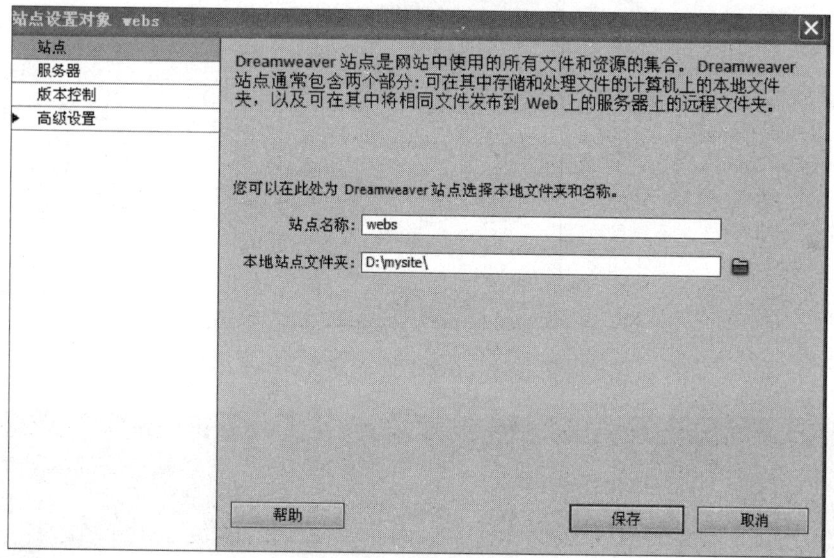

图 2-16　设置好的站点信息

【新建文件夹】命令，在新建的文件夹名称文本框中输入 image，按 Enter 键完成文件夹名称的设置，如图 2-18 所示。

(4) 在站点中新建或者添加文件

在“文件”面板中选择“站点-webs”文件夹，单击鼠标右键，在弹出的快捷菜单中选择【新建文件】命令，在新建的文件名称文本框中输入 index，按 Enter 键完成文件名称的设置，如图 2-19 所示。

(5) 管理站点

① 编辑站点。选择【站点】→【管理站点】命令，打开【管理站点】对话框。选中 webs，单击 按钮，在弹出的对话框中可以修改站点名称，如图 2-20 所示。

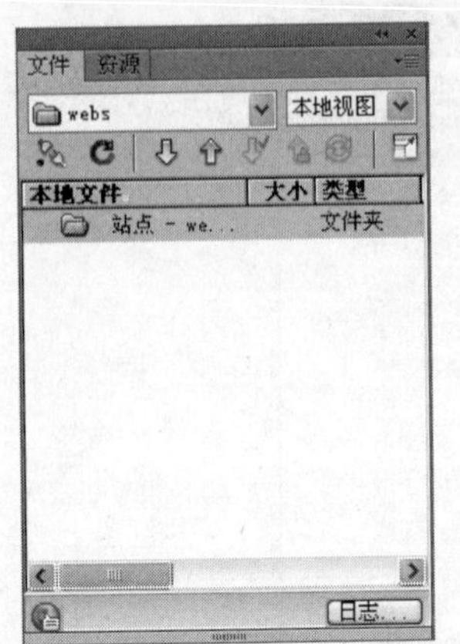

图 2-17 创建的本地站点 webs

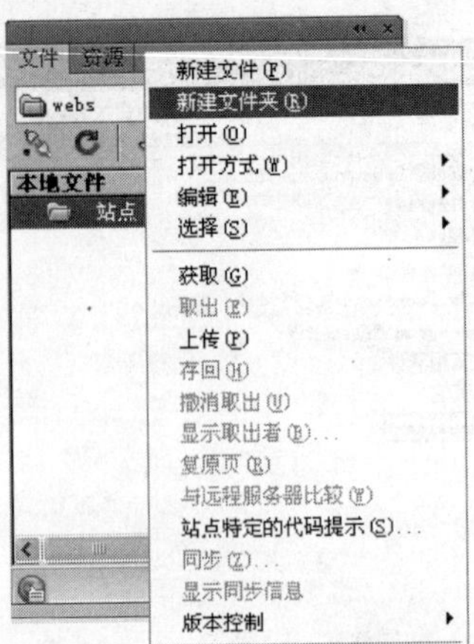

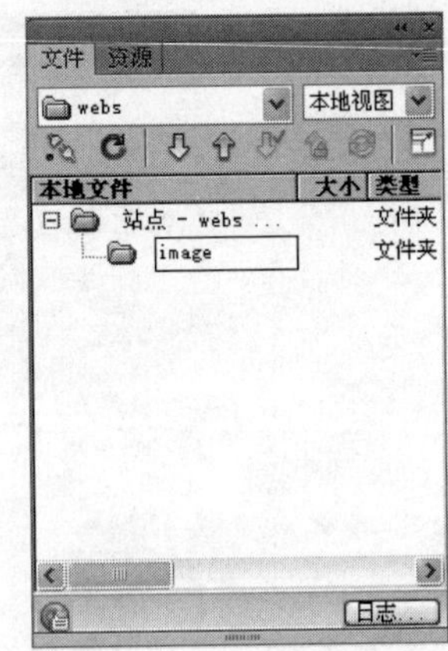

图 2-18 在站点中新建文件夹并重命名

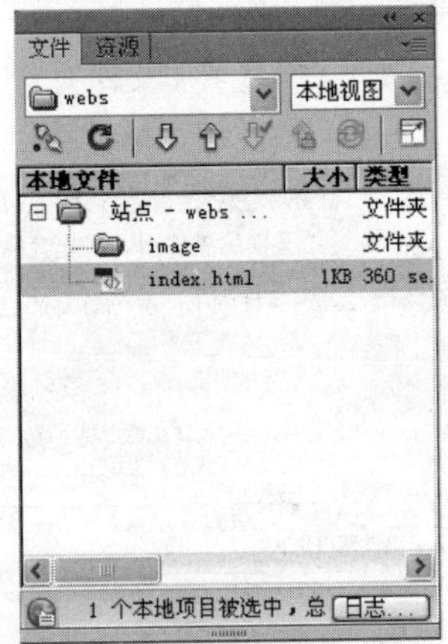

图 2-19 在站点中新建文件

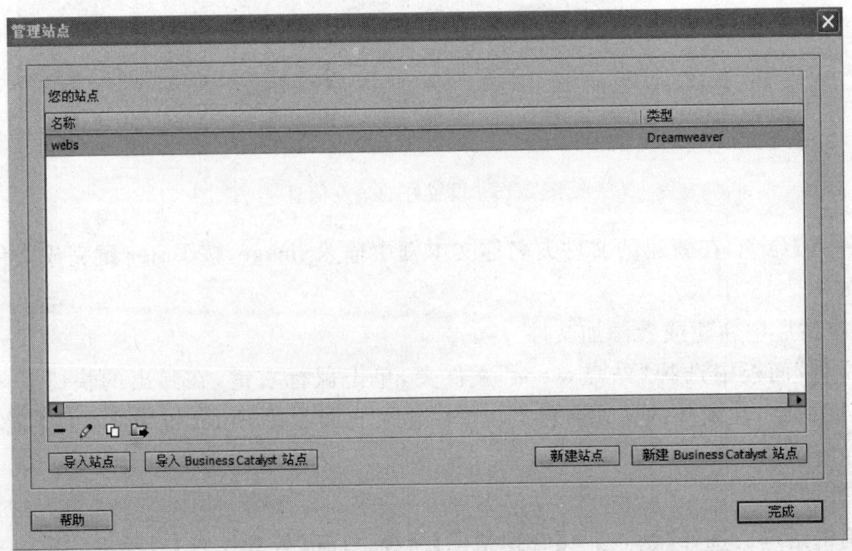

图 2-20 编辑站点

② 复制与删除站点。选择【站点】→【管理站点】命令，打开【管理站点】对话框。选中 webs，单击 按钮，复制该站点，如图 2-21 所示。

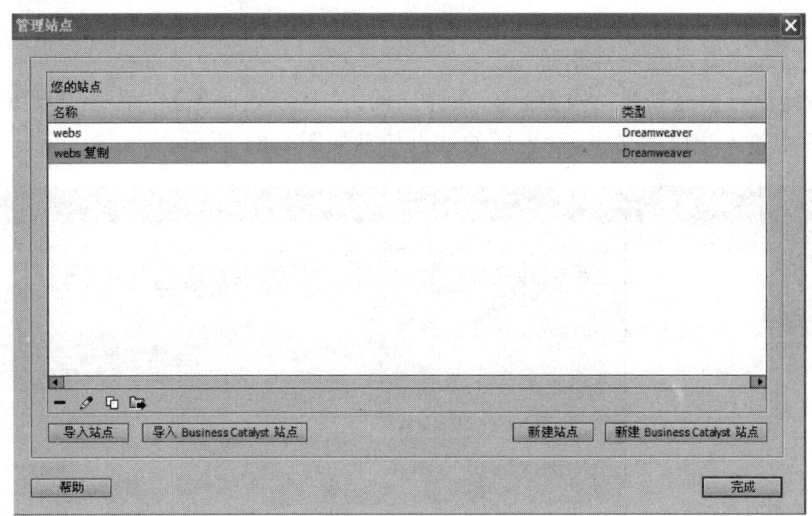

图 2-21　复制站点

删除站点操作与复制类似，不同的是单击 按钮后，弹出如图 2-22 所示的选择框，如果确认要删除站点，则单击【是】按钮，否则单击【否】按钮。

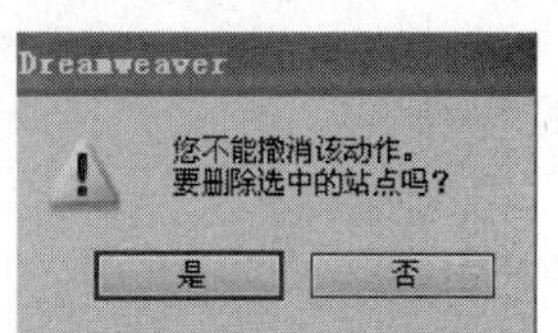

图 2-22　删除站点

③ 导入和导出站点。可以将站点设置导出为 XML 文件，并在以后将该文件导入 Dreamweaver。导出/导入站点能将站点设置传输到其他计算机和产品版本中，与其他用户共享站点设置，以及备份站点设置。

选择【站点】→【管理站点】命令，打开【管理站点】对话框。单击 按钮导出站点，在弹出的【导出站点】对话框中选择保存路径，文件名为 webs. ste，单击【保存】按钮，导出该站点文件，如图 2-23 所示。

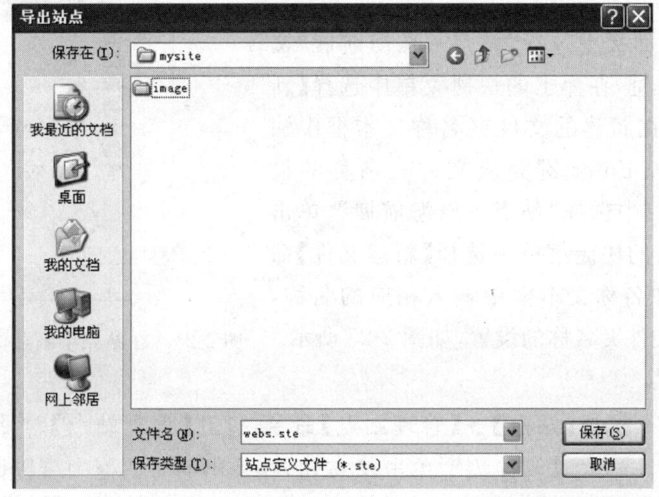

图 2-23　导出站点

导入站点与导出站点操作类似。

任务实现

（1）新建站点并设置站点信息

① 选择【站点】→【新建站点】命令，在弹出的【站点设置对象】对话框中设置站点信息，在站点名称中输入相应的名字，设置后的站点信息如图 2-24 所示。

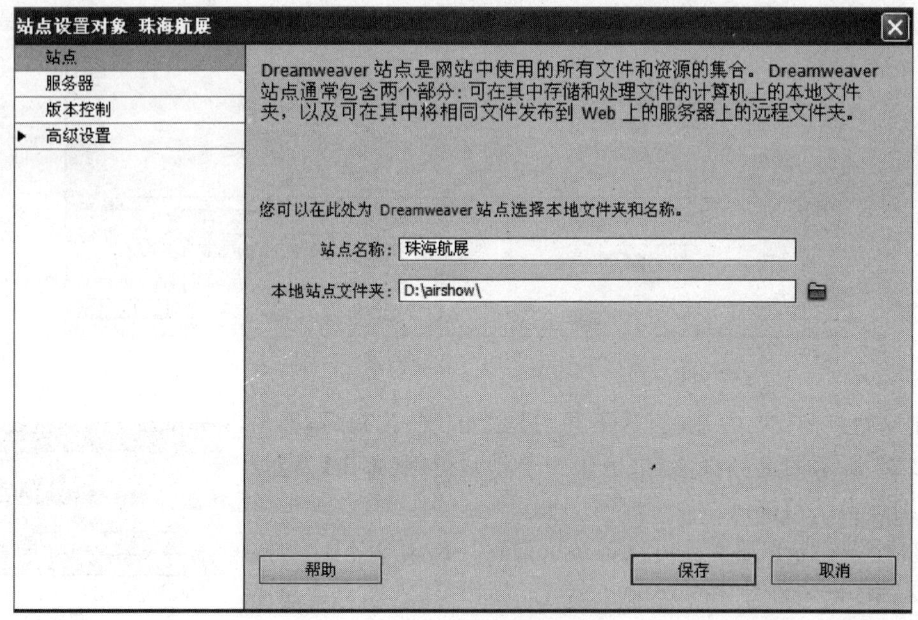

图 2-24　新创建的珠海航展站点

② 单击【保存】按钮。

（2）在站点中新建文件夹和新建文件

① 选择“珠海航展”选项，单击【完成】按钮，即切换为当前站点。

② 在“文件”面板中选择“站点—珠海航展”文件夹，单击鼠标右键，在弹出的快捷菜单中选择【新建文件夹】命令，在新建的文件夹名称文本框中输入相应的名称，按 Enter 键完成文件夹名称的设置；在“文件”面板中选择“站点—珠海航展”，单击鼠标右键，在弹出的快捷菜单中选择【新建文件】命令，在新建的文件名称文本框中输入相应的名称，按 Enter 键完成文件夹名称的设置，如图 2-25 所示。

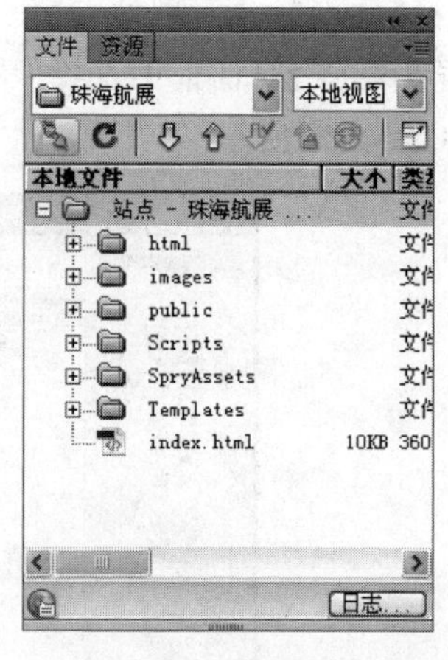

图 2-25　在站点中新建文件夹和新建文件

（3）管理站点

① 编辑站点。选择【站点】→【管理站点】命令，打开【管理站点】对话框，如图 2-26 所示。在该对话框中选中“珠海航展”，单击 按钮，在弹出的对话框中可以修改站点名称。

② 复制与删除站点。复制与删除站点操作与编辑站点类似，不同的是选择的按钮分别

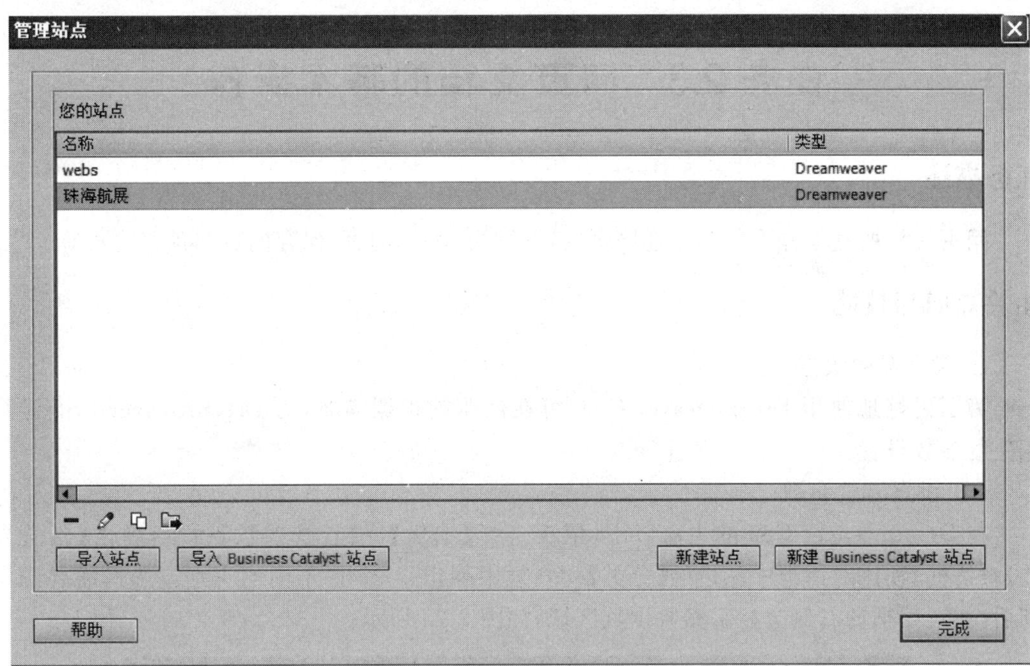

图 2-26　【管理站点】对话框

是[复制图标]、[删除图标]。

③ 导入和导出站点。选择【站点】→【管理站点】命令，打开【管理站点】对话框。单击[导出图标]按钮，导出站点，在弹出的【导出站点】对话框中选择保存路径，文件名为“珠海航展. ste”，单击【保存】按钮，导出该站点文件，如图 2-27 所示。

导入站点与导出站点操作类似。

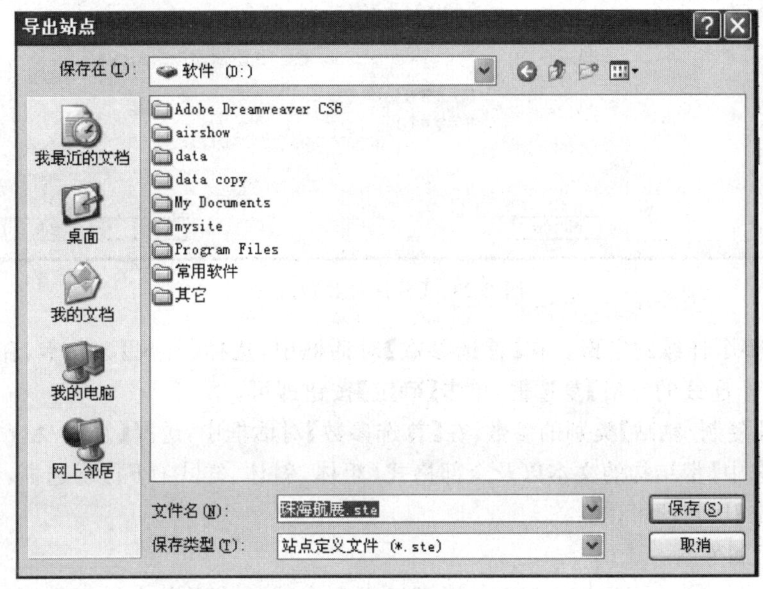

图 2-27　【导出站点】对话框

任务 2.3 网页文档的基本操作

任务描述

网页文档的基本操作包括新建网页、打开网页、编辑网页、保存网页和预览网页等。

相关知识与技能

1. 常用参数设置

为了更好地使用 Dreamweaver CS6,可在使用前根据需要,对 Dreamweaver CS6 进行相关的参数设置。

(1) 设置首选参数

在 Dreamweaver CS6 的主窗口中,依次选择【编辑】→【首选参数】命令,弹出【首选参数】对话框,在该对话框中左边的【分类】列表框中列出了 19 种不同的类别。选择需要的类别后,在对话框的右侧会显示参数设置区域,如图 2-28 所示。

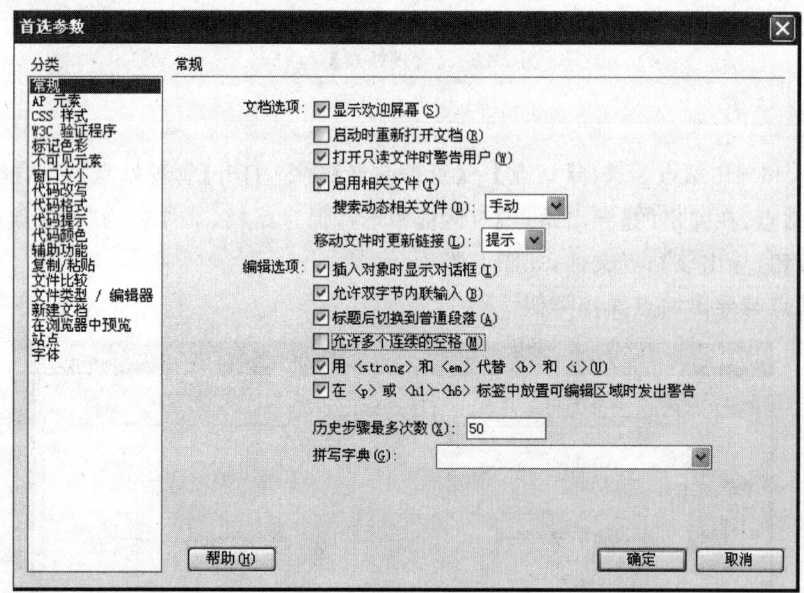

图 2-28 【首选参数】对话框

① 允许多个连续的空格。在【首选参数】对话框中,选择【常规】选项卡,在此选项卡中选中【允许多个连续的空格】复选框,单击【确定】按钮即可。

② 设置【复制/粘贴】类别的参数,在【首选参数】对话框中,选择【复制/粘贴】选项卡,在此选项卡中选中【带结构的文本以及全部格式(粗体、斜体、样式)(F)】复选框,如图 2-29 所示,单击【确定】按钮即可。

(2) 页面属性

在 Dreamweaver CS6 主窗口的文档窗口中右击鼠标或者单击属性面板上的【页面属性】按钮,也可选择【修改】→【页面属性】命令或按 Ctrl+J 组合键,这几种方法均能弹出

【页面属性】对话框。页面属性设置主要包括外观(CSS)、外观(HTML)、链接(CSS)、标题(CSS)、标题/编码、跟踪图像 6 类,如图 2-30 所示。

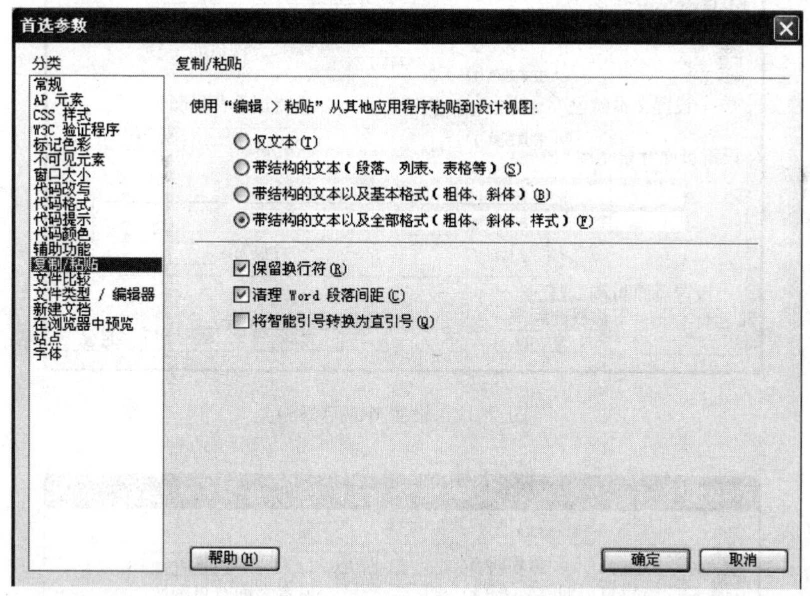

图 2-29　设置“复制/粘贴”参数

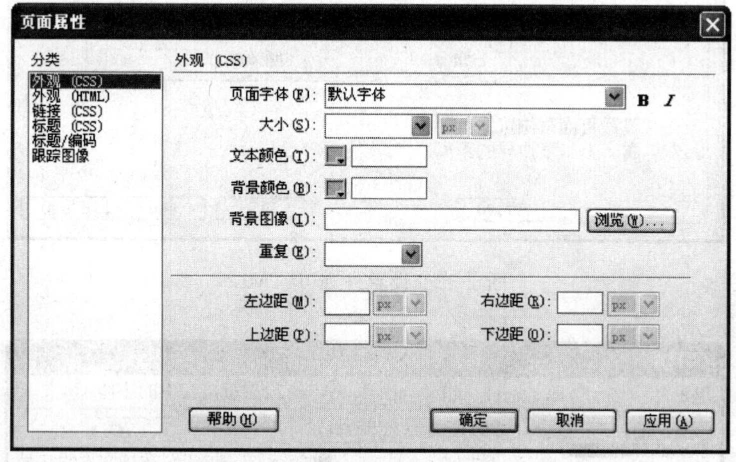

图 2-30　【页面属性】对话框

① 在【页面属性】对话框中,单击左侧【分类】列表中的【外观(CSS)】选项,可以设置页面的“样式”属性,如图 2-31 所示。

② 在【页面属性】对话框中,单击左侧【分类】列表中的【外观(HTML)】选项,可以设置页面的“结构”属性,如图 2-32 所示。

提示:如果外观(CSS)和外观(HTML)中关于页面设置有重复的设置,则外观(CSS)优先。

③ 在【页面属性】对话框中,单击左侧【分类】列表中的【链接(CSS)】选项,可以设置页面的“链接”属性,如图 2-33 所示。

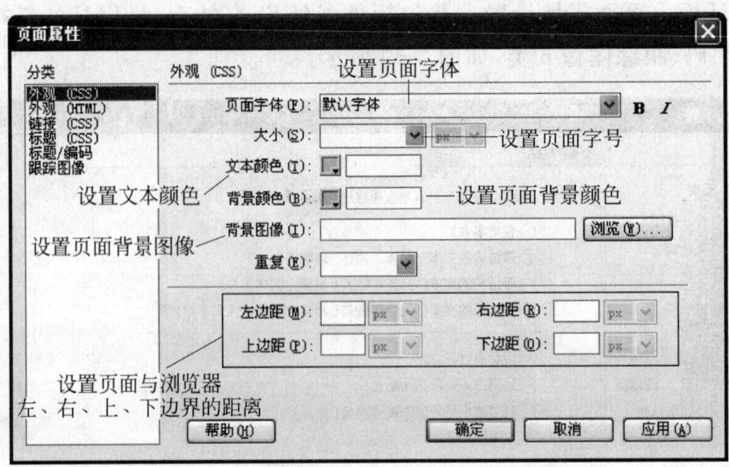

图 2-31　设置外观(CSS)

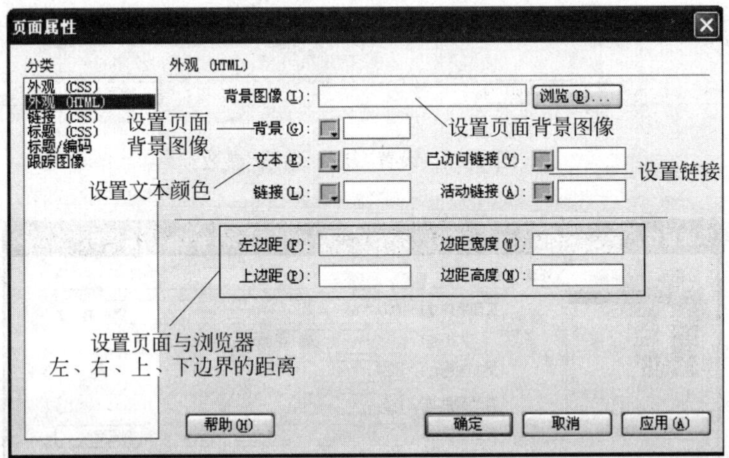

图 2-32　设置外观(HTML)

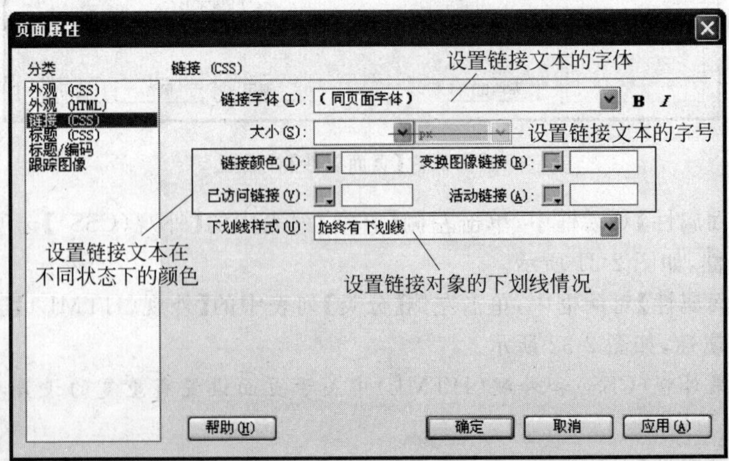

图 2-33　设置链接(CSS)

④ 在【页面属性】对话框中，单击左侧【分类】列表中的【标题(CSS)】选项，可以设置页面的“标题”属性，如图 2-34 所示。

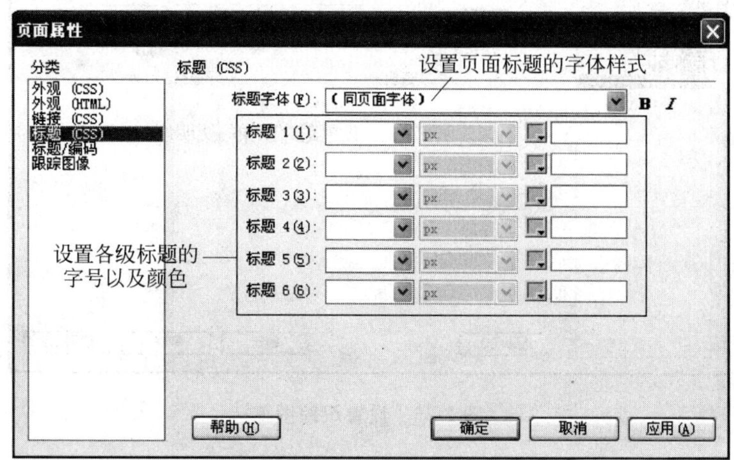

图 2-34　设置标题(CSS)

⑤ 在【页面属性】对话框中，单击左侧【分类】列表中的【标题/编码】选项，可以设置页面的“标题/编码”属性，如图 2-35 所示。

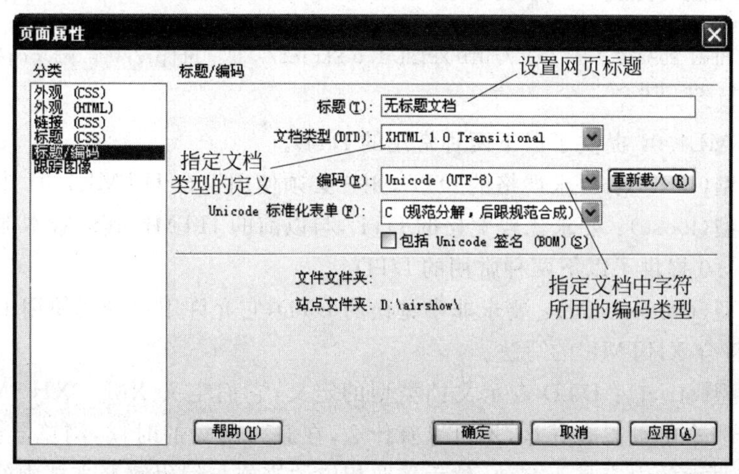

图 2-35　设置标题/编码

⑥ 在【页面属性】对话框中，单击左侧【分类】列表中的【跟踪图像】选项，可以设置页面的“跟踪图像”属性，如图 2-36 所示。

2. 文档类型

当使用网页设计工具 Dreamweaver CS6 新建网页文档以后，在新文档的代码窗口首行看到 DOCTYPE 声明。

DOCTYPE 是文档类型的简写，它定义当前文档的基本类型。即所有的文件都需要用文档类型定义(DTD)。

其实 DOCTYPE 只是一组机器可读的规范，虽然中间包含了文件的 URL，但浏览器不会去读取这些文件，仅用于识别，然后决定以什么样的规范去执行页面中的代码。常用以下

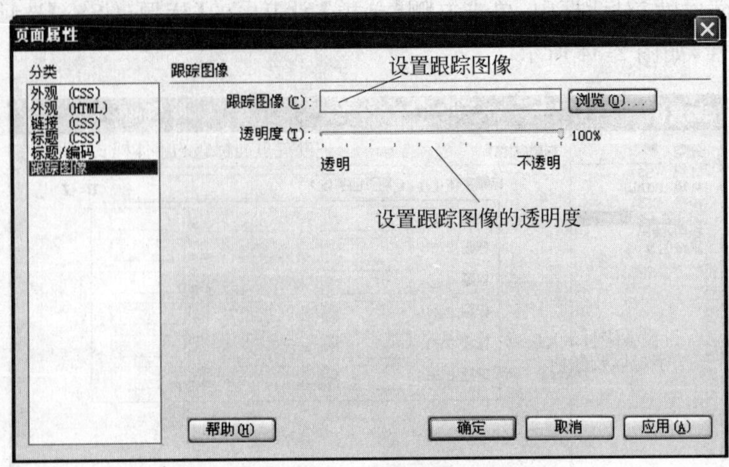

图 2-36 设置跟踪图像

4 种文档类型,来创建网站。

```
<! DOCTYPE HTML PUBLIC " - //W3C//DTD HTML 4.01//EN" "http://www.w3.org/TR/html4/strict.dtd">
<! DOCTYPE HTML PUBLIC " - //W3C//DTD HTML 4.01 Transitional//EN" "http://www.w3.org/TR/html4/loose.dtd">
<! DOCTYPE html PUBLIC " - //W3C//DTD XHTML 1.0 Transitional//EN" "http://www.w3.org/TR/xhtml1/DTD/xhtml1 - transitional.dtd">
<! DOCTYPE html PUBLIC " - //W3C//DTD XHTML 1.0 Strict//EN" "http://www.w3.org/TR/xhtml1/DTD/xhtml1 - strict.dtd">
```

其中,HTML4.01 提供了以下两种常用的 DTD。

(1) 严格型(strict):要求严格的 DTD,用户必须使用符合 HTML4.01 中定义的标签。

(2) 宽松型(loose):要求比较宽松的 DTD,与以前的 HTML 其他版本部分兼容。

XHTML1.0 提供了以下两种常用的 DTD。

(1) 过渡型(transitional):要求非常宽松的 DTD,它允许用户继续使用 HTML4.01 的标签,但是要符合 XHTML 的写法。

(2) 严格型(strict):DTD 表示文档类型的定义,它们定义 XML,XHTML 和 HTML 特定的某一个版本中可以有什么,不可以有什么,在载入网页的时候,浏览器会用既定的声明规范去检查页面的内容是否有效,然后采取相应的措施与编码解释文档中的代码。

任务实现

1. 新建文档

在 Dreamweaver CS6 的主窗口中,依次选择【文件】→【新建】命令,打开【新建文档】对话框。选择该对话框中左侧的【空白页】选项,在对应的页面类型中选择 HTML,在"布局"列表中选择"无",单击 创建(R) 按钮,创建新文档,如图 2-37 所示。此时在 Dreamweaver CS6 的文档窗口中创建了一个名称为 untiled-1.html 的网页文档。

2. 保存文档

保存文档是 Dreamweaver 中最常用的操作之一,要养成经常对编辑中的文档进行保存的习惯,这样可以避免因意外情况(如死机或停电)造成的文件丢失。Dreamweaver 中的保

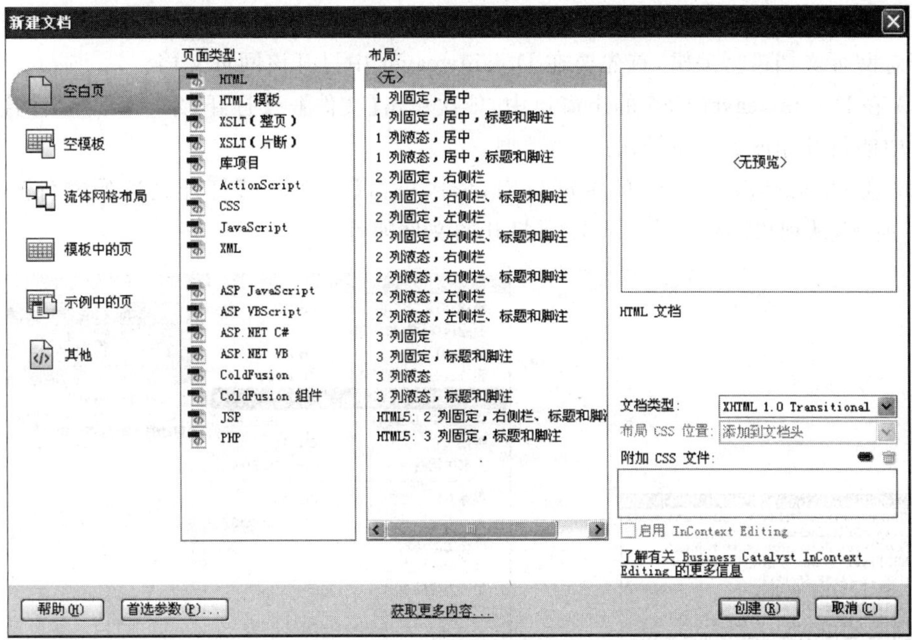

图 2-37 新建文档

存文档有【保存】、【另存为】、【保存全部】、【保存所有相关文件】、【另存为模板】和【恢复上次的保存】等方式，其中最常用的是【保存】、【另存为】。

(1) 在 Dreamweaver CS6 的主窗口中，依次单击【文件】|【保存】或【另存为】命令，弹出【另存为】对话框。

(2) 在该对话框中选择保存在站点文件夹 airshow 中，并命名为 index.html，单击【保存】按钮，如图 2-38 所示。

图 2-38 保存文档

3. 打开文档

要对网页文档进行编辑，首先要在 Dreamweaver 中打开该网页文档。

(1) 在 Dreamweaver CS6 的主窗口中，依次单击【文件】→【打开】命令，在弹出的【打开】对话框中能打开如图 2-39 所示的文档类型。

(2) 在 Dreamweaver CS6 的主窗口中，依次单击【文件】→【打开最近的文件】命令如图 2-40 所示，从列出的列表中选择需要打开的文件即可。

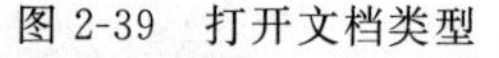

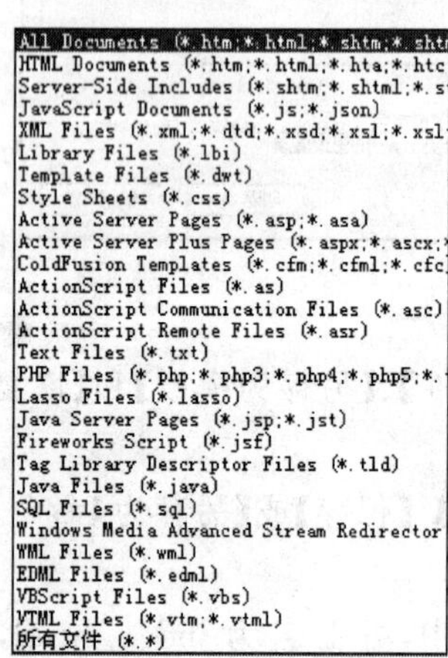

图 2-39 打开文档类型

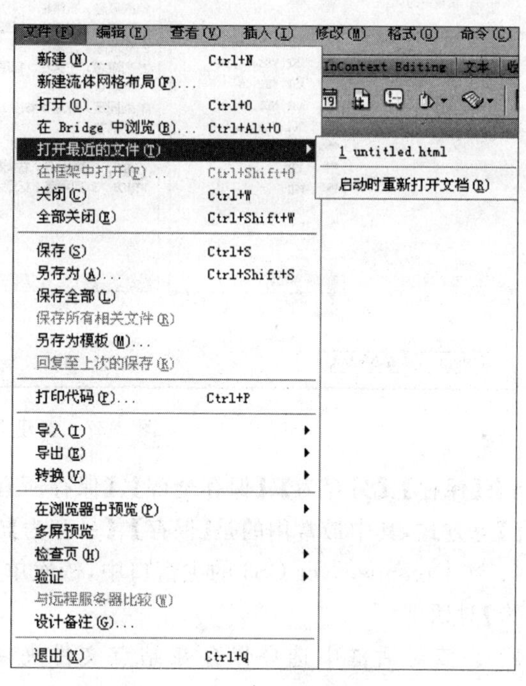

图 2-40 打开最近的文件

4. 关闭文档

在 Dreamweaver CS6 的主窗口中，依次单击【文件】中的【关闭】或【全部关闭】命令，即可关闭网页文档，如果页面尚未保存，则会弹出一个确认是否需要保存文档的对话框。

小 结

本项目主要介绍了在 Dreamweaver CS6 软件中自定义页面、创建和管理站点及设置常用的参数等内容。

思 考 题

1. Dreamweaver CS6 工作界面包括哪些内容？
2. 在一个站点中，为什么要将文件夹进行分类存放？

3. 什么是本地站点和远程站点?

巩 固 练 习

1. 参照任务 1 熟悉 Dreamweaver CS6 工作界面及自定义页面。

2. 参照任务 2 创建"酷致网络科技有限公司"网站站点"酷致"。在该站点中创建如图 2-41 所示的文件夹和文件。

图 2-41 在站点中创建文件夹和文件

项目 3　制作文本网页

项目描述

文本是网页中最基本的元素之一，也是网页设计的基础，具有准确快捷传递信息、存储空间小、易操作等优点。在 Dreamweaver 中处理文本与在 Word 中一样容易，通过本项目的学习，能够熟练掌握编辑网页文本的各种方法，对网页文本的格式化处理有一个清晰的认识，使网页的显示效果更加丰富多彩。

知识目标

- 掌握在 Dreamweaver CS6 中设置文本格式的方法；
- 掌握在 Dreamweaver CS6 中使用特殊文本的方法；
- 熟悉在 Dreamweaver CS6 中制作文本网页的方法。

技能目标

- 能够运用 Dreamweaver 在网页中输入文字，设置文字的格式及颜色；
- 掌握在网页设计网页文本格式化的操作方法；
- 能够根据页面需要对文本进行编辑设置，美化页面；
- 能够根据页面需要灵活添加其他特殊元素；
- 能够把外部不同格式文件插入到网页。

任务 3.1　第十届航展

任务描述

“第十届航展”页面主要由文字构成，是为了让浏览者在短时间内阅读、了解更多的信息。通过设置文本相关属性完成“第十届航展”的文本页面，页面效果如图 3-1 所示。此任务实现的步骤是：①导入文本文件；②设置文本文件；③插入和设置水平线。

相关知识与技能

1. 文本的基本操作

网页中最常见的网页元素是文本，在 Dreamweaver 中，可以直接输入文本，也可以从其

第十届中国航展11月11日开幕

摘要：5月13-14日，第十届中国航展工作协调会在云南昆明召开，为筹办第十届中国航展出谋划策。据悉，第十届中国航展将于2014年11月11日至16日在珠海举办。

南都讯 记者陈思敏通讯员李意辉 胡明 5月13-14日，第十届中国航展工作协调会在云南昆明召开，为筹办第十届中国航展出谋划策。据悉，第十届中国航展将于2014年11月11日至16日在珠海举办。

目前，第十届中国航展的各项筹备工作已经全面启动。从目前航展招商进展情况来看，好过往届，一批新、老客户已明确表示参展。波音、空中客车、罗罗、巴西航空工业公司、比奇飞机公司、派珀飞机公司等中国航展的“老朋友”均明确表示参展，其中部分展商还表达了扩大参展规模的意愿，美国地区的招商合作机构负责人表示参加第9届中国航展的美国企业均对参展效果表示满意，有信心在第10届航展进一步扩大美国展团的规模；加拿大展团负责人也表示将组团参加第10届中国航展。F　LIR公司等新客户也表示将尽快下订单。与此同时，邀请外军特技飞行表演队参加第十届中国航展的工作也已全面启动，并取得了实质性进展。

据悉，今年以来，珠海多次召开航展专题会议，研究讨论第十届中国航展的办展思路和改进措施，提出第十届中国航展要围绕“国际化、专业化和市场化”的要求，争取突破，打造航展品牌；同时提出要注重航空产业与航展的相互协调、共同发展，构建航空产业、航展与机场“三位一体”发展格局。

图 3-1　最终文本网页效果图

他地方复制文本到当前文档，剪切、删除及粘贴文本等操作与在 Word 文档中处理文本的方式类似。网页中的文本除了常见的文字外，还有其他的类型，如水平线、时间和日期、特殊符号等。

（1）插入或复制文本

① 插入文本：在 Dreamweaver CS6 的主窗口中，定位插入点，然后直接输入文本内容。

② 复制文本：在其他地方复制文本后，在 Dreamweaver CS6 的主窗口中，依次单击菜单栏的【编辑】→【粘贴】命令。

③ 导入文本：依次单击菜单栏的【开始】→【导入】→【Word 文档】命令。

（2）插入和设置水平线

水平线主要用于分割文本段落和修饰页面等，达到视觉上的分离效果。在 Dreamweaver CS6 的主窗口中，依次单击菜单栏的【插入】→【HTML】→【水平线】命令即可。

（3）插入特殊符号和时间

① 特殊符号：无法通过计算机直接输入的一类符号，如版权符号©、注册商标符号®等。在 Dreamweaver CS6 的主窗口中，在目标位置定位插入点后，依次单击菜单栏中的【插入】→【HTML】→【特殊字符】命令中的选项即可；或者在【插入】面板中实现：在插入面板中切换到“文本”菜单，单击文本的【字符】选项，在弹出的扩展子菜单中选择需要插入的特殊字符即可实现，如图 3-2 所示。

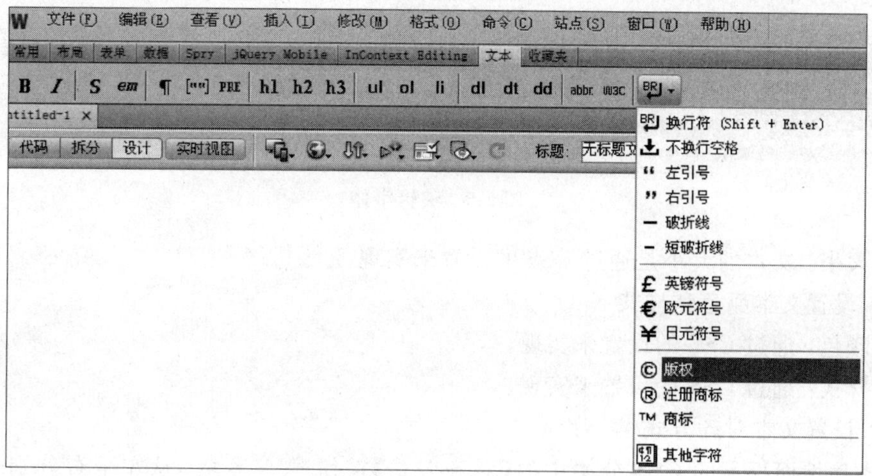

图 3-2　插入特殊字符

② 时间：插入时间与 Word 中的插入日期类似。在 Dreamweaver CS6 的主窗口中，在目标位置定位插入点后，依次单击菜单栏中的【插入】→【日期】命令；或者选择【插入】面板【常用】菜单中的按钮也可实现插入时间，如图 3-3 所示。

图 3-3　插入时间

2. 设置文本格式

输入文本或导入文本后，需要对文本进行格式设置。在 Dreamweaver CS6 中，对文本的设置分为 HTML 和 CSS 两类，它们分别采用不同的方式对文本的格式进行设置，可通过选择“属性”面板上的 HTML 按钮和 CSS 按钮进行切换，如图 3-4 所示。

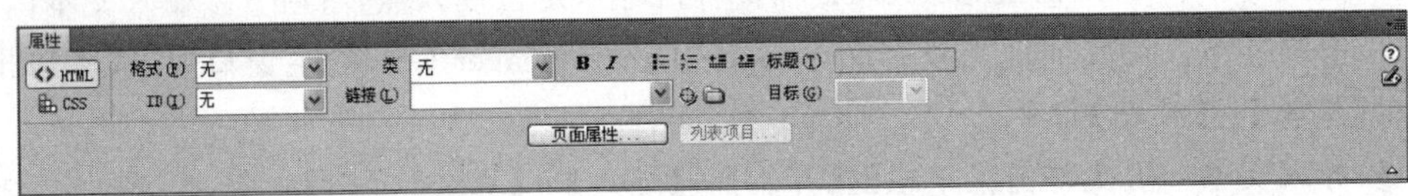

图 3-4　设置文本格式

(1) 设置文本字体和大小

① 字体：对于新安装的 Dreamweaver CS6，需要在设置字体前对字体列表进行编辑。在 CSS 面板中选择【字体】下拉列表框，如图 3-5 所示，选择该下拉列表框中的【编辑字体列表】选项，在弹出的【编辑字体列表】对话框中添加新字体，如图 3-6 所示。

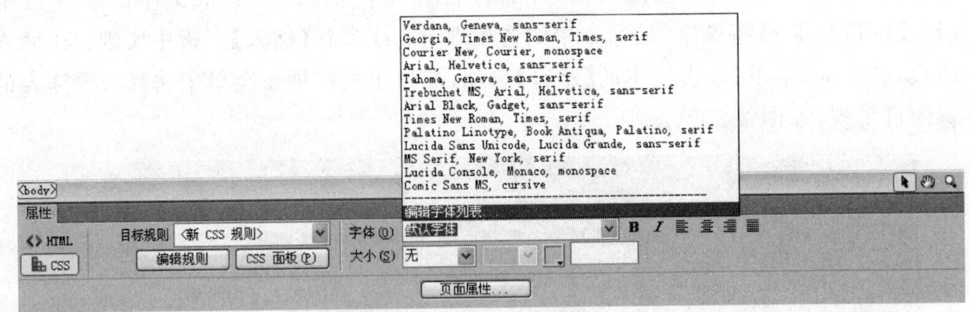

图 3-5　编辑字体

② 大小：文本的大小是通过 CSS 的设置来实现。

(2) 设置文本颜色和样式

① 颜色：通过 CSS 的设置来实现。

② 样式：通过 CSS 的设置来实现。

(3) 设置文本对齐方式

文本属性面板上的 CSS 分类中的【对齐方式】按钮，从左至右分别是“左对齐”、“居中对齐”、“右对齐”和“两端对齐”。

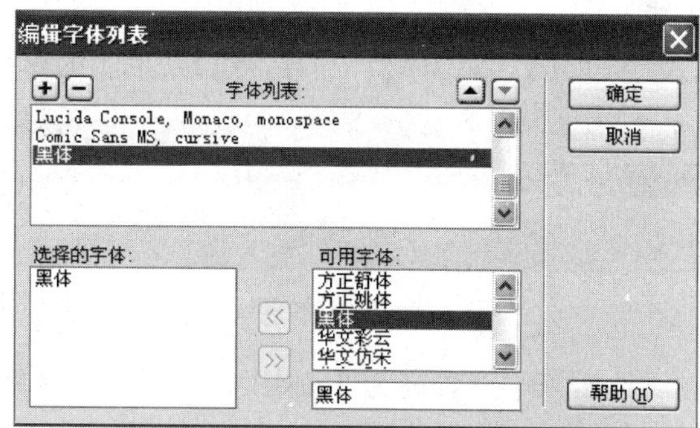

图 3-6 【编辑字体列表】对话框

任务实现

1. 复制文本

在文件浮动面板中打开站点下的文件“10th. html”页面，将素材文件中的“第十届中国航展. doc”复制到粘贴板，在 Dreamweaver CS6 的主窗口中，选择菜单栏中的【编辑】→【选择性粘贴】命令，在弹出的【选择性粘贴】对话框中选中【仅文本】单选按钮，如图 3-7 所示，单击【确定】按钮，如图 3-8 所示。

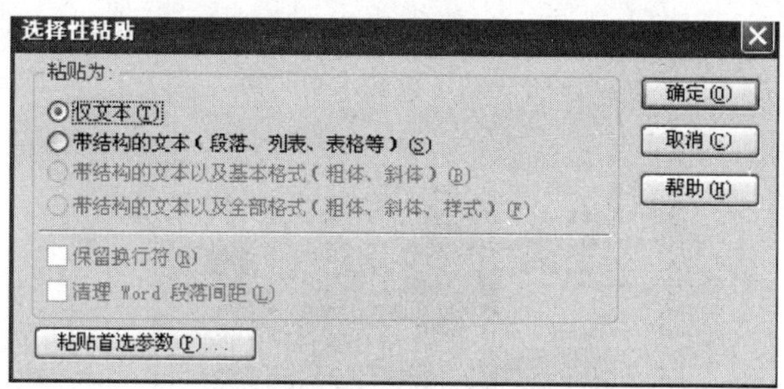

图 3-7 设置粘贴属性

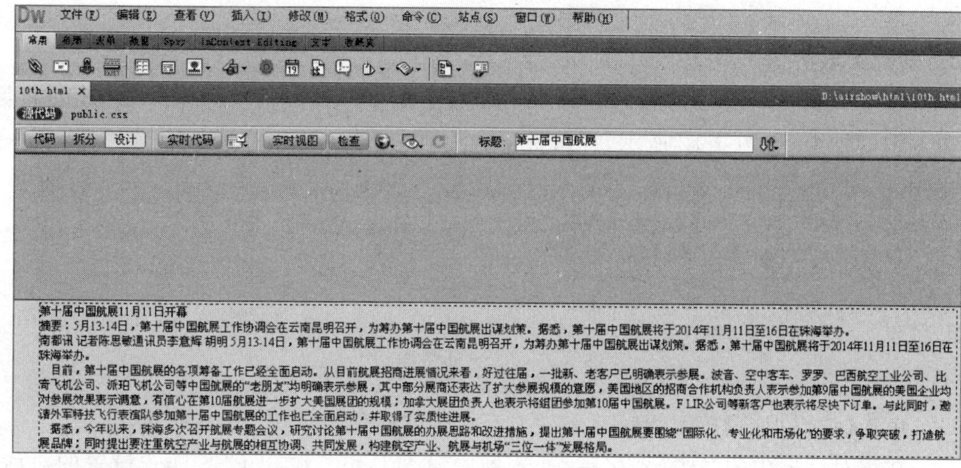

图 3-8 粘贴文本

2. 插入和设置水平线

(1) 用鼠标定位插入点,单击【插入】面板中的【常用】菜单下的按钮,如图 3-9 所示。

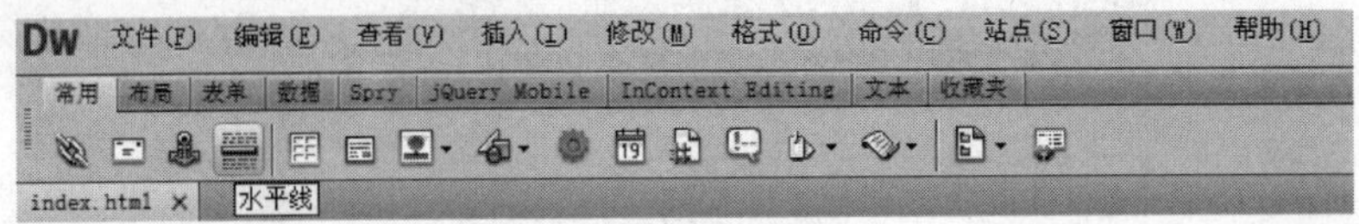

图 3-9 插入水平线

(2) 选中水平线,在属性面板中设置高为 2,如图 3-10 所示;在 Dreamweaver CS6 的主窗口中,切换窗口到代码窗口,将鼠标放置在标签＜hr＞中,按空格键,弹出如图 3-11 所示的颜色选择器,在该选择器中设置水平线颜色为"＃FF0000"。

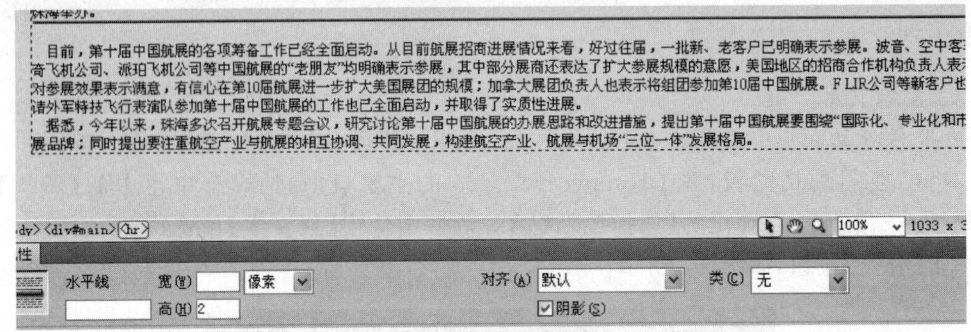

图 3-10 设置水平线高

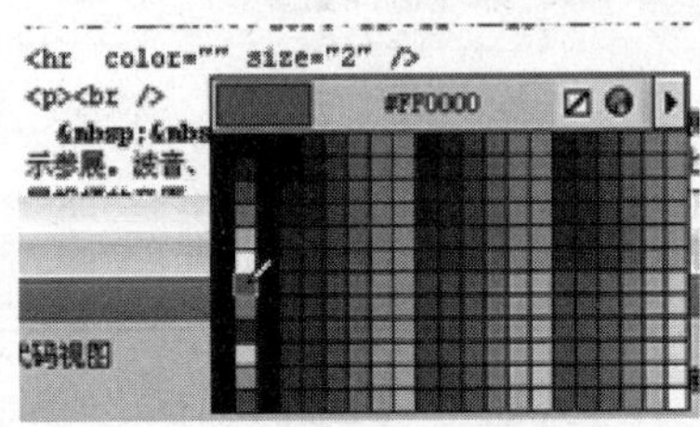

图 3-11 设置水平线颜色

3. 设置文本格式

(1) 选中"第十届中国航展 11 月 11 日开幕",在文本属性面板中单击 CSS 按钮,将鼠标放置在编辑规则上,如图 3-12 所示,在鼠标下方出现"创建或更改 CSS 规则"字样。

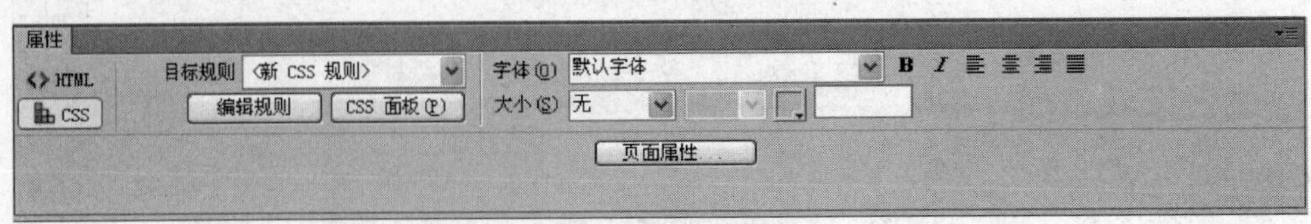

图 3-12 CSS 属性面板

(2) 单击【编辑规则】按钮,弹出【新建 CSS 规则】对话框,如图 3-13 所示。

(3) 在该对话框中的"选择器名称"文本框中输入 biaoti,弹出 CSS 样式设置的对话框,在该对话框中可以对选中的文本进行字体、颜色及大小的设置,如图 3-14 所示。

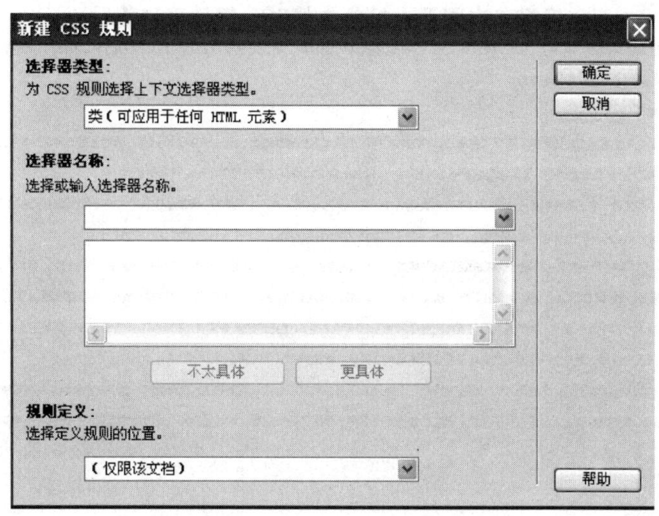

图 3-13　【新建 CSS 规则】对话框

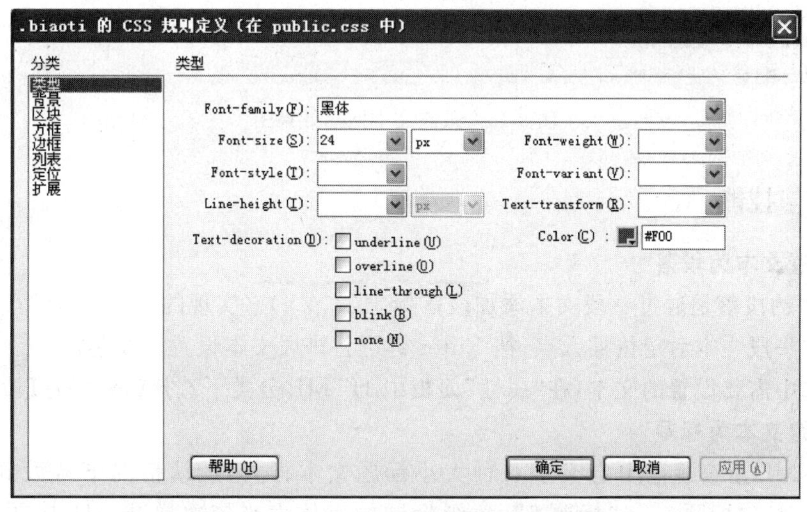

图 3-14　设置文本样式

（4）用同样的方法为正文进行 CSS 样式设置，最终效果如图 3-1 所示。

任务 3.2　航展新闻——中国无人机

任务描述

段落是文本的主要组织形式，设置段落可以对整个段落的格式进行统一设置，简化操作。通过对网页文件 Unmanned aerial. html 进行段落设置后的页面效果，如图 3-15 所示。此任务实现的步骤是：①导入文本文件；②设置文本文件；③设置文本列表。

俄媒：中国无人机领先俄5年 仅比美稍落后

航展上的中国无人机（俄罗斯之声网站）中评社北京10月11日电／国民网讯，据俄罗斯之声网站报道，俄罗斯战略和技巧分析中心专家瓦西里·卡申指出，在无人机领域，中国已经超过俄罗斯几年，仅比美国的先进成果稍稍落后。

俄罗斯之声网站原文报道如下：

据俄罗斯媒体援引在军工系统的消息人士的话报道，对腾飞重量为20吨的俄罗斯攻击型无人机样品的首次测试将会在2018年。而对更轻的重量为5吨的无人机的原型机的首次测试则会在2015年到2016年之间。需要警惕的是，无论是在俄罗斯还是在西方，这么复杂的军事科技打算在实行时经常受到干扰。

然而，即使几点打算能被全面实行，也将意味着在无人机领域落后中国4到5年。众所周知，降低了雷达特点的中国重型作战无人机"利剑"涌现于2013年初，并已经经由了测试。这并不是中国唯一低雷达特点的无人机——中国人还造了类似于美国"RQ-170哨兵"那样的无人机。

此外，中国早在2011年至2012年就开端批量生产更轻的攻击型无人机"翼龙"，此机型重达1200公斤。在性能方面，它类似于美国的"捕食者"。目前，这种无人机已经销往几个国家，其中包含一个中亚国家。为"翼龙"开发了更多类型的兵器，包含激光制导导弹和小型校订炸弹。而俄罗斯目前还没有一批可携带兵器的无人机。

俄罗斯的落后有客观的和相干方案毛病的原因。生产无人机的技巧已经是20世纪90年代末至21世纪初的重要请求。在俄罗斯经济最艰苦和国防工业最艰苦的时代，国防工业一直在忙于生存。后来，在涌现资金后，更关注的是无人机的电子设备而不是其它系统。就这样错过了时间。

俄罗斯可以依附自己研制有人飞机的丰富经验研制无人机。但在俄罗斯还没有无人机所必须的活塞式飞机发动机的成熟生产，也没有多种类型材料和专门设备的生产。问题的一部分是俄罗斯试图与以色列和西欧国家的企业合作来解决问题，但这种合作高度依附于美国的政治立场。伴随世界无人机市场的增长，中国将有机会站稳脚跟，也不用担心俄罗斯在这一领域的竞争。

导读：

- 歼－１０战机击落带干扰源导弹！
- 中国海军舰艇编队围绕日本列岛一周后返航
- 中国"卫星抓卫星"成功美国怕了
- 俄媒：中国无人机领先俄５年仅比美稍落后
- 美媒炒中国黑客窃军密五角大楼指过时夸张
- 俄媒：红旗９山寨俄ｓ３００俄限制兵器售华

图 3-15　最终文本网页效果图

相关知识与技能

1. 设置文本为段落

网页中的段落是通过一段文本添加段落标志(＜p＞)来实现的。

(1) 在一段文本后定位插入点，按 Enter 键可将该段文本设置为段落。

(2) 选中需要设置的文本，在"属性"面板中 HTML 分类下选择【格式】→【段落】命令。

2. 设置文本为标题

在 HTML 语言规范中定义了 6 种大小标题文本样式，默认情况下从大到小分别是 H1～H6。对应"标题 1"～"标题 6"，每级标题的字体大小依次递减，H1 标题字号最大，H6 标题字号最小。标题可以在页面中实现水平方向左、居中、右对齐。

(1) 选中需要设置的文本，在"属性"面板中 HTML 分类下选择【格式】选项，弹出如图 3-16 所示的列表框，在该列表框中选择对应的选项。

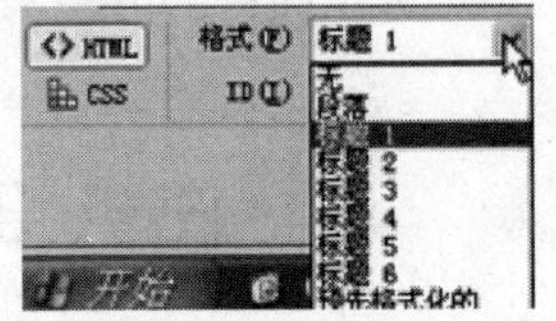

图 3-16　设置文本为标题 1

(2) 选中需要设置的文本，在菜单栏选择【插入】→【HTML】→【文本对象】命令，根据需要选择"标题 1～标题 3"，如图 3-17 所示。

3. 设置换行、段落缩进

换行和缩进是网页设计中文本格式化操作的重要组成部分。

(1) 换行：与段落有本质区别，换行后行与行之间是没有空白行的。将鼠标定位在插入点，切换"插入"面板至【文本】菜单，单击 按钮；或在菜单栏选择【插入】→【HTML】→【特殊字符】→【换行符】命令。

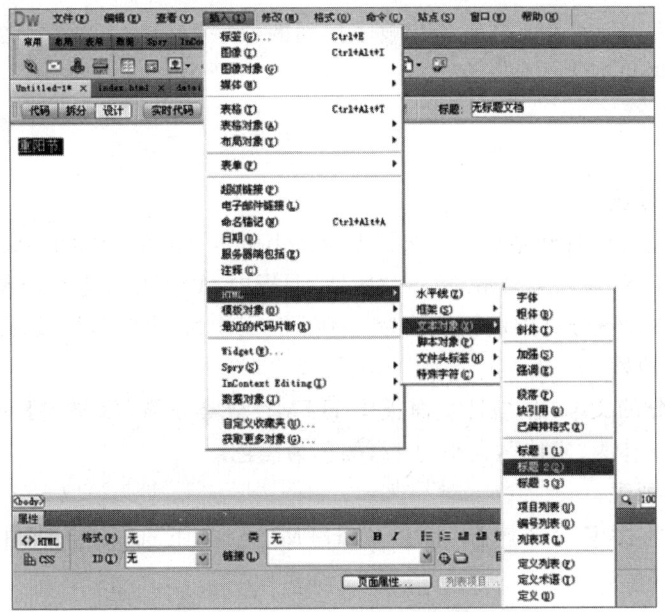

图 3-17　设置文本为标题 2

(2) 缩进：Dreamweaver CS6 中的缩进是指左右两端同时缩进，每一级缩进的距离都是固定的。选中需要设置的文本，在“属性”面板中 HTML 分类中选择【缩进】按钮 和【凸出】按钮 即可；或在菜单栏选择【格式】→【缩进】和【格式】→【凸出】命令。

4. 设置文本列表

列表常用于文档设置自动编号、项目符号等格式信息。列表分为两类：项目列表和顺序列表。列表可以多层嵌套。

(1) 项目列表：各列表项之前为相同的项目符号，各列表项之间是平行关系。选中需要设置的文本，在“属性”面板中 HTML 分类中选择 按钮即可；或选中【文本】菜单，右击鼠标，在弹出的快捷菜单中选择【列表】→【项目列表】命令，如图 3-18 所示。

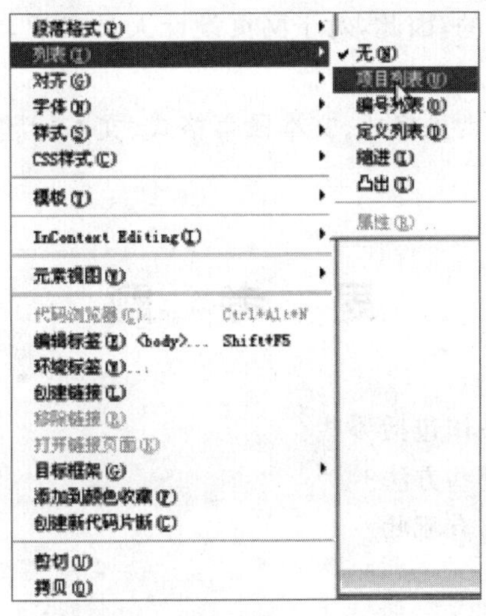

图 3-18　设置文本列表

（2）顺序列表：各列表项之前都有顺序排列的数字编号，各列表项之间是顺序排列关系。设置方法与项目列表类似。

任务实现

1. 设置段落标题

在文件浮动面板中打开站点下的文件 Unmanned aerial. html 页面，选中文本“俄媒：中国无人机领先俄 5 年 仅比美稍落后”，在“属性”面板中 HTML 分类下选择【格式】命令中的【标题 1】选项；在 CSS 分类中设置颜色为“#00F”，字体为“黑体”，加粗、居中。

2. 设置文本段落

选中正文部分的文本，在“属性”面板中 HTML 分类下选择【格式】→【段落】命令；在 CSS 分类中设置字体为“宋体”，大小为 12，颜色为黑色。

3. 设置项目列表

选中导读中的文字，在“属性”面板中 HTML 分类下选择 项目列表，如图 3-19 所示。

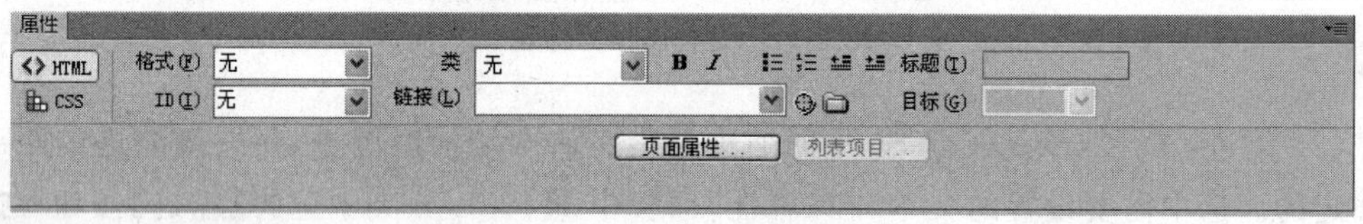

图 3-19 设置文本项目列表

最终效果图如图 3-15 所示。

小 结

文本是网页表达信息的主要途径之一，在互联网上大量信息的传播均以文本为主。文本在网站上的运用是最广泛的，因此，对于网页设计人员来说，掌握网页中文本操作是必备技能之一。

本项目详细介绍了文本常见格式、文本段落格式、文本标题格式及文本列表等常用属性和操作。

思 考 题

1. 网页中文本的基本操作包括哪些？
2. 网页中插入文本有哪些方法？
3. 网页中文本常见操作有哪些？

巩 固 练 习

参照任务 1 和任务 2 制作如图 3-20 所示的文本网页。

参考步骤如下。

（1）附加已经制作好的 style.css 样式表到当前文档中。

（2）在 CSS 分类中设置文本属性。

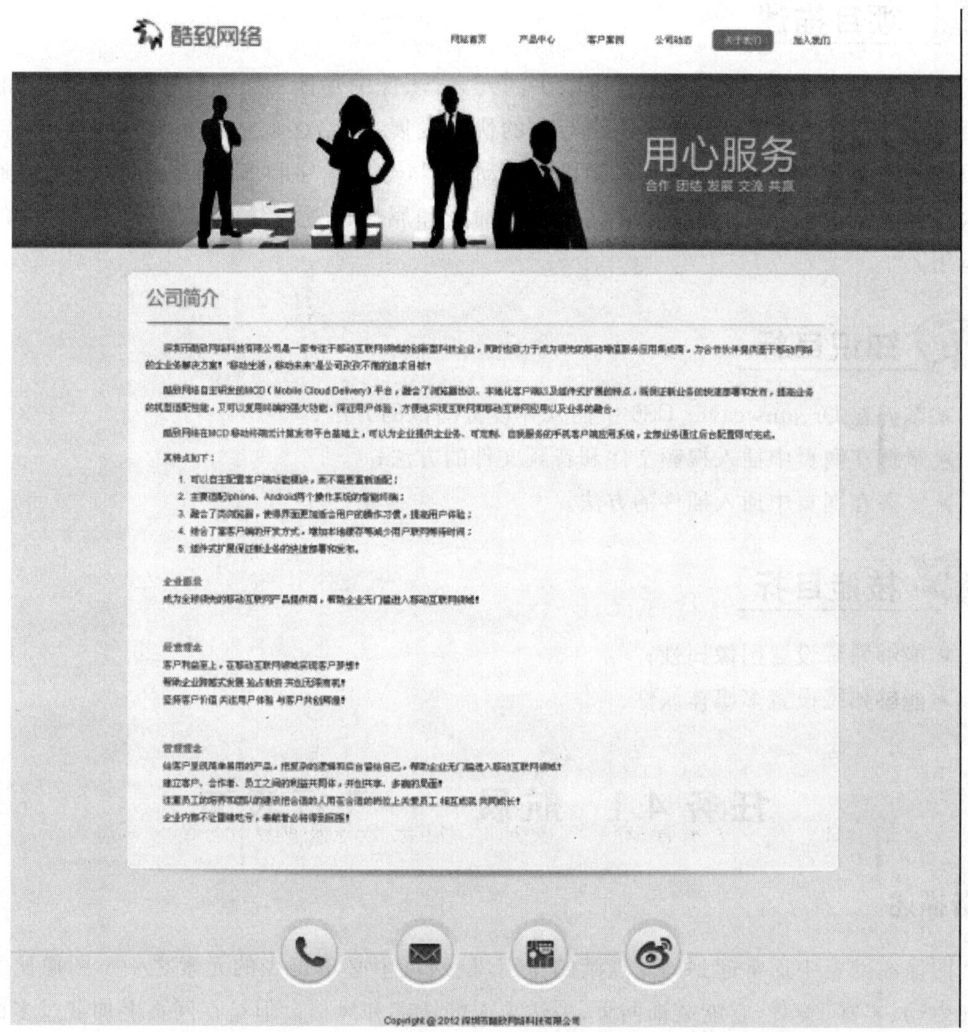

图 3-20　文本网页效果

项目 4　制作图像和多媒体网页

项目描述

图像和文本一样，是网页中不可缺少的元素，图像的功能：提供信息、展示作品、装饰网页、表现风格和超链接。随着网络行业的快速发展，网络多媒体技术应用也日趋广泛。网页中的多媒体对象包括音频、视频、Flash 动画、Java 小程序和 Shockwave 电影等。通过本次项目的学习，要求掌握图像在网页中的插入和属性设置方法及多媒体在网页中的合理运用。

知识目标

- 掌握在 Dreamweaver CS6 中插入并设置图像的方法；
- 掌握在网页中插入视频文件和音频文件的方法；
- 掌握在网页中插入插件的方法。

技能目标

- 能够熟练设置图像属性；
- 能够熟练设置多媒体属性。

任务 4.1　航展——飞行表演

任务描述

图像在网页中通常起到画龙点睛的作用，是网页中必不可少的元素之一。图像比文本更加生动、丰富、美观，它能装饰网页，表达个人的情趣和风格。但是在网页上加载过多的图像时，会影响浏览器的下载速度，最终会使用户失去耐心而放弃浏览网页。本次任务通过插入图像和设置图像属性完成“飞行表演”的图像页面，效果如图 4-1 所示。

图 4-1　最终图像网页效果图

相关知识与技能

1. 图像格式

在网页设计中常用的图像格式有以下几种类型。

(1) JPG/JPEG 图像格式

JPG/JPEG(Joint Photographic Experts Group)图像格式是一种有损压缩的图像格式，也是一种与平台无关的高效率压缩格式，文件后缀名为".jpg"或".jpeg"，是最常用的图像文件格式，由一个软件开发联合会组织制定，能够将图像压缩在很小的储存空间，图像中重复或不重要的资料会丢失，因此容易造成图像数据的损伤。尤其是使用过高的压缩比例，将使最终解压缩后恢复的图像质量明显降低，如果追求高品质图像，不宜采用过高的压缩比例。但是 JPEG 压缩技术十分先进，它用有损压缩方式去除冗余的图像数据，在获得极高的压缩率的同时能展现十分丰富生动的图像，换句话说，就是可以用最少的磁盘空间得到较好的图像品质。而且 JPEG 是一种很灵活的格式，具有调节图像质量的功能，允许用不同的压缩比例对文件进行压缩，支持多种压缩级别，压缩比率通常在 10：1～40：1，压缩比越大，品质就越低；相反，压缩比越小，品质就越好。比如可以把 1.37Mb 的 BMP 位图文件压缩至 20.3KB。当然也可以在图像质量和文件尺寸之间找到平衡点。JPEG 格式压缩的主要是高频信息，对色彩的信息保留较好，适合应用于互联网，可减少图像的传输时间，可以支持 24bit 真彩色，也普遍应用于需要连续色调的图像。

JPEG 格式是目前网络上最流行的图像格式，是可以把文件压缩到最小的格式，在 Photoshop 软件中以 JPEG 格式储存时，提供 13 级压缩级别，以 0～12 级表示。其中 0 级压缩比最高，图像品质最差。即使采用细节几乎无损的 10 级质量保存时，压缩比也可达 5∶1。以 BMP 格式保存时得到 4.28MB 图像文件，在采用 JPG 格式保存时，其文件仅为 178KB，压缩比达到 24∶1。经过多次比较，第 8 级压缩为存储空间与图像质量兼得的最佳比例。

JPEG 格式的应用非常广泛，特别是在网络和光盘读物上，都能看到它的身影。各类浏览器均支持 JPEG 这种图像格式，因为 JPEG 格式的文件尺寸较小，下载速度快。

JPEG 2000 作为 JPEG 的升级版，其压缩率比 JPEG 高约 30%，同时支持有损和无损压缩。JPEG 2000 格式有一个极其重要的特征，即它能实现渐进传输，即先传输图像的轮廓，然后逐步传输数据，不断提高图像质量，让图像由朦胧到清晰显示。此外，JPEG 2000 还支持所谓的"感兴趣区域" 特性，可以任意指定影像上感兴趣区域的压缩质量，还可以选择指定的部分先解压缩。

JPEG 2000 和 JPEG 相比优势明显，且向下兼容，因此可取代传统的 JPEG 格式。JPEG 2000 既可应用于传统的 JPEG 市场，如扫描仪、数码相机等，又可应用于新兴领域，如网络传输、无线通信等。

优点：

① 摄影作品或写实作品支持高级压缩。

② 利用可变的压缩比可以控制文件大小。

③ 支持交错(对于渐近式 JPEG 文件)。

④ JPEG 广泛支持 Internet 标准。

缺点：

① 有损压缩会使原始图片数据质量下降。

② 在编辑和重新保存 JPEG 文件时，JPEG 会混合原始图片数据的质量下降。这种下降是累积性的。

③ JPEG 不适用于所含颜色很少、具有大块颜色相近的区域或亮度差异十分明显的较简单的图片。

JPEG 的文件格式一般有两种文件扩展名：.jpg 和.jpeg，这两种扩展名的实质是相同的，把 *.jpg 的文件改名为 *.jpeg，对文件本身不会有任何影响。严格来讲，JPEG 的文件扩展名应该为.jpeg，但由于 DOS 时代的 8.3 文件名命名原则，PC 使用了.jpg 的扩展名，而由于 Mac 并不限制扩展名的长度，因此当时苹果机上都使用了.jpeg 的后缀名。虽然现在 Windows 也可以支持任意长度的扩展名了，但人们已经习惯了.jpg 的叫法，因此也就没有强制修正。这种情况类似于.htm 和.html 的区别。

(2) 图形交换(GIF)图像格式

GIF(Graphics Interchange Format)图像格式是一种无损压缩格式的图像，文件以.gif 为扩展名，最高只支持 256 种颜色，不能存储真彩色的图像文件，色彩比较简单，但文件比较小，是网上常用的图像格式。GIF 文件的数据，是一种基于 LZW 算法的连续色调的无损压缩格式。其压缩率一般在 50%左右，它不属于任何应用程序。几乎所有相关软件都支持它，公共领域有大量的软件在使用 GIF 图像文件。

GIF 图像文件的数据是经过压缩的，而且是采用了可变长度等压缩算法。所以 GIF 的图像深度为 1～8bit，也即 GIF 最多支持 256 种色彩的图像。GIF 格式的另一个特点是其在一个 GIF 文件中可以存多幅彩色图像，如果把存于一个文件中的多幅图像数据逐幅读出并显示到屏幕上，就可构成一种最简单的动画。

GIF 解码较快，因为采用隔行存放的 GIF 图像，在边解码边显示的时候可分成 4 遍扫描。第一遍扫描虽然只显示了整个图像的 1/8，第二遍的扫描后也只显示了 1/4，但这已经把整幅图像的概貌显示出来了。在显示 GIF 图像时，隔行存放的图像会让你感觉它的显示速度似乎要比其他图像快一些，这是隔行存放的优点；另外，GIF 不支持 Alpha 透明通道。

(3) 便携式网络图形(PNG) 图像格式

PNG(Portable Network Graphic)是网上接受的最新图像文件格式。PNG 能够提供长度比 GIF 小 30%的无损压缩图像文件。它同时提供 24 位和 48 位真彩色图像支持以及其他诸多技术性支持。由于 PNG 非常新，所以并不是所有的程序都可以用它来存储图像文件，但 Photoshop 可以处理 PNG 图像文件，也可以用 PNG 图像文件格式存储。

优点：

① PNG 支持高级别无损压缩。

② PNG 支持 Alpha 通道透明度。

③ PNG 支持伽玛校正。

④ PNG 支持交错。

⑤ PNG 受最新的 Web 浏览器支持。

缺点：

① 较旧的浏览器和程序可能不支持 PNG 文件。

② 作为 Internet 文件格式，与 JPEG 的有损耗压缩相比，PNG 提供的压缩量较少。

③ 作为 Internet 文件格式，PNG 对多图像文件或动画文件不提供任何支持。GIF 格式支持多图像文件和动画文件。

2. 图像操作

(1) 插入图像

在 Dreamweaver CS6 中插入图像的操作比较简单，将鼠标置于目标位置，在菜单栏选择【插入】→【图像】命令，或者单击“插入”面板中的【图像】按钮组中的 按钮。

(2) 设置图像属性

图像的属性主要包括图片的显示尺寸和存储大小，在 Dreamweaver CS6 中插入图像后，在属性面板中会显示图像的相关属性，如图 4-2 所示。

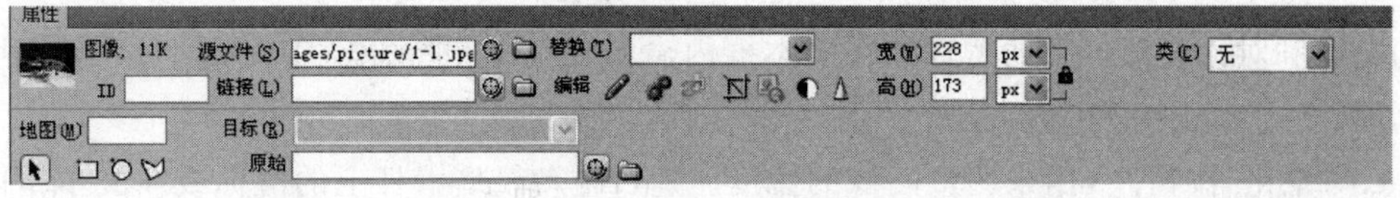

图 4-2　图像属性面板

在图像属性面板中常用属性如下。

① 名称(ID)：在缩略图右下面的文本框输入图像名称，以便在使用 Dreamweaver 行为(例如“交换图像”)或脚本撰写语言(例如 JavaScript)时引用。

② 源文件：指定图像的源文件。单击【文件夹】图标，找到所需源文件，或者在输入域中直接键入文件的路径。

③ 链接：为图像指定超链接。将"指向文件"图标拖到"站点"面板中的某个文件，或者单击【文件夹】图标，浏览并选择站点上需要链接的文档，或者在输入域中直接输入 URL，为图像创建超链接。

④ 目标：指定所链接的页面所载入的框架或窗口。（当图像没有链接到其他文件时，此选项不可用）预设选项有 5 种类型，分别是_blank、_new、_parent、_self 和_top。

⑤ 替换：代替图像显示的替代文本。

⑥ 编辑：用来对图像进行重新编辑。

a. "编辑图像设置"按钮，即打开【图像优化】对话框，可对图像进行优化，如图 4-3 所示。

单击"预置"选项右边的下拉按钮，弹出如图 4-4 所示的选项。单击"格式"选项右边的下拉按钮，选择需要的图像格式，如图 4-5 所示。

通过品质滑杆上的滑标或在文本框内输入数值（范围 1～100），则可调整图像的品质。

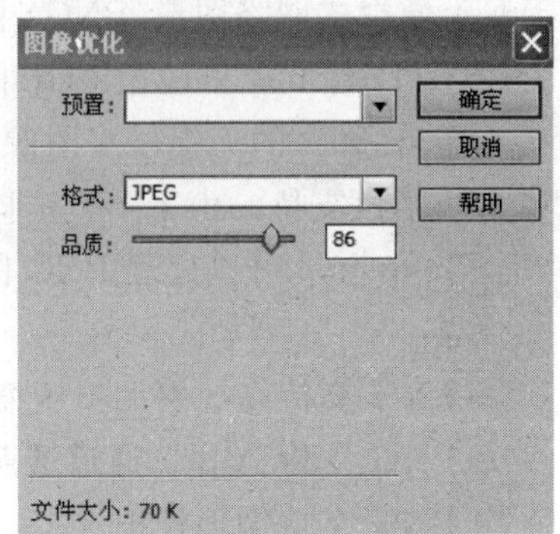

图 4-3 【图像优化】对话框

b. "裁剪"按钮，用来剪切图像的大小，从所选图像中删除不需要的区域。

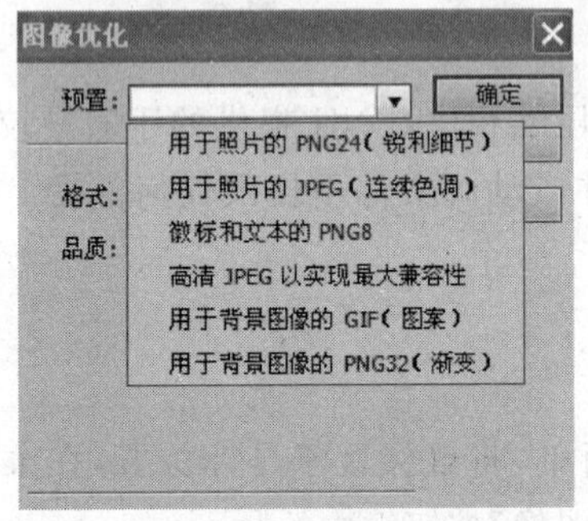

图 4-4 图像样式设置

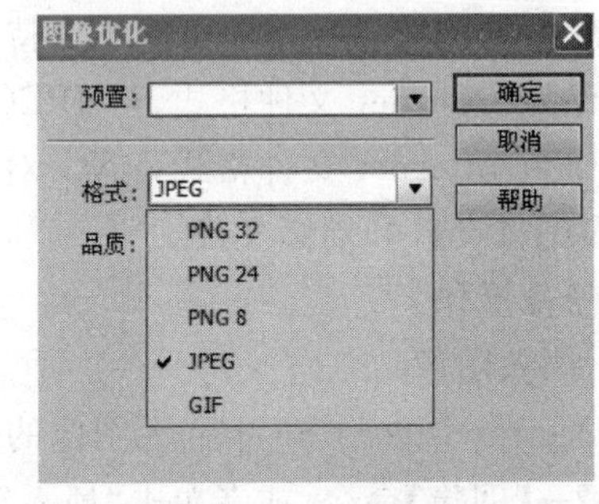

图 4-5 图像格式设置

c. "重新取样"按钮，用来对已调整大小的图像进行重新取样，提高图像的品质。

d. "亮度和对比度"按钮，用来调整图像的亮度和对比度设置，如图 4-6 所示。通过拖动亮度和对比度滑杆上的滑标或在文本框内输入数值（范围－99～100），则可调整亮度和对比度。

e. "锐化"按钮，用来调整图像的锐度。通过拖动锐度滑杆上的滑标或在文本框内输入数值（范围 0～10），则可调整锐度，如图 4-7 所示。

⑦ 宽和高：设置图像的宽度和高度。默认以像素（px）为单位。

⑧ 类：设置图像使用的 CSS 样式。

⑨ 地图名称和热区工具：输入影像地图名称，创建客户端影像地图。使用热区工具可创建矩形、椭圆形和多边形热区。

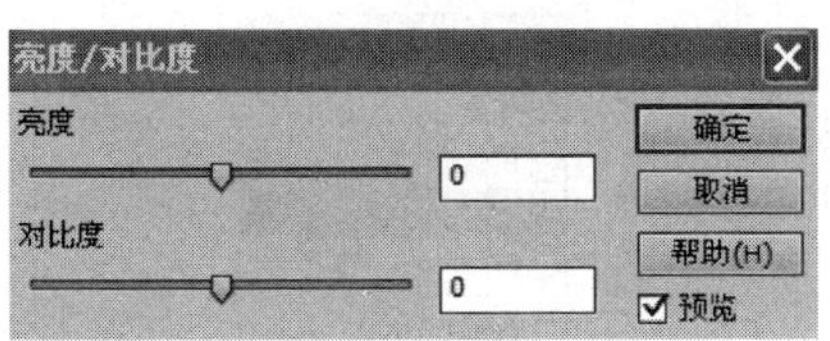

图 4-6　设置亮度和对比度

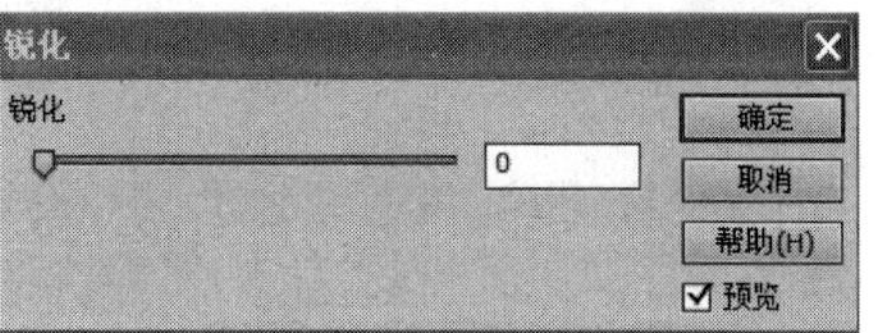

图 4-7　设置锐度

⑩ 原始：单击右边的【浏览文件】选项可更换图片。

3. 插入相关图像对象

(1) 插入图像占位符

在制作网页的时候，有时候因为布局需要，需在网页中插入一幅图片。可以通过插入一个图像占位符来实现，将需要放置图像的位置和大小固定下来，排版完成后，再插入对应的图像。图像占位符不会在浏览器中出现，以最终插入的图像作为最终效果显示。

① 选择菜单栏中【插入】→【图像对象】→【图像占位符】命令，如图 4-8 所示，或者单击【插入】面板中的【图像对象】按钮组中的【图像占位符】按钮即可，如图 4-9 所示。

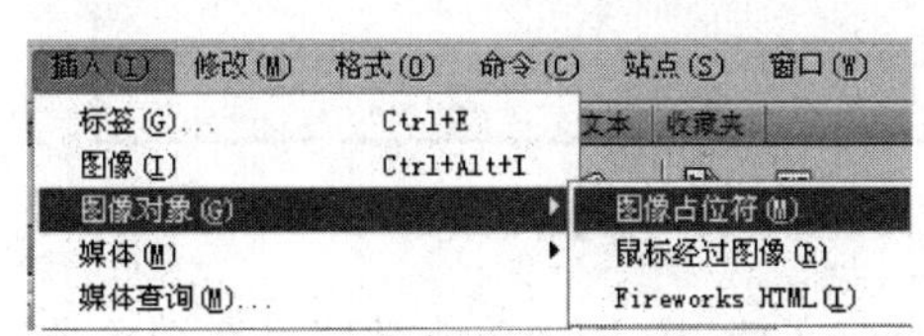

图 4-8　插入【图像占位符】命令

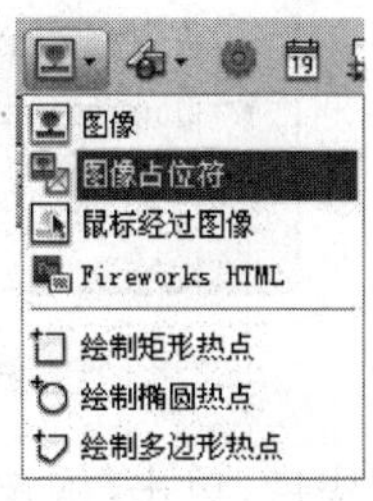

图 4-9　【图像占位符】按钮

② 在弹出的【图像占位符】对话框中，设置占位符的属性，如图 4-10 所示，设置完成后，单击【确定】按钮。

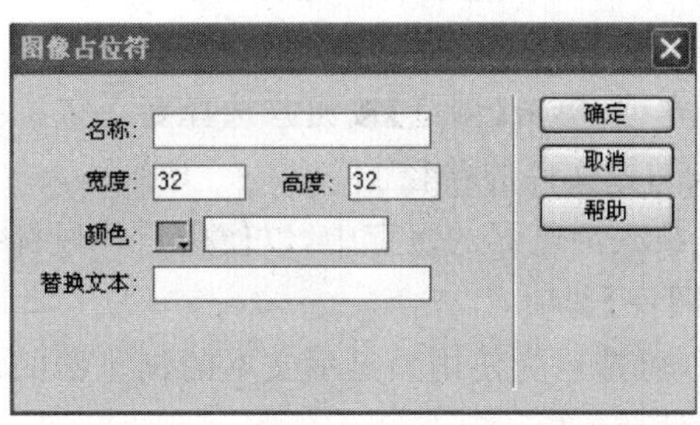

图 4-10　【图像占位符】对话框

(2) 插入鼠标经过图像

制作网页时，通常使用一种具有动态交互效果的按钮，当鼠标移动到该按钮上时，将出现明显的外观变化效果，这样的交互动作就是两幅图像交换的结果。在 Dreamweaver CS6 中可以通过【鼠标经过图像】按钮来实现这种效果。

① 在菜单栏选择【插入】→【图像对象】→【鼠标经过图像】命令，如图 4-11 所示，或者单击“插入”面板中的【图像对象】按钮组中的【鼠标经过图像】按钮即可，如图 4-12 所示。

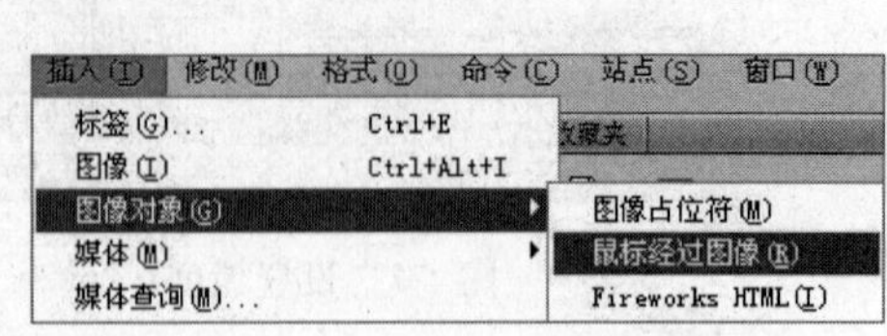

图 4-11 插入【鼠标经过图像】命令

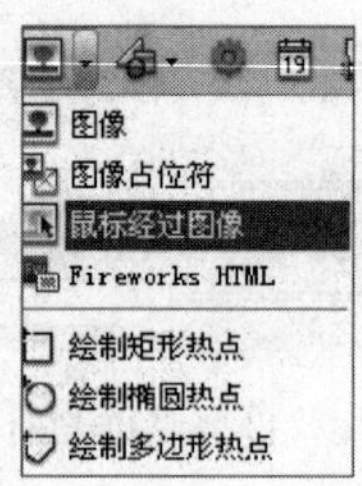

图 4-12 【鼠标经过图像】按钮

② 在弹出的【插入鼠标经过图像】对话框中选择需要的图像，如图 4-13 所示，单击【确定】按钮。用于制作鼠标经过图像的两幅图像要求外观有区别、尺寸大小相同。

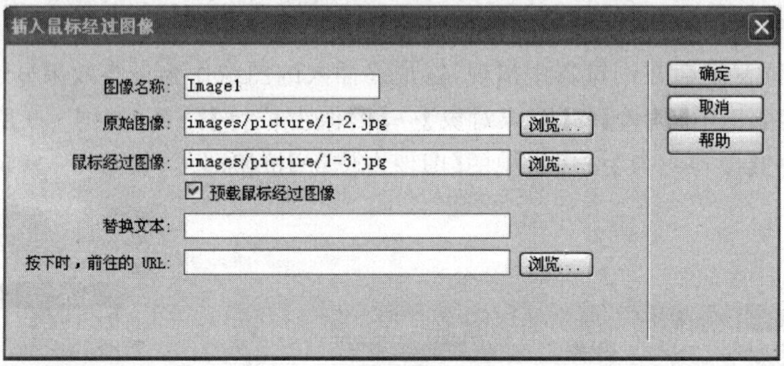

图 4-13 【插入鼠标经过图像】对话框

设置完毕后，单击【确定】按钮，保存当前文档，按 F12 功能键即可在浏览器窗口中看到鼠标经过图像效果。

【插入鼠标经过图像】对话框中，各个选项含义如下。

a. “图像名称”文本框，输入鼠标经过图像的名称。

b. “原始图像”文本框，单击【浏览】按钮并选择要在载入页时显示的图像，或在文本框中输入图像文件的路径。

c. “鼠标经过图像”文本框，单击【浏览】按钮并选择要在鼠标指针滑过原始图像时显示的图像，或在文本框中输入图像文件的路径。

d. 如果希望图像预先载入浏览器的缓存中，以便用户将鼠标指针滑过图像时不发生延迟，请选择【预载鼠标经过图像】选项。

e. “替换文本”文本框(可选)，为使用只显示文本的浏览器的访问者输入描述该图像的文本。

f. “按下时，前往的 URL”文本框，单击【浏览】按钮并选择文件，或者输入在用户单击鼠标经过图像时要打开的文件的路径。

(3) 插入 Fireworks HTML

Fireworks 是 Macromedia 公司专为网页设计而开发的图像处理软件，它与可视化网页开发工具 Dreamweaver 之间可以紧密地结合，从而使网页设计师在设计和制作网页的过程中可以对页面进行统一的规划，图形和 Web 发布之间保持高度的协调，使网页设计更加得心应手。

在 Dreamweaver CS6 中，将插入点放置在要插入 Fireworks HTML 代码的位置。通过选择菜单栏中【插入】→【图像对象】→【Fireworks HTML】命令或者单击【插入】面板中的“图像对象”按钮组中的按钮来实现。

任务实现

1. 插入图像

（1）新建文档，将文档保存在 picture 文件夹中，命名为 index，附加样式表“picture. css（已设置好 CSS 样式）”到当前文档中，如图 4-14 所示。

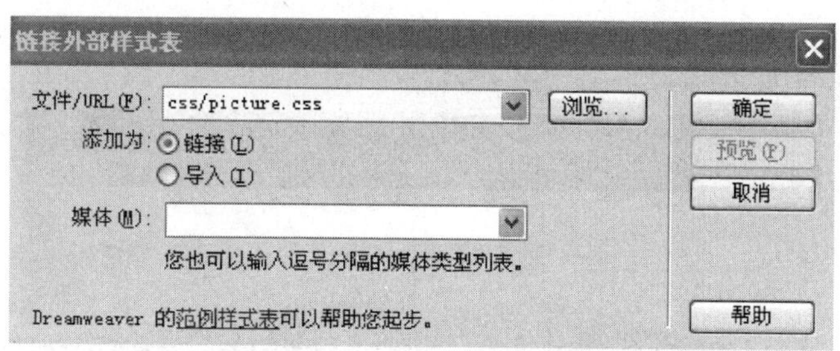

图 4-14　附件 CSS 样式表

（2）在 index. html 页面中，依次在菜单栏选择【插入】→【图像】命令或单击【插入】面板【常用】分类中的按钮，在弹出的【选择图像源文件】对话框中，如图 4-15 所示，选择需要的 16 副图像。

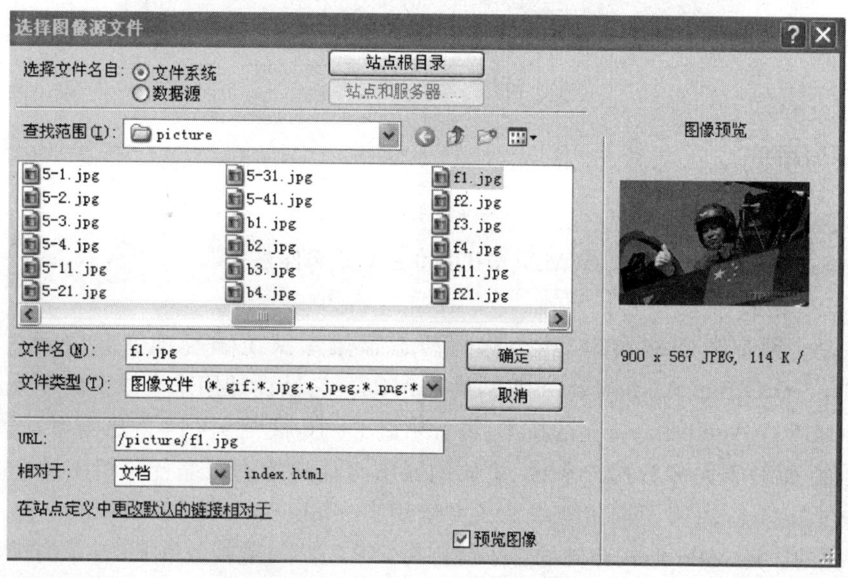

图 4-15　【选择图像源文件】对话框

2. 设置图像属性

选中插入的图像，在属性面板中设置相应的链接，保存后在浏览器窗口中浏览，最终效果图如图 4-1 所示。

任务 4.2 航展——俄罗斯"勇士"表演队

任务描述

一个网页，除了图文并茂的效果以外，人们还希望网页中的元素能够动起来，在网页中添加多媒体对象可以使制作出的网页变得有声有色。本任务是通过在 detail.html 页面中插入 FLV 格式的视频并设置相应属性来获得丰富的效果，效果页面如图 4-16 所示。

图 4-16 FLV 格式的视频文件效果

相关知识与技能

1. 音频媒体

音频格式主要包括：MP3、WMA、MIDI 和 RA 等文件格式。

(1) MP3 格式

MP3 是一种音频压缩技术，其全称是动态影像专家压缩标准音频层面 3(Moving Picture Experts Group Audio Layer Ⅲ)，简称 MP3。它被设计用来大幅度地降低音频数据量。利用 MPEG Audio Layer 3 的技术，将音乐以 1∶10 甚至 1∶12 的压缩率，压缩成容量较小的文件，而对于大多数用户来说，重放的音质与最初的不压缩音频相比没有明显的下降。它是在 1991 年由德国埃尔朗根的研究组织 Fraunhofer-Gesellschaft 的一组工程师发明和标准化的。用 MP3 形式存储的音乐就称为 MP3 音乐，能播放 MP3 音乐的机器就称为 MP3 播放器。

(2) WMA 格式

WMA 的全称是 Windows Media Audio，是微软力推的一种音频格式。WMA 格式是以减少数据流量但保持音质的方法来达到更高的压缩率目的，其压缩率一般可以达到 1∶18，生成的文件大小只有相应的 MP3 文件的一半。此外，WMA 还可以通过 DRM(Digital

Rights Management)方案加入,防止复制,或者加入限制播放时间和播放次数,甚至是播放机器的限制,可有力地防止盗版。

(3) MIDI 格式

MIDI,乐器数字接口(Musical Instrument Digital Interface,MIDI) 是 20 世纪 80 年代初为解决电声乐器之间的通信问题而提出的。MIDI 传输的不是声音信号,而是音符、控制参数等指令。MIDI 数据不是数字的音频波形,而是音乐代码或称电子乐谱,因此,MIDI 文件作为网页的背景音乐非常合适。

(4) RA 格式

RA、RAM 和 RM 都是 Real 公司成熟的网络音频格式,采用了"音频流"技术,所以非常适合网络广播。在制作时可以加入版权、演唱者、制作者、Mail 和歌曲的 Title 等信息。

RA 可以称为互联网上多媒体传播的霸主,适合于在网络上进行实时播放,是目前在线收听网络音乐最好的一种格式。

轻快悦耳的网页背景音乐能增进浏览者的上网体验,突显出网页的表现能力。

小技巧:给网页添加背景音乐通过代码方式也可实现。

① <embed src=音乐地址 width=50 height=50 type=audio/mpeg loop="true" autostart="true">。

代码说明如下。

支持的音乐格式:wma、mp3、rm、ra、ram、asf;

width 和 height 表示播放器宽度和高度;

autostart="true"表示自动播放,为"false"表示不自动播放;loop="true"表示连续循环播放,loop="false"表示不循环播放;loop 也可以设为一个整数,比如 loop="5",表示音乐循环播放 5 次。

② <bgsound src=背景音乐地址 loop=-1>。

src=为文件地址(支持 mid、mp3、wma 等格式);

loop=循环次数,-1 代表无限循环。

2. 视频媒体

视频格式可以分为适合本地播放的本地影像视频和适合在网络中播放的网络流媒体影像视频两大类。尽管后者在播放的稳定性和播放画面质量上可能没有前者优秀,但网络流媒体影像视频的广泛传播性使之正被广泛应用于视频点播、网络演示、远程教育、网络视频广告等互联网信息服务领域。

视频常见的文件格式有:MPEG、AVI、3GP、FLV 和 SWF 等。

(1) MPEG 格式

MPEG(运动图像专家组)是 Motion Picture Experts Group 的缩写。这类格式包括了 MPEG-1、MPEG-2 和 MPEG-4 在内的多种视频格式。其中 MPEG-1 正广泛地应用于 VCD 的制作和一些视频片段下载的网络上面,大部分的 VCD 都是用 MPEG-1 格式压缩的(刻录软件自动将 MPEG1 转换为 DAT 格式),使用 MPEG-1 的压缩算法,可以把一部 120 分钟长的电影压缩到 1.2 GB 左右。

(2) AVI 格式

AVI,音频视频交错(Audio Video Interleaved)的英文缩写。AVI 这个由微软公司发表的视频格式，在视频领域可以说是最悠久的格式之一。AVI 格式调用方便、图像质量好，压缩标准可任意选择，是应用最广泛，也是应用时间最长的格式之一。

(3) 3GP 格式

3GP 是一种 3G 流媒体的视频编码格式，主要是为了配合 3G 网络的高传输速度而开发的，也是目前手机中最为常见的一种视频格式。

(4) FLV 格式

FLV 是 Flash Video 的简称，FLV 流媒体格式是一种新的视频格式。由于它形成的文件极小、加载速度极快，使得网络观看视频文件成为可能，它的出现有效地解决了视频文件导入 Flash 后，使导出的 SWF 文件体积庞大，不能在网络上很好地使用等缺点。

(5) SWF 格式

SWF(Shock Wave Flash)是 Macromedia(现已被 Adobe 公司收购)公司的动画设计软件 Flash 的专用格式，是一种支持矢量和点阵图形的动画文件格式，被广泛应用于网页设计、动画制作等领域，SWF 文件通常也被称为 Flash 文件。SWF 普及程度很高，现在超过 99%的网络使用者都可以读取 SWF 文件。在任何操作系统和浏览器中进行，并让网速较慢的人也能顺利浏览。SWF 可以用 Adobe Flash Player 打开，但浏览器必须安装 Adobe Flash Player 插件。

3. Flash 动画

Flash 动画就是网页中常见的动态元素之一，它体积小，表现的内容丰富，动感十足，受到了网页设计者的青睐。

任务实现

1. 插入 FLV 格式的视频文件

打开"detail. html"页面，在菜单栏中依次选择【插入】→【媒体】→【FLV】命令，如图 4-17 所示，或者单击"插入"面板中的【媒体】按钮组中的 按钮，如图 4-18 所示。

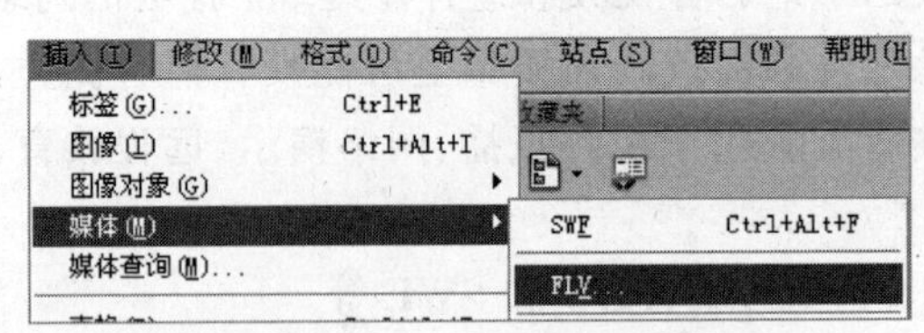

图 4-17 【插入】→【FLV】命令

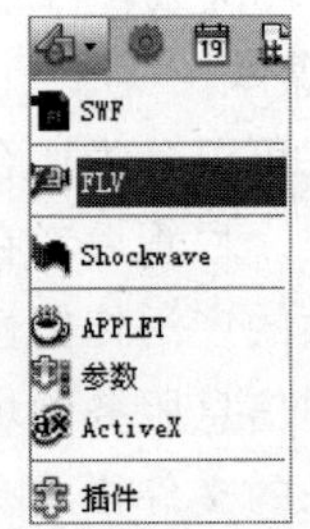

图 4-18 【FLV】按钮

2. 设置视频文件属性

在弹出的【插入 FLV】对话框中，在 URL 选项的文本框中输入或选择需要的 FLV 文件，在宽度和高度栏设置合适的高宽，如图 4-19 所示，设置完成后，单击【确定】按钮。

保存文件后，在浏览器窗口中即能看到视频的播放。

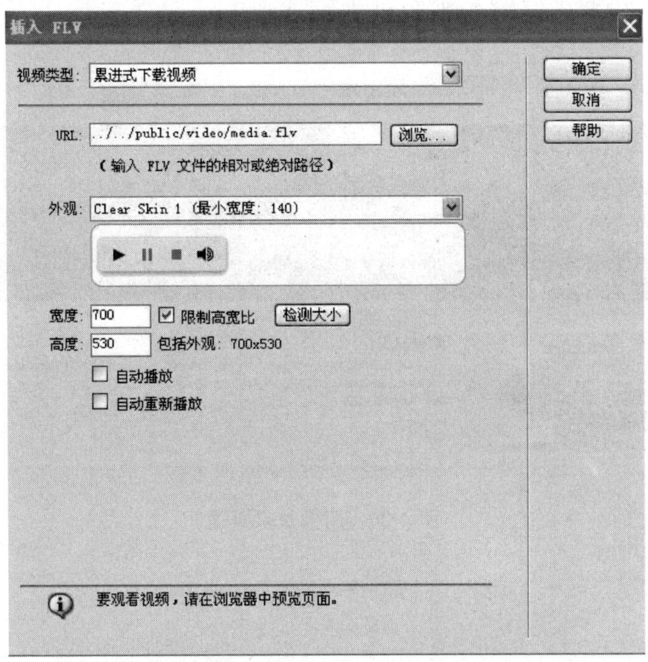

图 4-19　【插入 FLV】对话框

小　　结

对于一个网站来说,图像和多媒体是不可或缺的元素,因为它们在装饰和美化网页的同时,还兼顾传递信息的功能。本项目主要介绍了图像格式和图像的基本操作、多媒体元素类型和在网页中的应用。

思　考　题

1. 网页中常用的图像格式有哪些?
2. JPEG 格式图片和 GIF 格式图片有什么区别?
3. 网页中常见的多媒体对象包括哪些?

巩　固　练　习

参照任务 1 和任务 2 制作如图 4-20 所示的网页。

参考步骤如下。

(1) 附加已经制作好的 style.css 样式表到当前文档中。

(2) 参考图 4-20 将图像插入到“公司动态”页面中。

图 4-20　图像效果页面

项目 5　超　链　接

项目描述

超链接在本质上属于网页的一部分，它是一种允许同其他网页或站点之间进行链接的元素。各个网页链接在一起后，才能真正构成一个网站。通过本次项目的学习，要求熟练掌握超链接的创建及相关知识。

知识目标

- 了解超链接和链接路径；
- 熟悉在 Dreamweaver CS6 中创建各类超链接的方法。

技能目标

- 了解超链接的类型和链接路径；
- 了解超链接的目标；
- 能够创建各类超链接。

任务 5.1　创建文本和图像超链接

任务描述

网页中大部分元素由文本和图像组成，而创建文本和图像的超链接是网页必不可少的部分。

相关知识与技能

1. 什么是超链接

超链接是超级链接的简称，在本质上属于网页的一部分，它是一种允许同其他网页或站点之间进行链接的元素。各个网页链接在一起后，才能真正构成一个网站。所谓的超链接，是指从一个网页指向一个目标的链接关系，这个目标可以是另一个网页，也可以是相同网页上的不同位置，还可以是一张图片，一个电子邮件地址，一个文件，甚至是一个应用程序。而在一个网页中用来超链接的对象，可以是一段文本或者是一张图片。当浏览者单击已经链接的文字或图片后，链接目标将显示在浏览器上，并且根据目标的类型来打开或运行。

2. 链接类型

根据超链接路径的不同，网页中超链接一般分为以下 3 种类型：内部链接，锚点链接和外部链接。

根据超链接对象不同，网页中的链接又可以分为文本超链接、图像超链接、E-mail 链接、锚点链接、多媒体文件链接和空链接等。

另外，超链接还可以分为动态超链接和静态超链接。动态超链接指的是可以通过改变 HTML 代码来实现动态变化的超链接，例如可以实现将鼠标移动到某个文字链接上，文字就会像动画一样动起来或改变颜色的效果，也可以实现鼠标移到图片上图片就产生反色或朦胧的效果。而静态超链接，就是没有动态效果的超链接。

3. 绝对路径与相对路径

文件路径就是文件在计算机中的位置，表示文件路径的方式有两种，绝对路径和相对路径。

绝对路径：在网页制作中指带域名的文件的完整路径（URL 和物理路径），例如 D:\mysites\index. html 代表了 index. html 文件的绝对路径；http://www. baidu. com 也代表了一个 URL 绝对路径。

同一个目录的文件引用，如果源文件和引用文件在同一个目录里，直接写引用文件名即可，这时引用文件的方式就是相对路径。例如建一个源文件 index. html，在 inde. html 里要引用 zhuhai. html 文件作为超链接。假设 index. html 路径为 D:\mysites\index. html，假设 zhuhai. html 路径为 D:\mysites\zhuhai. html，在 index. html 加入 zhuhai. html 超链接的代码应该写为<a href = "zhuhai. html">这是超链接</a>。

4. 图片热点超链接

标记主要用于图像地图，通过该标记可以在图像地图中设定作用区域（又称为热点），这样当鼠标移到指定的作用区域单击时，会自动链接到预先设定好的页面。一幅图像可以设置多个热点，热点常用作导航栏制作、地图多点链接等。

选中图片，在对应的图像属性面板中选用热区工具，有矩形、圆形和多边形 3 类图形，如图 5-1 所示。

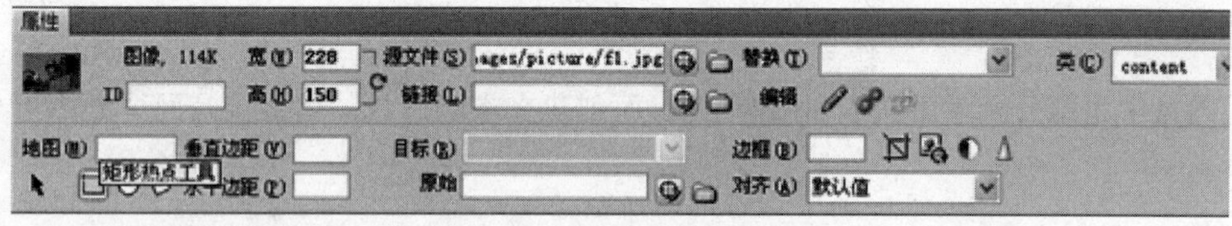

图 5-1　图形热点工具

(1) 矩形热点工具：绘制的将是矩形图形。

(2) 圆形热点工具：绘制的将是圆形图形。

(3) 多边形热点工具：绘制的将是多边形图形。

5. 超链接目标

在设置超链接之后，在属性面板上有相应的超链接目标选项，如图 5-2 所示。

(1) _blank：是最常见的链接方式，表示超链接的目标地址在新建窗口中打开。

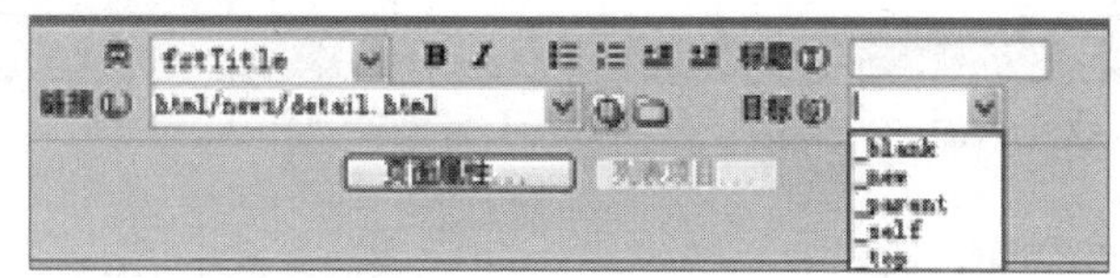

图 5-2 超链接目标

(2) _new：表示超链接的目标地址在新建子窗口中打开。

(3) _parent：将链接指向的内容装入当前页〈FRAMESET〉父窗口中。

(4) _self：将链接指向的内容装载到当前页的窗口或框架中，网页链接的默认项。

(5) _top：完全取代当前页面的所有框架。

其中，_top 和_parent 实际使用中，它们没有任何区别，地址栏会变化。

任务实现

1. 创建文本超链接

(1) 打开站点文件夹中的 index 页面，在该页面选中文本“最新资讯”，如图 5-3 所示。

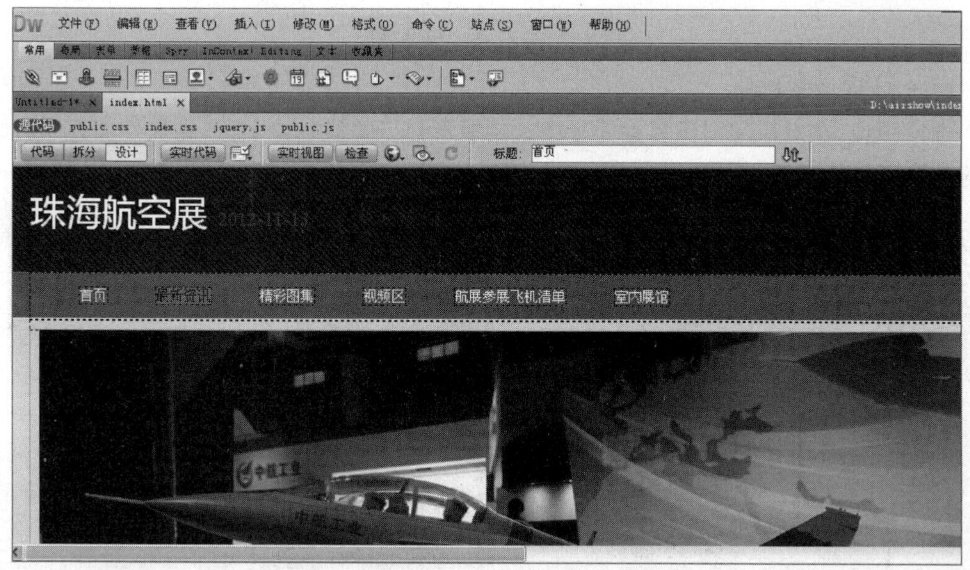

图 5-3 创建文本超链接(1)

(2) 在文本属性面板的“链接”文本框中设定被链接对象的 URL 地址(内部链接)，如图 5-4 所示，单击图中“链接”右侧的【文件夹】按钮，弹出【选择文件】对话框，如图 5-5 所示，选定需要链接的文件，单击【确定】按钮，可创建所需要的链接。

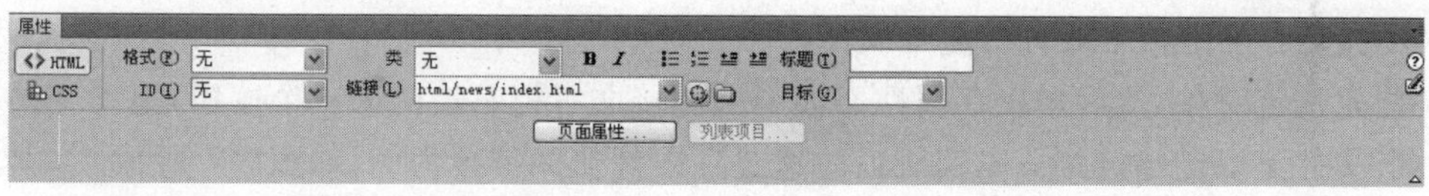

图 5-4 创建文本超链接(2)

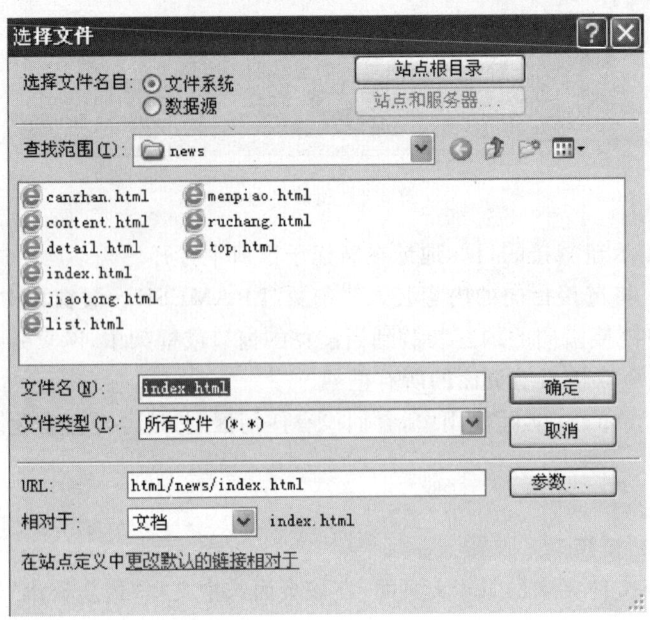

图 5-5　创建文本超链接(3)

2. 创建图像超链接

选定图像,在对应的图像属性面板中选用矩形热区工具创建热区,在属性面板中会出现相应的热区属性面板,使用添加文字链接相同方法设置热区链接,如图 5-6 所示。

图 5-6　设置图像热点链接

小技巧:快速在站点内创建超级链接。

首先选定对象,然后单击在属性面板中的链接文本框右边的第一个按钮,拖动到站点中的一个文件上以创建链接。本实例以快速建立图像热区链接为例,如图 5-7 所示。

图 5-7　快速在站点内创建超级链接

任务 5.2　创建锚点链接页面

任务描述

锚点链接(也叫书签链接),常常用于那些内容庞大烦琐的网页,通过单击命名锚点,不仅能指向文档,还能指向页面里的特定段落,更能当作“精准链接”的便利工具,让链接对象接近焦点,便于浏览者查看网页内容。类似于人们阅读书籍时的目录页码或章回提示,在需要指定到页面的特定部分时,标记锚点是最佳的方法。

相关知识与技能

1. 锚点链接对 SEO 的作用

锚点链接是一个非常重要的概念,在网页中增加恰当的锚点链接,会让所在网页和所指向网页的重要程度有所提升,从而影响到关键词排名。锚点链接对 SEO 的作用主要体现在以下几个方面。

(1) 对锚点链接所在的页面的作用

正常来讲,页面中增加的锚点链接都和页面本身有一定的关系,因此,锚文本可以作为锚点链接所在页面的内容。例如:本篇文章中含有 SEO 的链接,那么,说明本篇文章和 SEO 有一定关系。

(2) 对锚点链接所指向页面的作用

锚点链接能精确地描述所指向页面的内容,因此,锚点链接能作为对所指向页面的评估。

(3) 锚点链接对关键词排名的影响

锚点链接对于关键字排名的意义在于它可以让内容页随机链接在一起,让搜索蜘蛛可以很好地抓取更多页面,权重也能均匀地传递,同时增强页面的相关性,最终提升网站的关键词排名。

2. 锚点链接与超链接

(1) 对关键词排名的区别

如果说到对关键词的排名区别,可以通过数字举例来说明对百度排名的区别。假设做了一个锚文本的链接，例如做的是“珠海航展”这个关键词，如果这个外链被百度收录了，假设百度给这个链接的权重用阿拉伯数字表示，例如 5，那么这个外链对“珠海航展”这个关键词的排名分配的可能是 4，对网站的其他的关键词排名可能分配到 1。

（2）对反链的区别

SEO 经常关注自己网站的反向链接，一般人们都是通过雅虎反链和百度 domain 来查询自己的网站。如果做的锚文本的链接，被雅虎收录了，这个锚文本链接就可以通过雅虎反链查询到。如果这个链接被百度收录了，通过百度 domain 查询不到。如果做了一个网址链接，被雅虎收录了，可以通过雅虎反链查询到，如果被百度收录了，通过百度 domain 也可以查询。所以锚文本的链接可以增加网站的雅虎反链的数量，不能增加百度 domain 的数量。网址链接可以增加网站的雅虎反链的数量，也可以增加百度 domain 的数量。

任务实现

1. 插入锚点

打开站点文件夹下的 index 页面，将光标放置于要插入锚点的地方（“珠海航空展”后面），然后在【常用】选项卡中单击【命名锚记】选项，如图 5-8 所示。

图 5-8　插入锚点

2. 给锚记命名

在弹出的【命名锚记】对话框中，在锚记名称框中输入“top”，单击【确定】按钮，如图 5-9 所示，在珠海航空展后出现如图 5-10 所示的锚记图标。

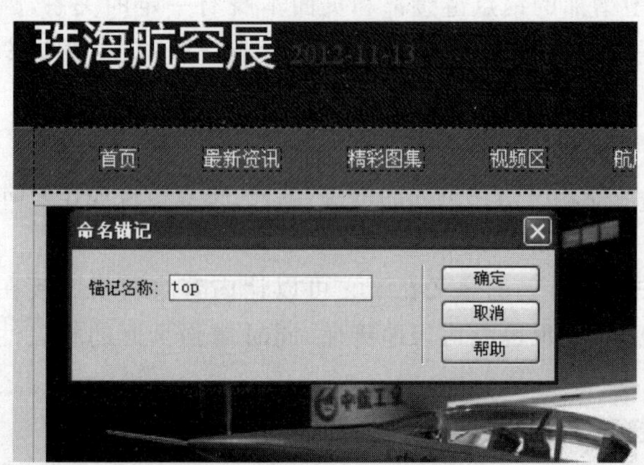

图 5-9　【命令锚记】对话框

图 5-10 锚记图标

3. 打开文档

要对网页文档进行编辑，首先要在 Dreamweaver 中打开该网页文档。

选中页面底部的“返回顶部”文字，在属性面板的“链接”文本框中，输入一个符号“#”和锚记名称，如“#top”，如图 5-11 所示。

图 5-11 锚记链接

小 结

超链接是网页的灵魂，没有超链接的网页将是一潭死水。各个网页只有通过超链接，才能真正构成一个网站。本项目详细介绍了超链接类型、绝对路径、相对路径及超链接对网页的作用。

思 考 题

1. 什么是绝对路径和相对路径？
2. 图像热点链接包括哪些？
3. 什么是“锚点链接”？如何创建和使用“锚点链接”？

巩 固 练 习

参照任务 1 和任务 2 制作超链接页面效果。

参考步骤如下。

(1) 打开 index.html 页面。

(2) 在当前页面中选中“网站首页”，在属性面板中 HTML 分类下的链接栏输入 index.html，如图 5-12 所示，保存网页浏览即可看到链接效果。

(3) 其他页面链接与(2)操作类似。

图 5-12 设置超级链接

项目 6　设计表格网页

项目描述

页面布局是网页制作的一个重要部分，使用表格布局页面是一种最常用的手段，表格能够布局和定位网页各部分的内容，控制网页在 IE 窗口中的位置和控制网页元素在网页中的现实位置。本项目利用表格制作“第十届航展简介”页面，安排航展简介页面的内容和布局。

知识目标

- 掌握使用表格实现网页布局的方法；
- 掌握表格的各项属性及其设置的方法；
- 掌握表格单元格的各项属性及其设置的方法；
- 掌握修改表格的方法；
- 掌握在表格中插入网页元素的方法。

技能目标

- 熟练地在网页中插入表格，设置和修改表格属性；
- 能够使用表格实现网页布局；
- 能够在表格中插入文本、图像等各种网页元素。

任务　使用表格制作网页

任务描述

使用表格实现网页布局，制作“第十届中国航展简介”页面，合理布局页面内容，使页面及页面中的文本和图片显示比例固定，如图 6-1 所示。

相关知识与技能

1. 认识表格

表格是人们日常办公中常使用的工具，网页制作中的表格和 Office 中的表格基本相似。在网页制作中，表格的功能较多，可用表格对网页中的文本、图像及其他元素进行定位，也可有序地排列数据等，为网页制作提供了很大的方便。表格不仅可以为页面进行宏观的

图 6-1　最终表格网页效果图

布局，还可以使页面中的文本、图像等元素更有条理。表格一般由行和列组成，如图 6-2 所示。

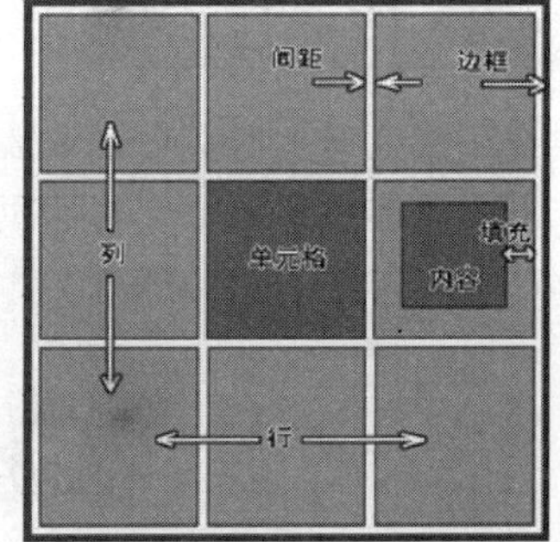

图 6-2　表格示意图

(1) 表格组成元素

边框：整个表格的边缘。

单元格：行和列交叉部分，用于装数据的方格。

边距：单元格中的内容和单元格边框的距离叫单元格填充或边距。

间距：单元格和单元格之间的距离叫间距。

(2) 表格主要属性

表格和单元格有宽度、高度、边框、背景等属性，这些属性都可以调整，有利于进行全页面的布局排版，特别是边框宽度可以设置为 0，从而在浏览器中隐藏表格，让用户感觉不到表格的存在。

(3) 表格主要操作

表格的行和列的插入、删除，可以在光标位置插入一行和一列。

表格单元格数据的复制、粘贴。

单元格的拆分与合并，将一个单元格拆分成多行多列，也可将多个单元格合并成一个单元格。

2. 创建表格

(1) 新建空白主页,设置页面属性,将光标移至表格插入点。

(2) 执行【插入】→【表格】命令,或直接单击【插入】面板中的表格按钮,如图 6-3 所示。

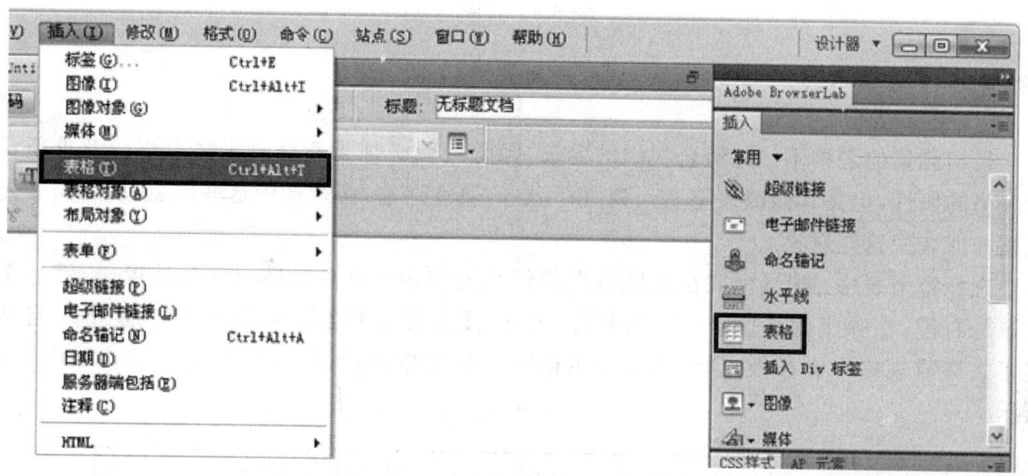

图 6-3　【插入】→【表格】

(3) 打开【表格】对话框,如图 6-4 所示。设置表格数据,在【行数】、【列】文本框中输入行数和列数,在【表格宽度】文本框中输入表格宽度,单位为像素。

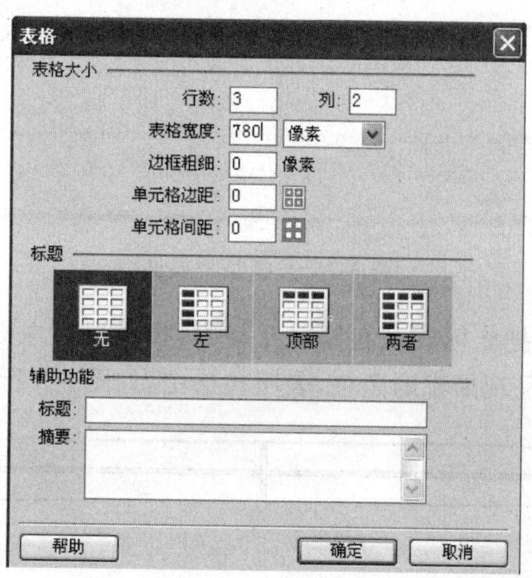

图 6-4　【表格】对话框

① 表格宽度:表格的宽度,单位可以是像素(Pixels)或百分比(Percent)。按像素定义的表格大小是固定的,而按百分比定义的表格,会按照浏览器的大小而变化。

② 边框粗细:整个表格最外面四周边框线的宽度。

③ 单元格边距:单元格内容与单元格边框的间距大小,单位为像素,默认值为 1,0 表示没有间距。所谓的单元格,就是表格里面的每一小格。

④ 单元格间距:单元格之间的间距,单位为像素,默认间距为 2,0 表示没有间距。

(4) 单击【确定】按钮后，即插入了一个表格到页面中，如图 6-5 所示。

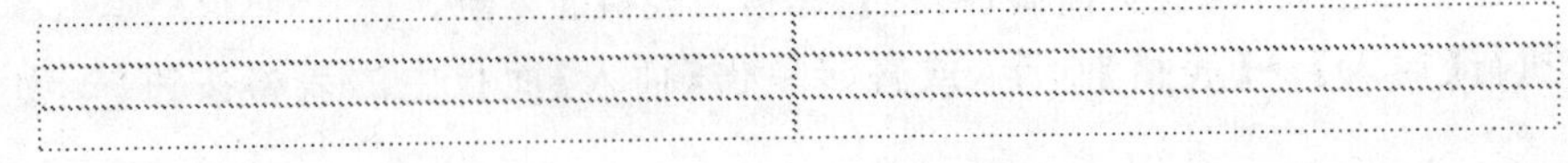

图 6-5 表格

3. 设置表格属性

(1) 选定表格

最初创建的表格不一定符合我们的要求，因此后面必须重新修改表格大小或者重新设置表格的属性，但是在修改表格、行、列、单元格的属性之前，必须选中这些对象，因此需要先介绍如何选中这些对象。

选择整个表格：把鼠标放在表格边框的任意处单击；或在表格内任意处单击，然后单击鼠标右键，在弹出的快捷菜单中选择【表格】→【选择表格】命令，选中整个表格。当选定了表格或表格中有插入点时，将显示表格宽度和表格选择器(绿色线条指示)，如图 6-6 所示。

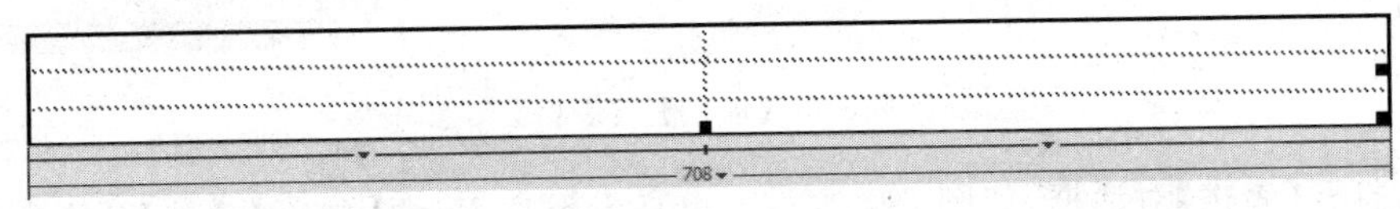

图 6-6 选择表格状态

也可以把鼠标移至表格的左上方，当出现如图 6-7 所示箭头的时候单击就可以选择整个表格。

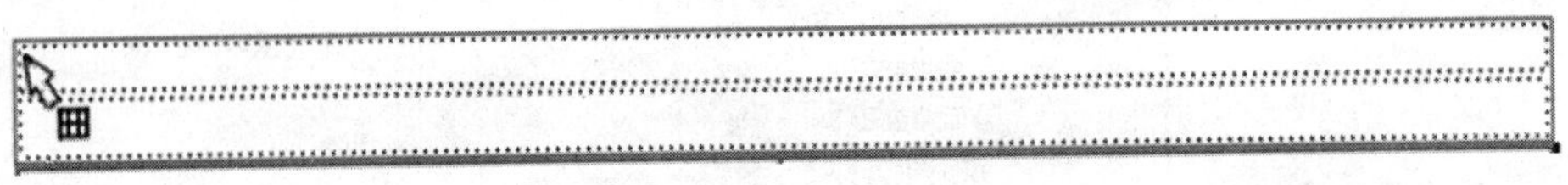

图 6-7 选择整个表格

选择连续的单元格：把光标放在起始单元格中，按住鼠标左键开始向最后一个单元格方向拖动，当单元格边框呈现加粗的黑色，表明被选中，如图 6-8 所示。

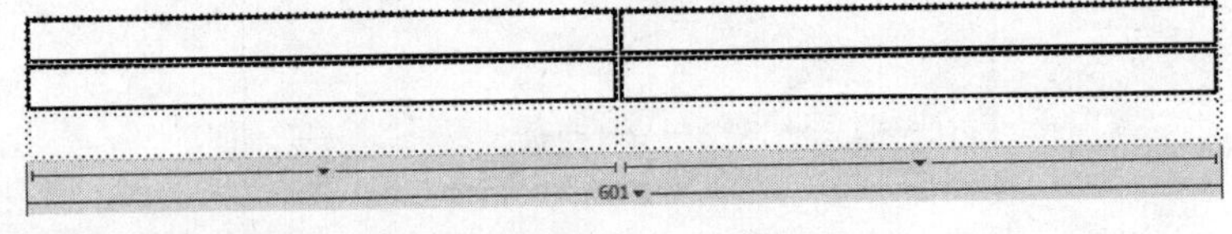

图 6-8 选择连续的单元格

选择不连续的单元格：按住 Ctrl 键，单击所有需要选择的单元格，单元格边框呈现加粗的黑色，表明被选中。

(2) 设置表格属性

当选中整个表格后，在 Dreamweaver CS6 下面将显示表格的属性面板，如图 6-9 所示。使用鼠标拖放也可改变表格大小、行高、列宽，但一般通过表格属性面板来设置表格属性。

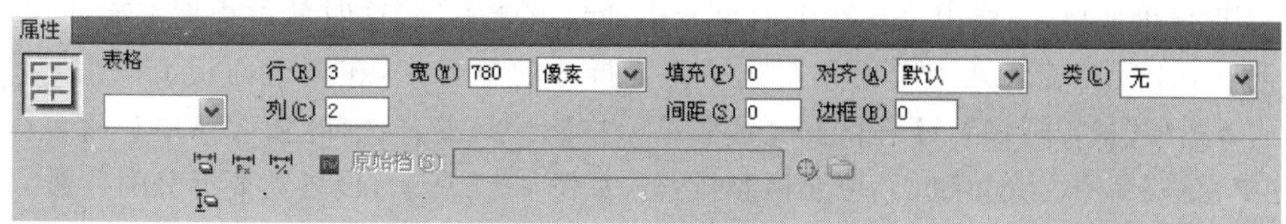

图 6-9　表格【属性】面板

表格属性说明如下。

①【行】文本框：设置表格行数。

②【列】文本框：设置表格列数。

③【宽】文本框：设置表格宽度。

④【填充】文本框：设置单元格边距。

⑤【对齐】下拉列表框：设置表格的对齐方式，默认的对齐方式一般为“左对齐”。

⑥【间距】文本框：用来设置单元格间距。

⑦【边框】文本框：设置表格边框的宽度。

⑧【类】文本框：设置表格的类别。

(3) 设置单元格属性

① 选中单元格。在要选择的单元格中单击，即选中该单元格。

② 选中单元格后，在 Dreamweaver CS6 下面将显示单元格的属性面板，如图 6-10 所示。

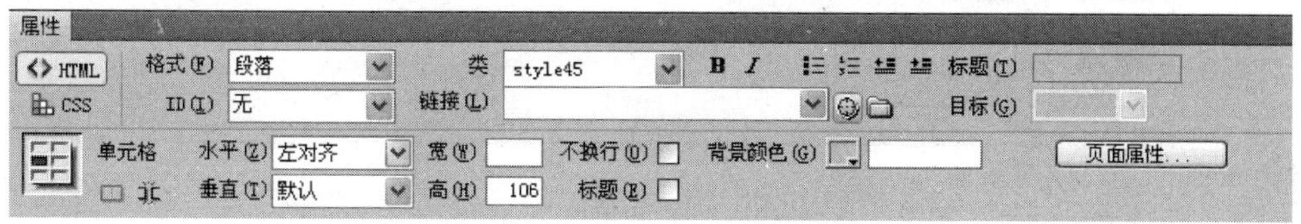

图 6-10　单元格【属性】面板

单元格各项属性说明如下。

a.【格式】下拉列表框：设置单元格的预设格式，如段落、标题 1 等格式。

b.【类】下拉列表框：设置单元格的样式，从中选择预先设置好的样式应用到单元格。

c.【链接】文本框：设置单元格的内容的超级链接，可以直接输入链接地址，也可拖到 指向一个目标文件，或选择 选择一个链接目标文件。

d.【水平】下拉列表框：设置单元格的水平排版方式，是居左、居右或是居中。

e.【垂直】下拉列表框：设置单元格的垂直排版方式，是顶端对齐、底端对齐或是居中对齐。

f.【不换行】复选框：单元格中较长文本自动换行的开关。

g.【高】、【宽】文本框：设置单元格的高和宽度。

h.【标题】复选框：设置单元格为标题单元格，即该单元格内文字以标题格式显示。

i.【背景颜色】文本框：设置单元格的背景颜色。

j. ：用来对单元格进行合并与拆分。

③ 合并单元格，合并单元格操作只能针对连续的单元格使用。选中需要合并的单元格，在属性面板上单击 按钮。或者选择【鼠标右键】→【表格】→【合并单元格】命令，或者选择【修改菜单】→【表格】→【合并单元格】命令。

④ 拆分单元格，表格中每一行中的单元格列数可能不等，这时就可根据需要使用拆分命令把一个单元格变为几个单元格。选中需要拆分的单元格，在属性面板上单击 按钮。或者选择【鼠标右键】→【表格】→【拆分单元格】命令，或者选择【修改菜单】→【表格】→【拆分单元格】命令。弹出【拆分单元格】对话框，如图 6-11 所示，设置需要拆分的行数。

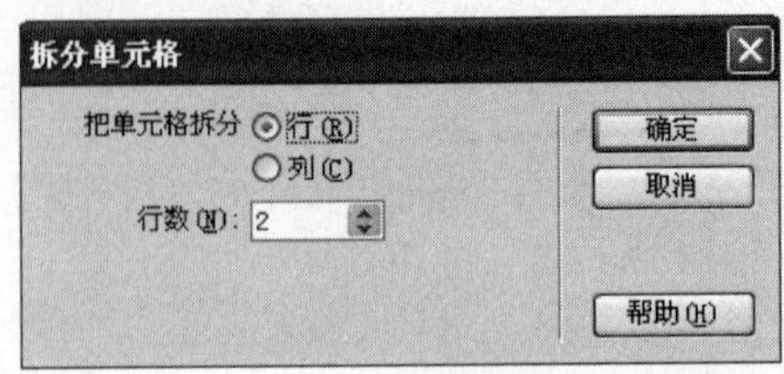

图 6-11 【拆分单元格】对话框

4. 表格的嵌套

嵌套表格是表格布局中一个十分重要的环节，它是指在一个表格的单元格中再插入一个表格，嵌套表格的宽度受所在单元格的宽度限制，其编辑方法与表格相同。

在嵌套的过程中，注意设置嵌套表格的宽度，这里最好使用百分比来设置。图 6-12 中，内部红色框住的表格为嵌入单元格中的表格。

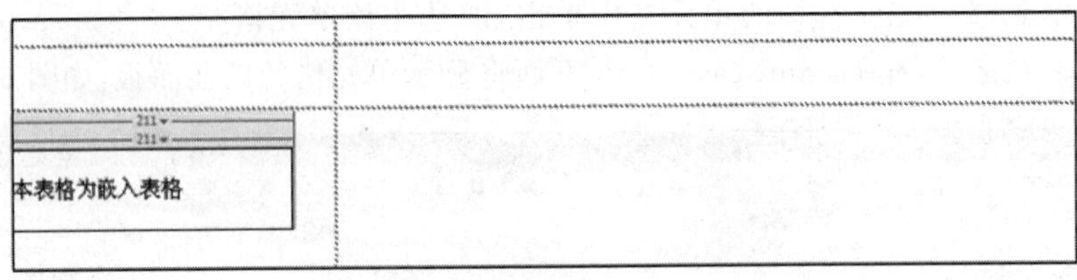

图 6-12 表格嵌入

提示：在利用表格进行页面内容排版时，人们一般是先创建几个大的表格，然后在大表格中嵌套小的表格。浏览器在装载表格时，通常是把一张表格全部下载到本地的缓存中才能显示表格内容，因此如果一个表格比较长，就要等很长时间才能看见表格内容，这样将影响浏览效果。因此，通常把内容分类后，分类放在这些嵌套的小表格中，这样有利于加快下载速度，便于浏览。

5. 表格的插入或删除行和列

在使用表格排版的时候，随着内容的增加会发现最初插入的表格的行数或列数不够，这时候就需要增加或者删除行或列。其中一种最简单的方法就是选中表格，然后在表格属性面板中设置表格的行数和列数。但是此办法只能在表格的最后增加、删除行或者在表格的右端增加、删除列，当我们需要在具体某个单元格的位置插入或删除行和列的时候，该办法就不能实现。在此介绍调整行和列的另外一种灵活的办法。

(1) 插入行或列

将光标移动到表格中的某一单元格内，打开菜单，执行【修改】→【表格】→【插入行或列】命令，可见如图 6-13 所示的对话框。

(2) 删除行或列

方法 1：将插入点定位到要删除行或列的任意一个单元格中，然后选择【修改】→【表格】→

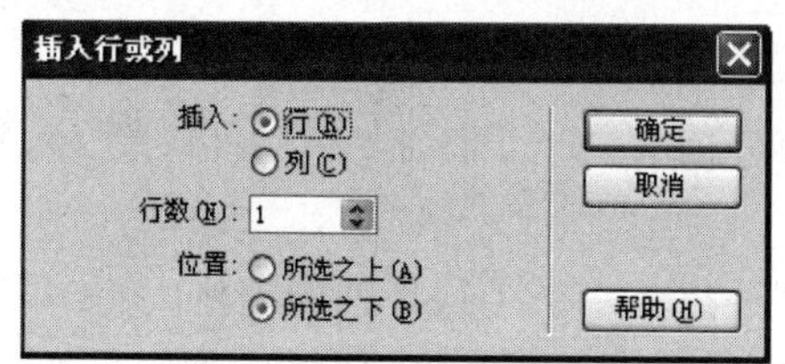

图 6-13　【插入行或列】对话框

【删除行】命令或选择【修改】→【表格】→【删除列】命令。

方法 2：选择表格要删除的行或列，按 Delete 键。

方法 3：在表格的属性面板上修改“行”和“列”文本框中的值，但这种方法删除的是最后的行或列。

6. 在表格中插入网页元素

将表格插入到文档后即可向表格添加文本或图像等内容。向表格添加内容的方法很简单，只需将插入点定位到要输入内容的单元格中，再输入文本即可，插入图像等元素和在网页中直接添加网页元素的方法相同。

7. 表格的其他应用

(1) 制作水平线

选择需要设置为水平线的单元格，在属性面板中将单元格的“高”设置为 2，设置单元格的背景颜色，表格边框设置为 0。

在代码中删掉单元格中的 。

单元格的背景颜色即为水平线的颜色。单元格的高度即为水平线的高度。

(2) 制作垂直线

制作垂直线的方法和水平线一样，只是将单元格的宽度设置为 2，单元格的高度即为垂直线的高度。

任务实现

1. 绘制页面布局草图

根据图 6-1 的效果，绘制页面布局草图，如图 6-14 所示。

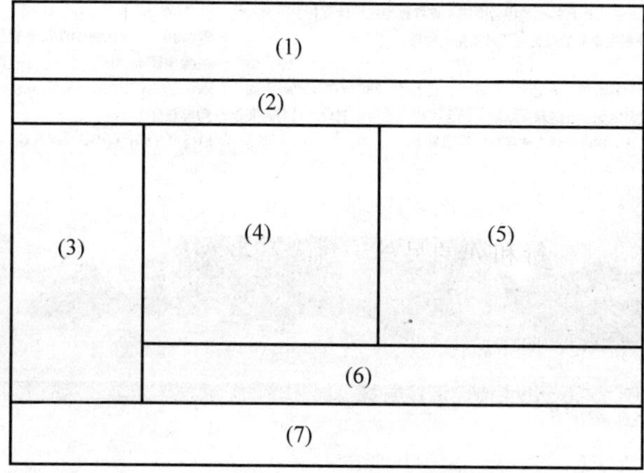

图 6-14　页面布局草图

2. 根据草图创建表格

(1) 在图 6-14 中(1)部分插入一个 1 行 1 列的表格(表 1),宽度为 780 像素,作为网页的 Logo 部分。

(2) 在图 6-14 中(2)部分插入一个 1 行 1 列的表格(表 2),宽度为 780 像素。

(3) 图 6-14 中(3)～(6)部分为一个表格,这部分插入一个 2 行 3 列的表格(表 3),宽度为 780 像素,作为网页主体部分,并对(3)和(6)部分进行单元格合并。

(4) 在图 6-14 中(7)部分插入一个 1 行 1 列的表格(表 4),宽度为 780 像素,作为网页底部。

3. 嵌套表格

(1) 在图 6-14 中(3)单元格内嵌入一个 1 行 1 列的表格(表 5),宽度为 126 像素。

(2) 在图 6-14 中(4)单元格内嵌入一个 3 行 1 列的表格(表 6),宽度为 340 像素。

(3) 在图 6-14 中(5)单元格内嵌入一个 3 行 1 列的表格(表 7),宽度为 296 像素。

(4) 在图 6-14 中(6)单元格内嵌入一个 1 行 5 列的表格(表 8),宽度为 649 像素。

4. 调整表格

根据内容调整表格和单元格属性,表 2 背景色为黑色,表 3 的间距为 1,对齐方式都为居中。

5. 在表格中插入网页元素

在表 1 中插入 Logo 图片,在表 3、4、5、6、7 插入相应文字,在表 8 各单元格插入图片。并根据元素大小自动调整单元格。

最终网页排版效果如图 6-15 所示,浏览效果如图 6-1 所示。

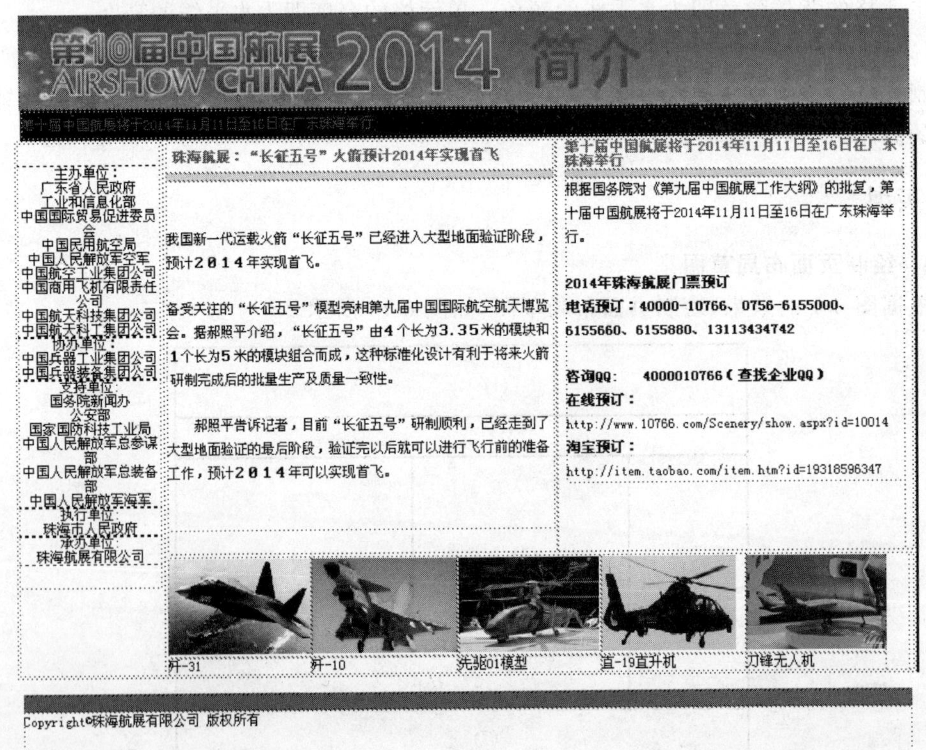

图 6-15 最终网页排版效果

小　结

表格在网页设计中起着非常重要的作用,一方面组织管理传统的表格数据,另一方面主要用于网页布局的组织。本项目主要介绍了使用表格对网页进行布局的基本方法,详细讲解了创建表格、编辑表格、设置表格和单元格属性等基本内容,并通过任务实施演示了表格网页制作的过程。本案例的网页设计是在视图下进行表格的应用,重点学习如何更灵活地应用表格,并通过 HTML 来实现更多的功能。

思　考　题

1. 表格的作用? 如何插入表格?
2. 如何设置表格的各项属性?
3. 表格还有哪些其他的用途?

巩固练习

1. 参照任务练习表格网页的设置和布局。

2. 制作一个个人网站的主页,页面分为页眉、主体和页脚三部分,具体要求如下。

(1) 使用表格进行页面布局,对页眉、主体和页脚进行划分。

(2) 制作一个具有"某某个人主页"字样的 Logo 图片,并插入页眉部分。

(3) 在主体部分嵌入小表格,把主体部分分成两行两列,分别插入个人照片、个人简介、个人经历、个人兴趣爱好等内容。

(4) 页脚部分插入个人联系方式等信息。

项目7　框架网页

项目描述

框架是网页中经常使用的页面设计方式，框架的作用就是把网页在一个浏览器窗口下分割成几个不同的区域，实现在一个浏览器窗口中显示多个 HTML 页面。珠海航展最新资讯主页包括 3 部分，顶部、主体部和底部。本项目利用框架制作最新资讯主页，如图 7-1 所示。

知识目标

- 理解框架网页的概念；
- 掌握框架网页的制作方法并熟悉框架页面结构；
- 掌握框架网页中的超链接方法。

技能目标

- 熟练创建框架页面；
- 能够正确设置框架中的超链接属性。

任务　使用框架制作网页

任务描述

使用框架实现网页布局，制作"最新资讯"新闻主页，如图 7-1 所示，该主页包括 3 部分，顶部、主体部和底部，顶部为 Logo 部分，主体部为新闻列表部分，底部为备注部分。

相关知识与技能

1. 认识框架

(1) 框架的作用

框架是一个比较早出现的 HTML 对象，其作用就是把浏览器窗口划分为若干个区域，每个区域可以分别显示不同的网页。使用框架可以非常方便地完成导航工作，而且各个框架之间决不存在干扰问题，所以在模板出现以前，框架技术一直普遍应用于页面的导航，它可以使网站导航比较清晰。

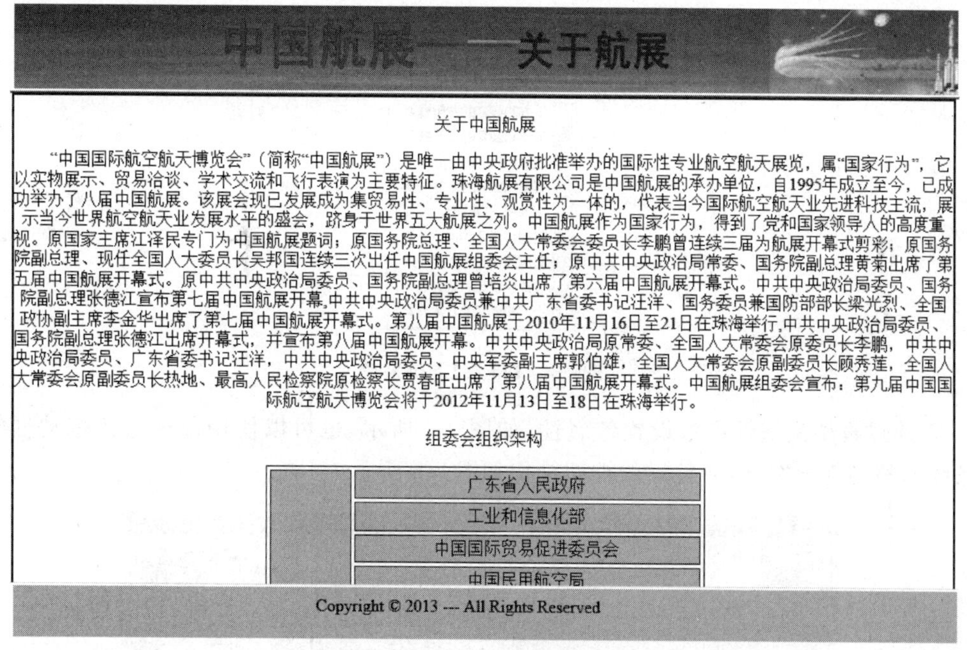

图 7-1　最新资讯主页

（2）框架的特点

使用框架建设网站的最大特点是使网站风格保持统一。一个网站的众多网页最好都有相同的地方，来做到风格统一。可以把这个相同的部分单独地制作一个页面，作为框架结构的内容给整个站点公用。

（3）框架的组成

框架实际上由两部分组成，即框架集与框架。由于框架集在文档中仅定义了框架的结构、数量、尺寸及装入框架的页面文件，因此，框架集并不显示在浏览器中，它只是存储了一些框架如何显示的信息。

2. 创建框架

在创建框架集或使用框架前，通过选择【查看】→【可视化助理】→【框架边框】命令，使框架边框在文档窗口的设计视图中可见。

（1）使用预制框架集

① 新建一个 HTML 文件，在快捷工具栏选择【布局】菜单，单击【框架】按钮，如图 7-2 所示，在弹出的下拉菜单中选择【上方和下方框架】选项，如图 7-3 所示。

图 7-2　工具栏

② 也可以执行【插入】→【HTML】→【框架】命令插入框架，在级联菜单中单击相应的框架样式。

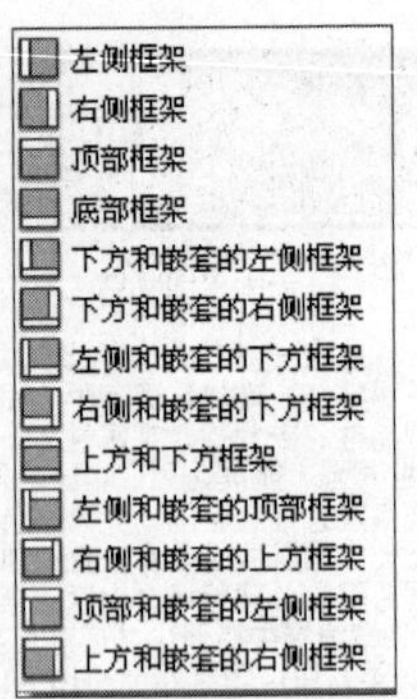

图 7-3 【框架】下拉菜单

③ 通过框架集属性面板设置各属性，如图 7-4 所示，也可以使用鼠标直接拖动框架的两条线调整各部分宽度，调整后的框架结构如图 7-5 所示。

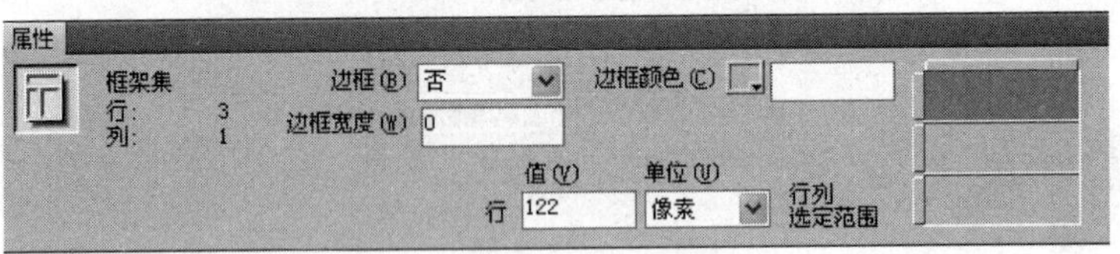

图 7-4 框架集【属性】面板

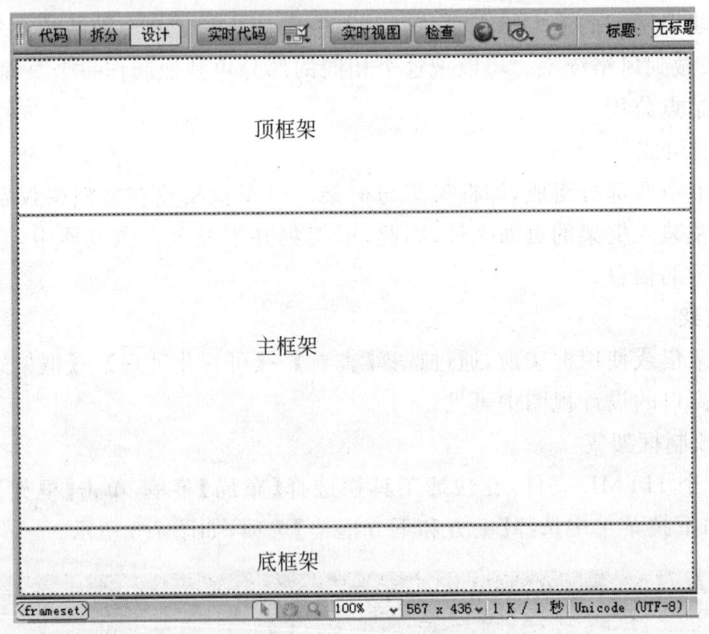

图 7-5 框架结构

(2) 鼠标拖动创建框架

① 新建普通网页，命名后将其打开。

② 把鼠标放到框架边框上，出现双箭头光标时拖动框架边框，可以垂直或水平分割网页，如图 7-6 所示。

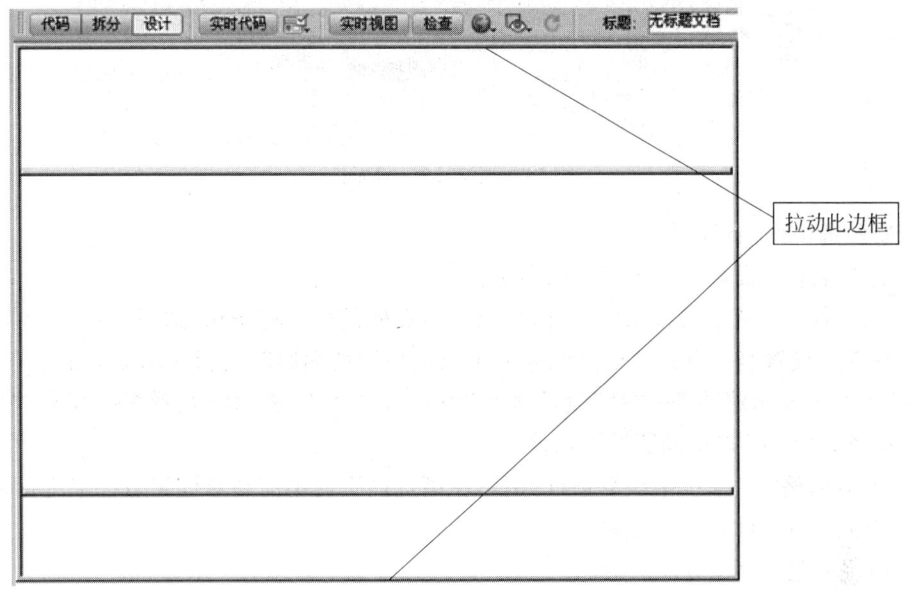

图 7-6　鼠标拉动边框制作框架

3. 保存编辑框架

(1) 保存框架

每一个框架都有一个框架名称，可以用默认的框架名称，也可以在【属性】面板修改名称，我们采用系统默认的框架名称 topFrame(上方)、mainFrame(中部)、bottomFrame(下方)。

选择【文件】→【保存全部】命令，将框架集保存为 index. html，上方框架保存为 top. html，中部框架保存为 main. html，下方框架保存为 bottom. html。

(2) 编辑框架式网页

虽然框架式网页把屏幕分割成几个窗口，每个框架(窗口)中放置一个普通的网页，但是编辑框架式网页时，要把整个编辑窗口当作一个网页来编辑，插入的网页元素位于哪个框架，就保存在哪个框架的网页中。框架的大小可以随意修改。

① 改变框架大小。用鼠标拖动框架边框可随意改变框架大小。

② 删除框架。用鼠标把框架边框拖动到父框架的边框上，可删除框架。

③ 设置框架属性。设置框架属性时，必须先选中框架。选择框架方法如下。

a. 选择【窗口】→【框架】命令，打开框架面板，单击某个框架，即可选中该框架，如图 7-7 所示。

b. 在编辑窗口某个框架内按住 Alt 键并单击鼠标，即可选择该框架。当一个框架被选择时，它的边框带有点线轮廓。

④ 设置框架属性。选中框架，在【属性】面板上可以设置框架属性：框架名称、源文件、空白边距、滚动条、重置大小和边框属性等，如图 7-8 所示。

需要注意的是：a. 框架是不可以合并的；b. 在创建链接时要用到框架名称，所以要很清楚地知道每个框架对应的框架名。

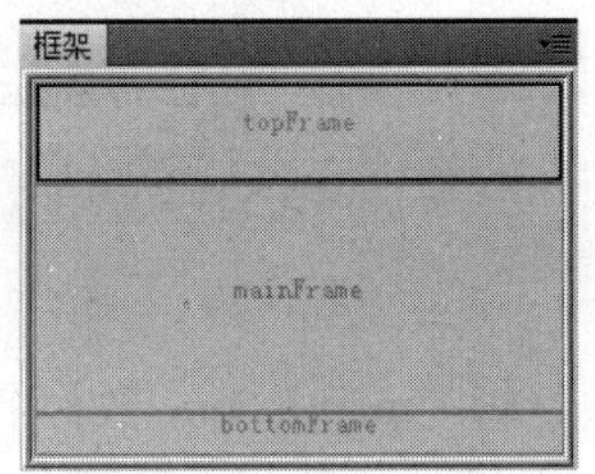

图 7-7　框架面板

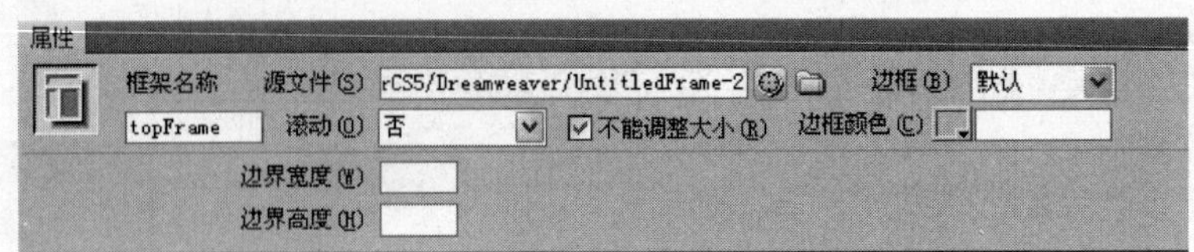

图 7-8　框架【属性】面板

框架各选项作用说明如下。

a. 框架名称：设置被选中框架的名称。

b. 源文件：设置框架显示的文件，可以单击右侧的【浏览】按钮，选择文件。

c. 滚动：设置当没有足够的空间来显示当前框架的内容时是否显示滚动条。有 4 个选项，"否"表示不显示滚动条；"是"表示显示滚动条；"自动"表示浏览器根据需要决定是否显示滚动条；"默认"采用浏览器默认值。

d. 不能调整大小：选中该复选框，用户在浏览网页时不能够对框架边框架进行调整。

e. 边框：用于设置框架边框。

f. 边框颜色：设置边框的颜色。

g. 边界宽度：设置框架中的内容与左右框之间的距离，单位是像素。

h. 边界高度：设置框架中的内容与上下边框之间的距离，单位是像素。

4. 在框架中使用超链接

在框架式网页中制作超链接时，一定要设置链接的目标属性，为超链接的目标文档指定显示窗口。超链接目标较远(其他网站)时，一般放在新窗口，在导航条上创建超链接时，一般将目标文档放在另一个框架中显示(当页面较小时)或全屏幕显示(当页面较大时)。

"目标"下拉菜单中的选项作用如下。

(1) _blank：放在新窗口中。

(2) _new：新建一个窗口。

(3) _parent：放到父框架集或包含该超链接的框架窗口中。

(4) _self：放在相同窗口中(默认窗口无须指定)。

(5) _top：放到整个浏览器窗口并删除所有框架。

在保存有框架名为 mainFrame、bottomFrame、topFrame 的框架后，在目标下拉菜单中，还会出现 mainFrame、leftFrame、topFrame 选项，如图 7-9 所示。

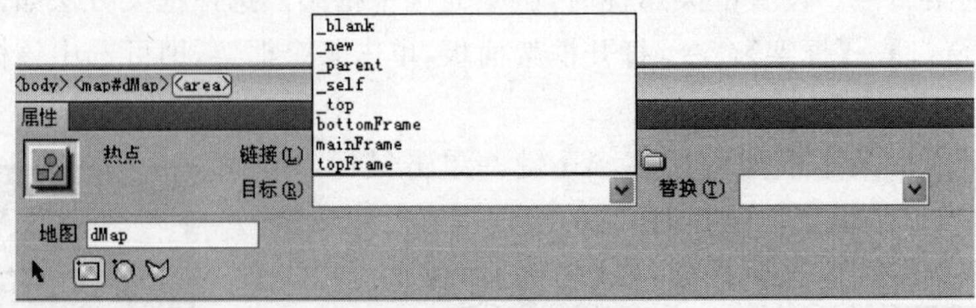

图 7-9　设置链接目标属性

(1) mainFrame 放到名为 mainFrame 的框架中。

(2) leftFrame 放到名为 leftFrame 的框架中。

(3) topFrame 放到名为 topFrame 的框架中。

任务实现

1. 创建框架

在创建框架集或使用框架前，通过选择【查看】→【可视化助理】→【框架边框】命令，使框架边框在文档窗口的设计视图中可见。

(1) 新建一个 HTML 文件，在快捷工具栏选择【布局】菜单，单击【框架】按钮，如图 7-2 所示，在弹出的下拉菜单中选择【上方和下方框架】选项，如图 7-3 所示。

(2) 保存框架，选择【文件】→【保存全部】命令，将框架集保存为 index. html，上方框架保存为 top. html，中部框架保存为 main. html，下方框架保存为 bottom. html。

2. 创建框架

(1) 选择菜单栏【窗口】→【框架】命令，打开框架面板，选中整个框架集，如图 7-7 所示。在属性面板中，将行的值设置为 100，单位为像素，如图 7-10 所示。

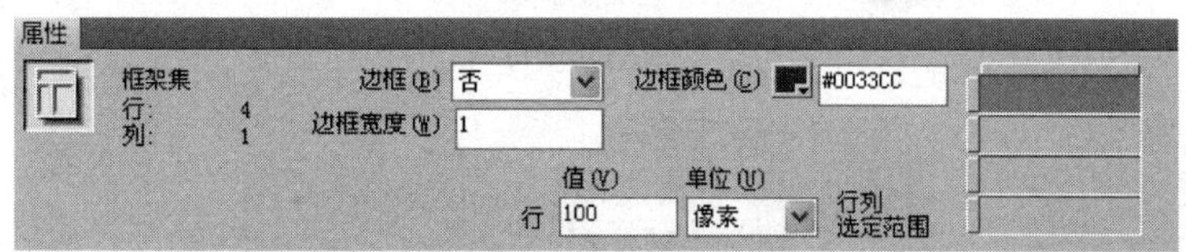

图 7-10　设置框架属性

(2) 选择【窗口】→【框架】命令，打开框架面板，选中 top 框架，如图 7-11 所示。

图 7-11　选中 top 框架

在属性面板中设置相应属性，如图 7-12 所示，之后依次设置 main 和 bottom 框架属性。

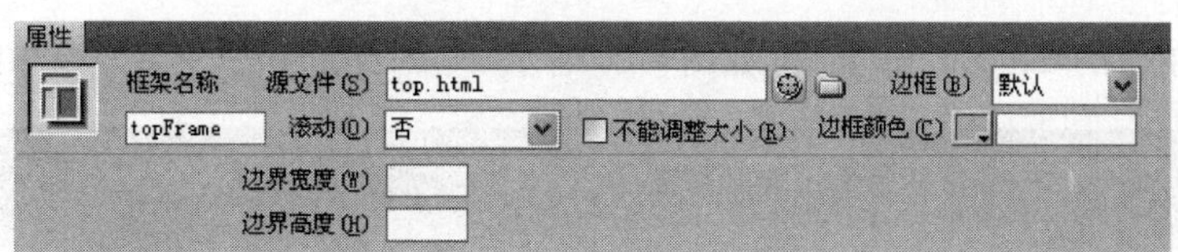

图 7-12　top 框架属性面板

3. 插入网页元素

(1) 制作 top. html 页面：鼠标在 topFrame 框架中的空白处单击，会看见文档窗口上方的文件名变为了 top. html。在页面属性中将上、下、左、右边距全部设为 0。插入一个 1 行 1 列的表格，宽度为 900 像素，高度为 80px，并插入背景图片 images/picture/know/index_1. jpg，如图 7-13 所示。

(2) 制作 main. html 页面：鼠标在 mainFrame 框架中的空白处单击，会看见文档窗口上方的文件名变为了 main. html。在页面属性中将上、下、左、右边距全部设为 0。插入一个 1 行 1 列的表格，宽度为 900 像素，设置表格背景颜色为：＃FF99FF，如图 7-14 所示。

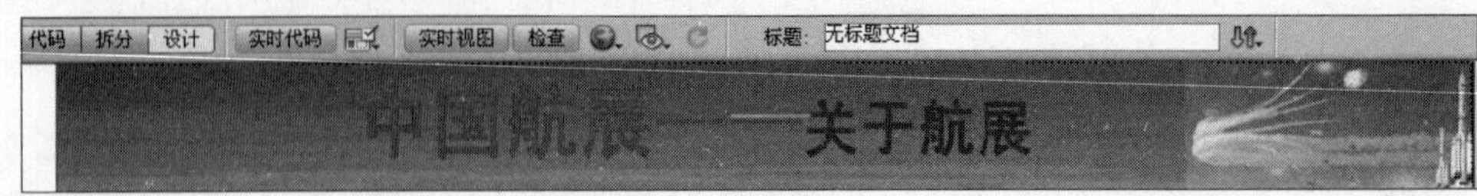

图 7-13 top. html 页面

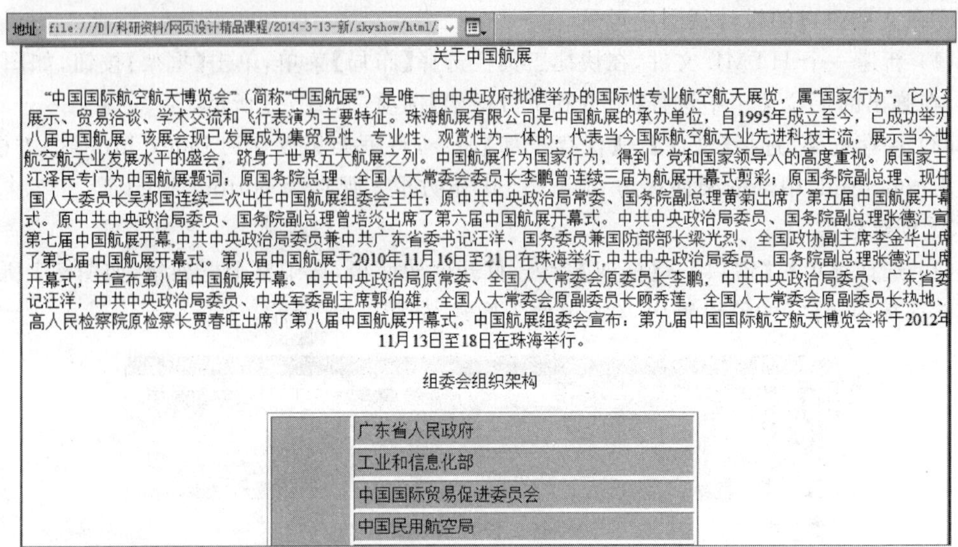

图 7-14 main. html 页面

(3) 制作 bottom. html 页面：鼠标在 bottomFrame 框架中的空白处单击，会看见文档窗口上方的文件名变成 bottom. html。在页面属性中将上、下、左、右边距全部设为 0。插入一个 1 行 1 列的表格，宽度为 900 像素，设置表格背景颜色为＃CCCCCC，如图 7-15 所示。

图 7-15 bottom. html 页面

(4) 最终制作的 index. html 页面，如图 7-16 所示，按 F12 键预览，最终效果如图 7-16 所示。

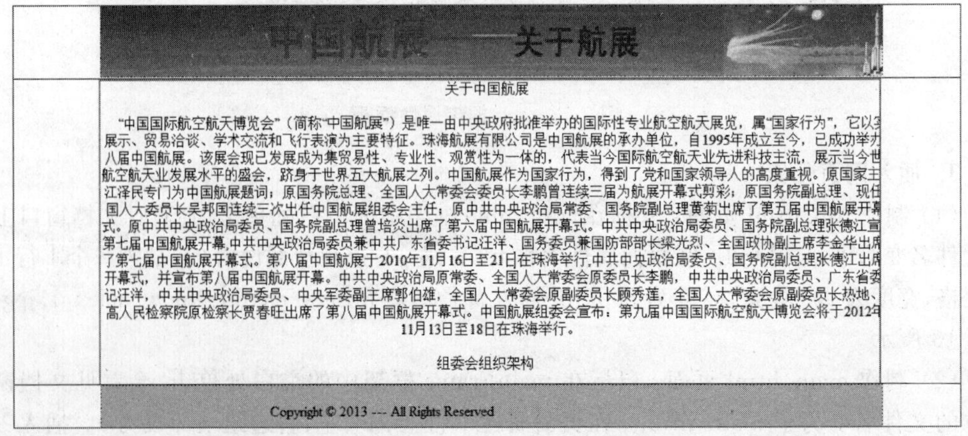

图 7-16 最终制作页面

小　　结

框架结构是将一个网页分为若干个窗口，这样可以在一个页面上展示几个不同内容的网页，比如将菜单和网页内容放到两个框架中，这样当拉动网页内容的滚动条时，菜单部分的网页可以保持固定不动，为浏览网页带来方便。本案讲述了框架的作用、创建、结构、保存和应用，并利用框架结构制作了展航新闻页面，把网页的首部标题部分固定，查看具体内容时标题部分始终保持当前屏幕。

思　考　题

1. 框架的作用是什么？
2. 保存框架网页要注意哪些问题？
3. 在框架式网页中制作超链接要注意什么？

巩　固　练　习

1. 参照任务练习框架网页制作。
2. 制作一个班级主页，使用框架布局页面，如图 7-17 所示。

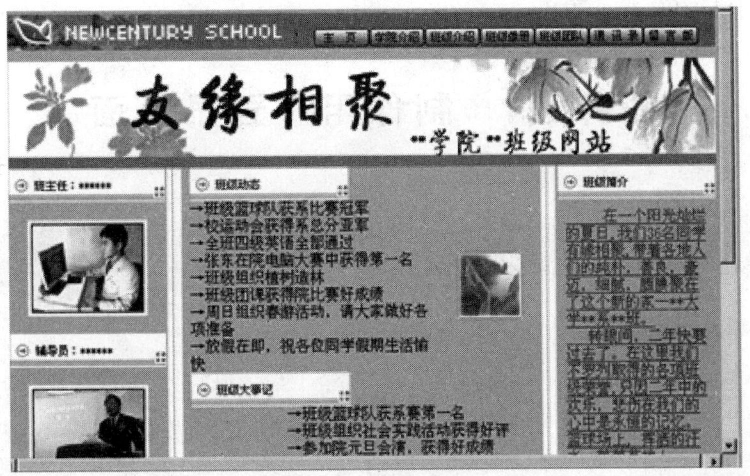

图 7-17　班级主页

项目8　表 单 网 页

项目描述

表单是制作动态网页的基础，是用户与服务器之间信息交换的桥梁。一个具有完整功能的表单网页通常由两部分组成，一部分是用于搜集数据的表单页面，另一部分是处理数据的服务器端脚本或应用程序。本项目以注册和登录网页为例，介绍创建和验证表单网页的基本方法。

知识目标

- 了解表单的工作原理；
- 熟悉表单对象的使用；
- 掌握创建和验证表单的方法。

技能目标

- 能够熟练使用表单对象；
- 能够创建表单、验证表单。

任务 8.1　制作用户登录页面

任务描述

使用表单制作珠海航展网站用户登录页面，如图 8-1 所示。

图 8-1　用户登录页面

相关知识与技能

1. 认识表单

(1) 表单概述

在现代化信息社会中，人们更加注重信息的收集和处理，而表单对于信息的收集和显示都是一种必要的组织方式。具体地说，表单是实现交互式网络浏览方式的重要手段。浏览者在表单域中输入各种信息后，系统会自动将这些信息提交并传回服务器端相应的处理程序中，当服务器端对所输入的信息进行组织和处理后，将所有的统计信息提供给网络管理员，以便使用，或将浏览者所需的相关信息反馈给客户。在交互过程中，表单的作用就是收集浏览者输入的信息。例如在申请电子邮箱时，需要填写个人信息，如用户名、密码、提示信息等，而收集这些信息的工具就是表单。

表单主要用于收集信息和反馈意见，但还可以应用于资料检索、讨论组和网上购物等多种交互式操作。它的这种信息交互式特点，使得网页不再是一个单一信息发布载体，而是根据客户提交的信息动态甚至实时地进行信息重组。例如常用的电子银行交易、联网的票据定购系统等，这些都是利用表单结合数据库技术来实现的。

从表单的使用目的来看，表单在网络信息交流中起着非常重要的作用，归纳起来表单在网页中的作用主要体现在以下 5 个方面。

① 收集网络信息、网上订货、托运、付款等信息。

② 获取客户需求和反馈信息。

③ 创建留言簿和意见簿。

④ 创建搜索网页。

⑤ 提示浏览者登录相关网站。

(2) 表单的组成

一个表单有 3 个基本组成部分。

① 表单标签：其中包含了处理表单数据所用 CGI 程序的 URL 以及数据提交到服务器的方法。

② 表单域：包含了文本框、密码框、隐藏域、多行文本框、复选框、单选框、下拉选择框和文件上传框等。

③ 表单按钮：包括提交按钮、复位按钮和一般按钮；用于将数据传送到服务器上的 CGI 脚本或者取消输入，还可以用表单按钮来控制其他定义了处理脚本的处理工作。

(3) 表单的工作原理

表单是实现网页互动的元素，表单本身没有什么用，它必须通过与客户端或服务器端脚本程序的结合使用，才能实现互动性。

访问者在浏览有表单的网页时，填写必须的信息，然后单击【提交】按钮即触发了客户端脚本程序发出信息，然后信息通过 Internet 传送到服务器上。服务器上的脚本程序对这些数据进行处理，如果有错误会返回错误信息，并要求纠正错误。当数据完整无误后，服务器反馈一个输入完成信息。

2. 表单对象

一个表单中包含多个对象，有时也称为控件或表单元素，例如用于输入文本的文本域、用于发送命令的按钮、用于选择项目的单选按钮和复选框、用于显示列表项的列表框，如图 8-2 所示。

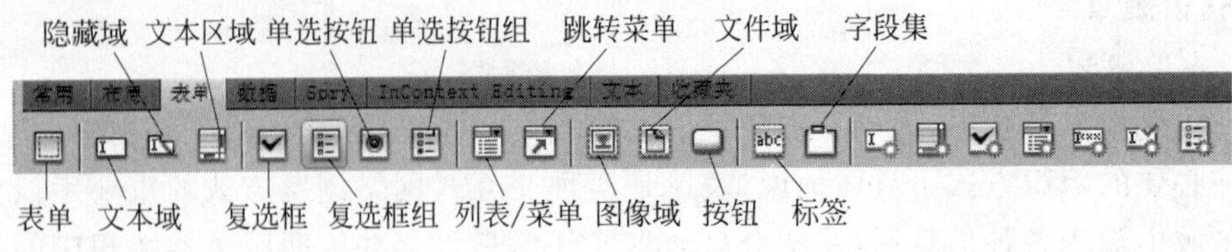

图 8-2　表单工具栏

(1) 表单

在主菜单中选择【插入】→【表单】→【表单】命令或者直接单击表单工具栏中的按钮可插入表单，任何其他表单对象，都必须插入到表单中，浏览器才能正确处理这些数据。表单将以红色虚线框显示，但在浏览器中是不可见的。

将光标置于表单内，用鼠标单击左下方的“＜form＞”标签选中整个表单，可以在【属性】面板中设置表单属性，如图 8-3 所示。

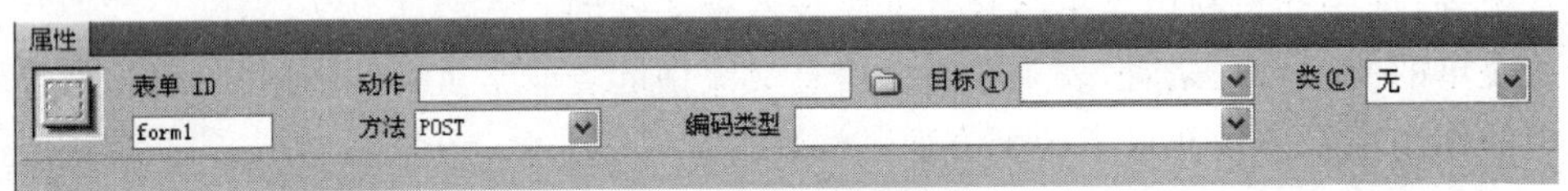

图 8-3　表单【属性】面板

(2) 文本域

在主菜单中选择【插入】→【表单】→【文本域】命令插入文本域，或者直接单击表单工具栏中的按钮。文本域【属性】面板如图 8-4 所示。

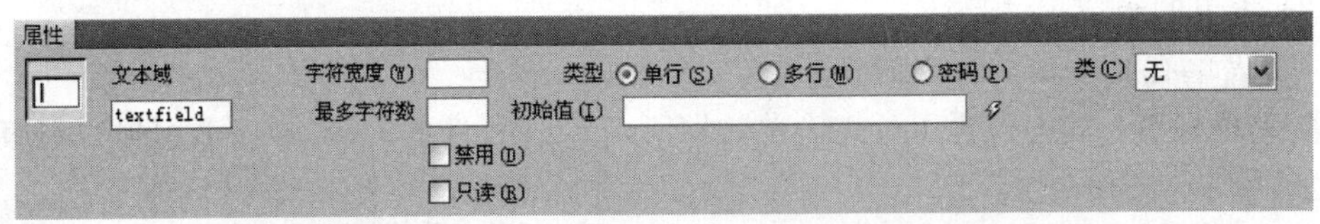

图 8-4　文本域【属性】面板

(3) 单选按钮

在主菜单中选择【插入】→【表单】→【单选按钮】命令，或者直接单击表单工具栏中的按钮插入单选按钮，单选按钮【属性】面板如图 8-5 所示。

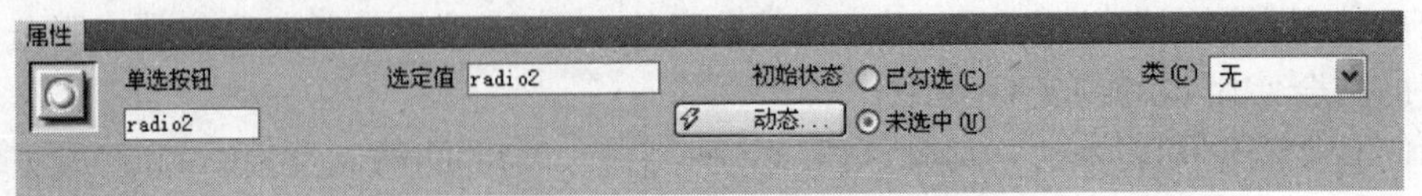

图 8-5　单选按钮【属性】面板

单选按钮一般以两个或者两个以上的形式出现，它的作用是让用户在两个或者多个选项中选择一项。

（4）列表/菜单

在主菜单中选择【插入】→【表单】→【列表/菜单】命令，或者直接单击表单工具栏中的按钮插入列表/菜单域。在【属性】面板中打开【列表值】对话框，添加【项目标签】和【值】。

（5）复选框

在主菜单中选择【插入】→【表单】→【复选框】命令，或者直接单击表单工具栏中的按钮插入复选框。由于复选框在表单中一般都不单独出现，而是多个复选框同时使用，因此其【选定值】就显得格外重要。由于复选框的【复选框名称】不同，【选定值】可以取相同的值。

（6）文本区域

在主菜单中选择【插入】→【表单】→【文本区域】命令，或者直接单击表单工具栏中的按钮插入一个文本区域，如图8-6所示。

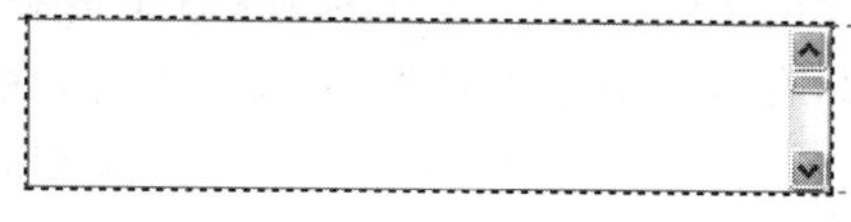

图8-6　文本区域

（7）隐藏域

在主菜单中选择【插入】→【表单】→【隐藏域】命令，或者直接单击表单工具栏中的按钮插入一个隐藏域。通常用隐藏域来传递一些特殊的信息，如注册时间、认证号等。

（8）按钮

在主菜单中选择【插入】→【表单】→【按钮】命令，或者直接单击表单工具栏中的按钮插入按钮，按钮【属性】面板如图8-7所示。

图8-7　按钮【属性】面板

（9）文件域

在主菜单中选择【插入】→【表单】→【文件域】命令可以插入一个文件域，文件域的作用是使用户可以浏览并选择本地计算机上的某个文件，以便将该文件作为表单数据进行上传。当然，真正上传文件还需要相应的上传组件才能进行，文件域仅仅是起供用户浏览选择计算机上文件的作用，并不起上传的作用。

（10）跳转菜单

在主菜单中选择【插入】→【表单】→【跳转菜单】命令，可以在页面中插入跳转菜单。跳转菜单的外观和菜单相似，不同的是跳转菜单具有超级链接功能。但是一旦在文档中插入了跳转菜单，就无法再对其进行修改了。如果要修改，只能将菜单删除，然后再重新创建一个。但【跳转菜单】行为，可以弥补这个缺陷。方法是分别选定跳转菜单域和按钮，在【行为】面板中双击【跳转菜单】和【跳转菜单开始】，将再次打开【跳转菜单】和【跳转菜单开始】对话框，然后进行修改即可。

(11) 字段集

在主菜单中选择【插入】→【表单】→【字段集】命令,可以在页面中插入一个字段集。使用字段集可以在页面中显示一个圆角矩形框,可以将一些相关的内容放在一起。可以先插入字段集,然后再在其中插入相关的内容。也可以先插入内容,然后将其选择再插入字段集。

3. 验证表单

(1)【检查表单】行为

选中整个表单,然后在行为菜单中选择【检查表单】命令,打开【检查表单】对话框进行设置。在【行为】面板中检查默认事件是否是 onSubmit。

(2) 密码验证的方法

确认密码无法使用"行为"来检验,但可以通过简单的 JavaScript 来验证。

在表单中右击【注册】按钮,在弹出的菜单中选择【编辑标签[E]<input>】命令,打开【标签编辑器-input】对话框,在对话框中选中"onClick"事件,在右侧的文本框中输入代码即可。

任务实现

1. 新建登录页面

新建登录页面 login. html。

2. 新建表单

在主菜单中选择【插入】→【表单】→【表单】命令或者直接单击表单工具栏中的按钮可插入表单,如图 8-8 所示,在页面中插入了一个空白的表单 form。

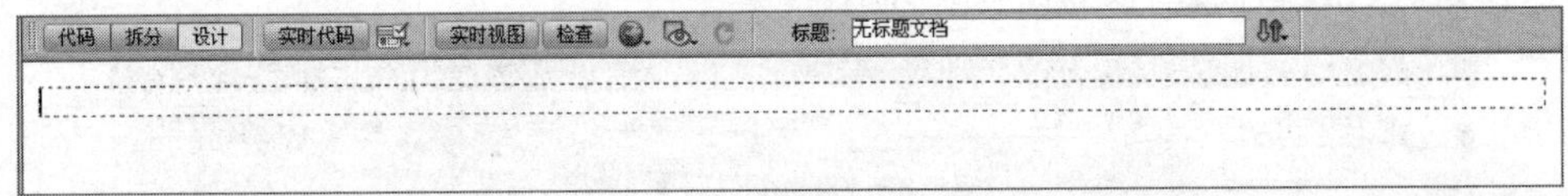

图 8-8　网页文档中的表单

3. 插入表格

将光标移入表单,插入一个布局用的表格 1,2 行 1 列,宽 471 像素,居中对齐,边框为 1。在表格 1 的第二行再插入一个表格 2,6 行 2 列,宽 100%,将第一行单元格合并。

4. 插入表单对象

(1) 将光标移到表格 2 的第二行的第 1 个单元格输入"登录名:",移动第二行的第 2 个单元格单击【插入】工具栏【表单】类别下的【文本字段】按钮,插入登录文本字段,如图 8-9 所示,属性设置如图 8-10 所示。

图 8-9　登录文本字段

(2) 将光标移到表格 2 的第四行的第 1 个单元格输入"密 码:",移动第四行的第 2 个单元格单击【插入】工具栏【表单】类别下的【文本字段】按钮,插入密码文本字段,如图 8-11 所示,属性设置如图 8-12 所示。

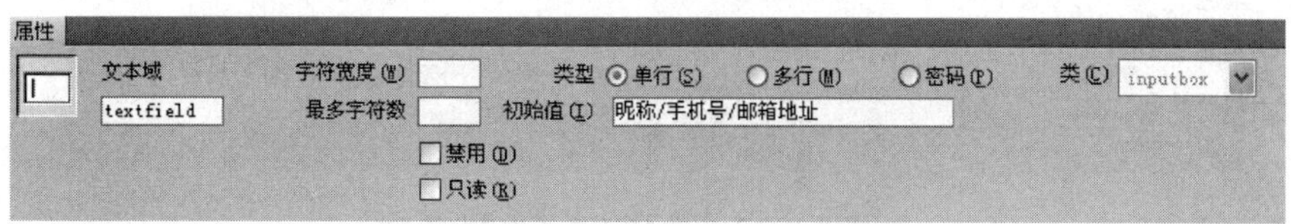

图 8-10　登录文本字段【属性】设置

图 8-11　密码文本字段

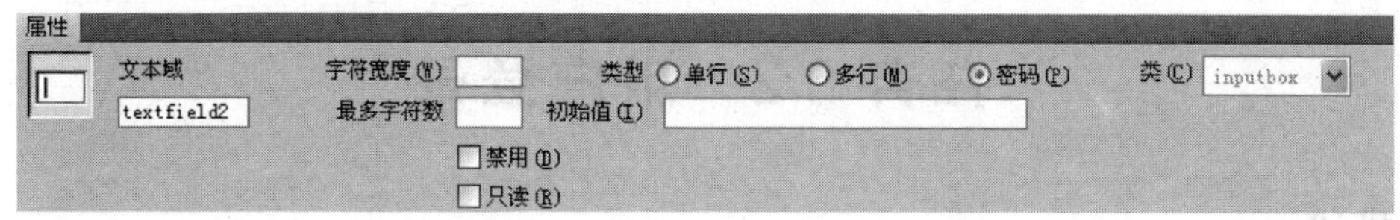

图 8-12　密码文本字段【属性】设置

(3) 将光标移到表格 2 的第五行的第 2 个单元格，然后单击【插入】工具栏【表单】类别下的【复选框】按钮☑，插入复选框，其后输入“下次自动登录 忘记密码?”文本，如图 8-13 所示，属性设置如图 8-14 所示。

图 8-13　复选框

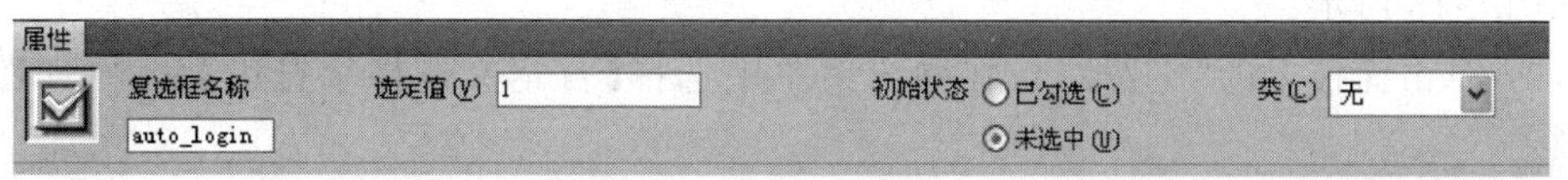

图 8-14　复选框属性设置

(4) 将光标移到表格 2 的第六行的第 2 个单元格，然后单击【插入】工具栏【表单】类别下的【按钮】按钮，插入两个按钮，分别为【登录】和【注册】按钮，如图 8-15 所示，【登录】按钮属性设置如图 8-16 所示，【注册】按钮属性设置如图 8-17 所示。

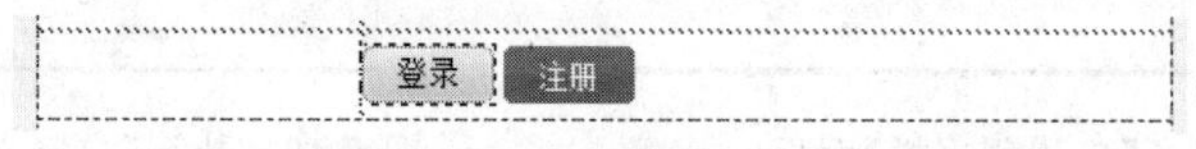

图 8-15　按钮

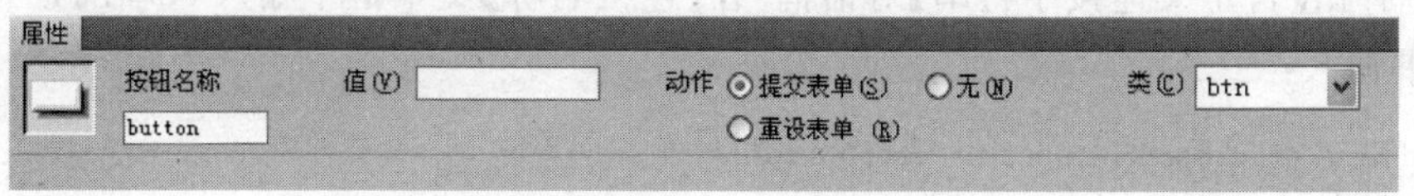

图 8-16　【登录】按钮【属性】设置

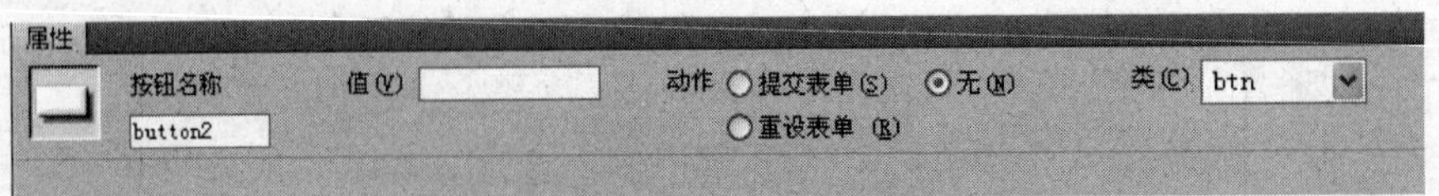

图 8-17 【注册】按钮【属性】设置

5. 使用样式修饰表单对象

新建样式.login_layer设置表格背景，新建样式.inputbox设置文本字段宽度和高度，新建样式.btn1和.btn2分别设置【登录】和【注册】按钮。

保存浏览效果如图 8-1 所示。

任务 8.2 用户登录

任务描述

登录页面制作完成后，开始制作实现用户登录、身份验证的功能。系统中的用户信息都保存在数据库中，用户登录过程实际上就是从数据库用户表中调用信息数据，与用户在登录界面输入的用户名和密码信息进行比对的过程。因此本任务需要制作、连接和绑定数据库，最后实现登录验证功能。

相关知识与技能

1. 连接数据库

(1) 在 Dreamweaver CS6 工作区，单击展开【应用程序栏】面板，单击进入【数据库】面板，如图 8-18 所示。

(2) 单击面板上的"+"按钮，在弹出菜单中选择【自定义连接字符串】命令，如图 8-19 所示。

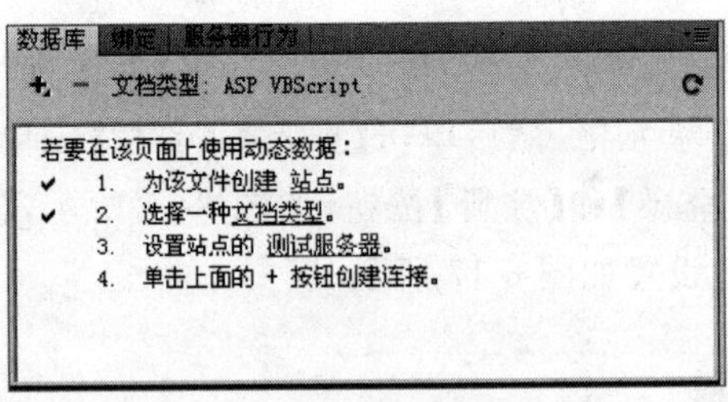

图 8-18 【应用程序栏】面板

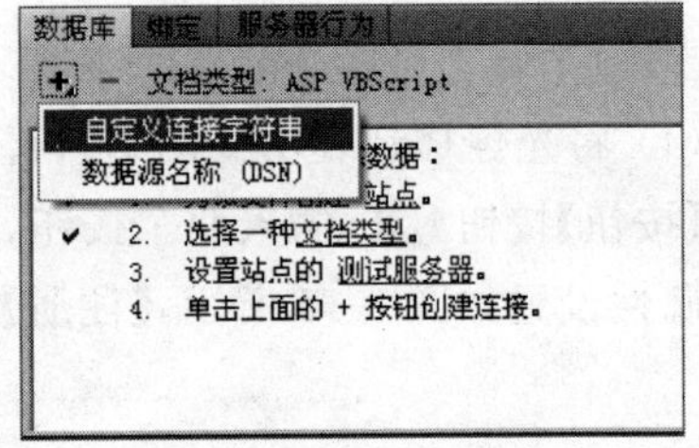

图 8-19 执行【自定义连接字符串】命令

(3) 弹出【自定义连接字符串】对话框，在【连接名称】文本框中输入 cn，在【连接字符串】文本框中输入：

```
"Driver = {Microsoft Access Driver( * .mdb)};
DBQ = F:\skyshow\data\user.mdb"
```

其中 Driver={Microsoft Access Driver(* .mdb)}表示将连接 Access 数据库。

“DBQ=F:\skyshow\data\user.mdb”是数据库的物理路径，根据数据库实际路径进行修改，如图 8-20 所示。

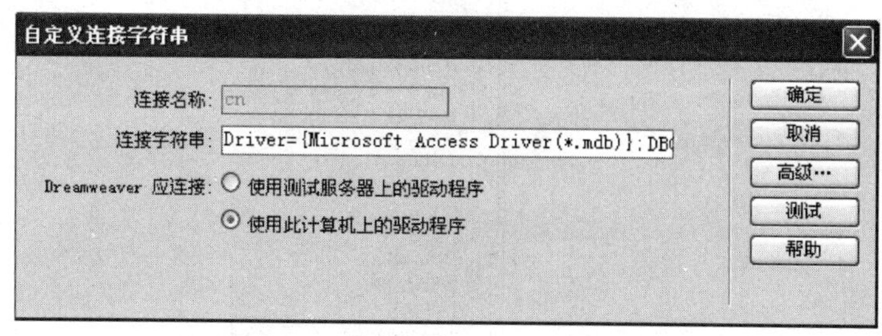

图 8-20 【自定义连接字符串】对话框

2. 绑定数据

连接数据源成功后，就可以在网页上绑定数据库中的数据，可以通过创建纪录集来实现。纪录集是通过数据库查询从数据库中提取的信息集，数据库查询是使用指定的搜索条件从数据库中请求数据的一种方式，创建一个纪录集就是选择要显示的数据。

在 Dreamweaver CS6 工作区，单击展开【应用程序栏】面板，单击进入【绑定】面板，单击面板上“+”按钮，选择【记录集(查询)】命令，弹出【记录集】对话框，在【名称】文本框中输入记录集名称，在【连接】下拉列表框中选择已经创建的连接数据源的名称 cn，在【表格】下拉列表框中选择要访问的用户信息数据表的名称，在“列”中选中【全部】单选按钮，表示获取表中全部的字段信息，如图 8-21 所示。

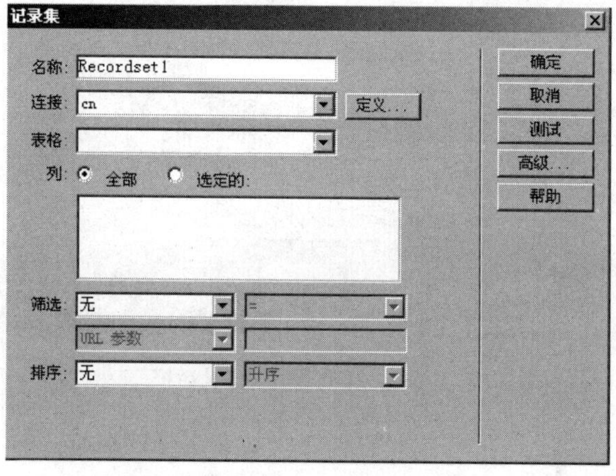

图 8-21 记录集设置

3. 身份验证

单击【应用程序】面板组中的【服务器行为】面板，单击面板上的“+”按钮，在弹出菜单中选择【用户身份验证】→【登录用户】命令，如图 8-22 所示，弹出【登录用户】对话框，对各项内容进行设置，如图 8-23 所示。

【登录用户】对话框中各项内容含义如下。

(1) 从表单获取输入：指定用户在输入用户名和密码时所使用的表单的名称。

(2) 用户名字段：指定用户在网页上输入用户名和文本框的名称。

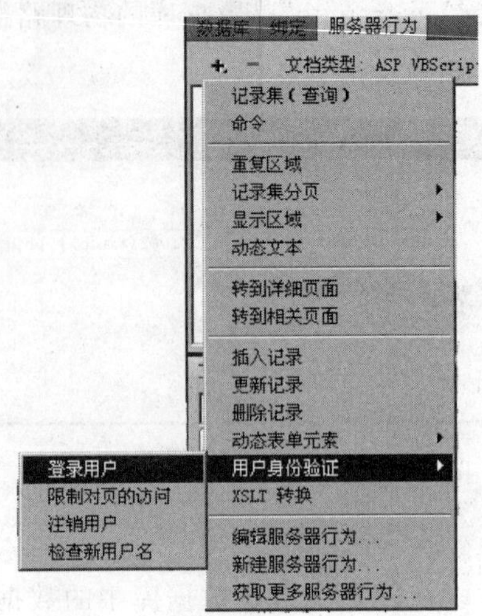

图 8-22 执行【登录用户】命令

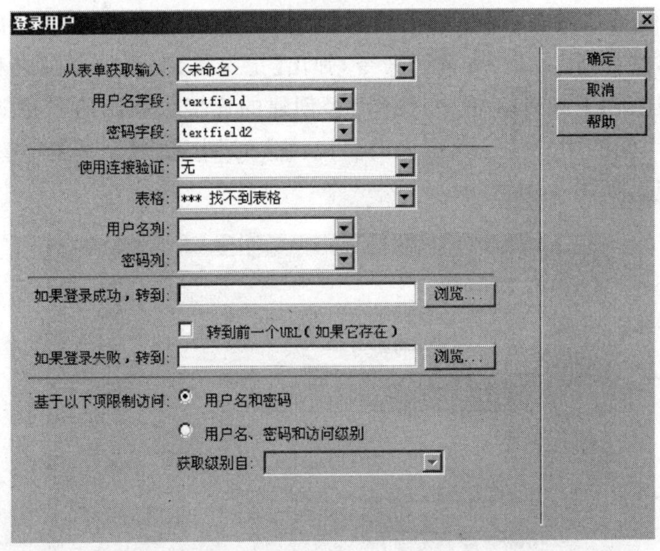

图 8-23 【登录用户】对话框

(3) 密码字段：指定用户在网页上输入密码的文本框的名称。

(4) 使用连接验证：指定连接数据源的名称。

(5) 表格：指定存储用户信息的数据表的名称。

(6) 用户名列：指定数据表中存储用户名的字段的名称。

(7) 密码列：指定数据表存储密码的字段的名称。"登录用户"服务器行为将对访问者在登录时输入的用户名及密码和这些列进行比较。

(8) 如果登录成功，转到：指定在登录过程成功时所打开的网页。

(9) 如果登录失败，转到：指定在登录过程失败时所打开的网页。

(10) 基于以下项限制访问：指定是仅根据用户名和密码还是同时根据授权级别来授予对网页的访问权。如果不需要区分用户类别，选择【用户名和密码】单选按钮。

（11）获取级别自：指定数据表中存储用户级别的字段的名称。

任务实现

1．准备数据库

创建数据库 user.mdb，保存在“珠海航展网站”目录 data 文件夹中，该数据库有一个数据表 Users，Users 数据表含 userid、username、password 等几个字段。

打开 login.asp 页面，在【应用程序】面板组单击进入【数据库】面板，单击“＋”按钮，弹出【自定义连接字符串】对话框，在【连接名称】文本框中输入 cn，在【连接字符串】文本框中输入：“Driver＝{Microsoft Access Driver（＊.mdb）}；DBQ＝F：\skyshow\data\user.mdb”，如图 8-24 所示。

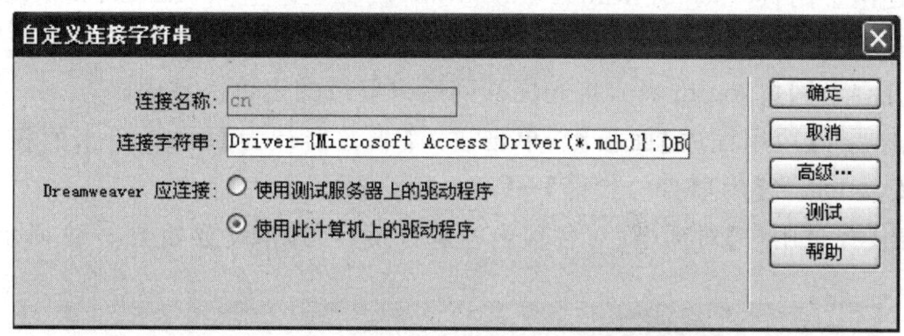

图 8-24 【自定义连接字符串】对话框

2．绑定数据

（1）在 Dreamweaver CS6 工作区，单击展开【应用程序栏】面板，单击进入【绑定】面板，如图 8-25 所示。

（2）单击面板上“＋”按钮，选择【记录集（查询）】命令，弹出【记录集】对话框，在【名称】文本框中输入记录集名称，在【连接】下拉列表框中选择已经创建的连接数据源的名称 cn，在【表格】下拉列表框中选择要访问的用户信息数据表的名称 Users，在“列”中选中【全部】单选按钮，表示获取表中全部的字段信息，如图 8-26 所示。

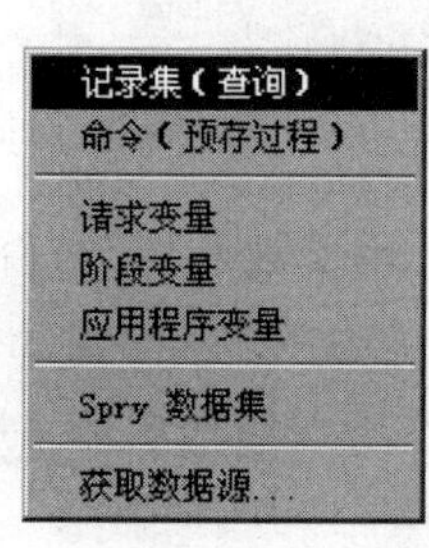

图 8-25 【绑定】面板

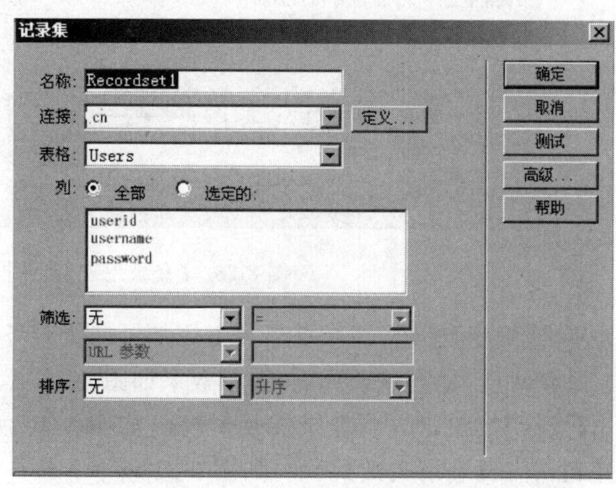

图 8-26 设置【记录集】对话框

(3) 单击【测试】按钮,弹出如图 8-27 所示的【测试 SQL 指令】窗口,窗口中显示出了 Users 数据表中的数据记录,表示已经成功建立了数据绑定。单击【确定】按钮退出测试窗口。

userid	username	password
1	admin	123
2	lhs	222

图 8-27 成功建立了数据源连接提示框

(4) 单击【记录集】对话框中的【确定】按钮,完成记录集的创建。

3. 实现登录功能

(1) 新建两个网页 Succes. html、Fault. html,成功登录进入 Succes. html 页面显示“您成功登录!”,登录失败进入 Fault. html 页面显示“您尚未注册,请注册后再登录”。

(2) 打开登录网页 login. asp,将光标移到用户登录的表单区域内。

(3) 单击展开【应用程序】面板组,单击进入【服务器行为】面板,单击面板上的“+”按钮,在弹出菜单中选择【用户身份验证】→【登录用户】命令。

(4) 弹出【登录用户】对话框,对各项内容进行设置,具体设置如图 8-28 所示。

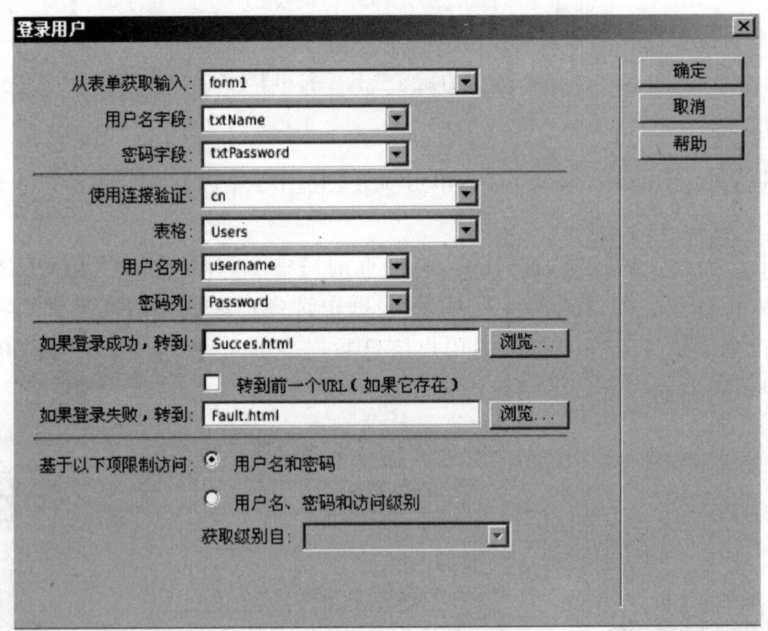

图 8-28 【登录用户】对话框

(5) 单击【确定】按钮,即在登录页上添加了一个服务器行为。

(6) 保存网页,浏览登录页面,登录效果如图 8-29 所示,输入正确用户名 admin 和密码 123,单击【登录】按钮,弹出【登录成功】页面,如图 8-30 所示,输入错误的密码如 145,单击【登录】按钮,弹出【登录失败】页面,如图 8-31 所示。

图 8-29　登录页面

图 8-30　【登录成功】页面

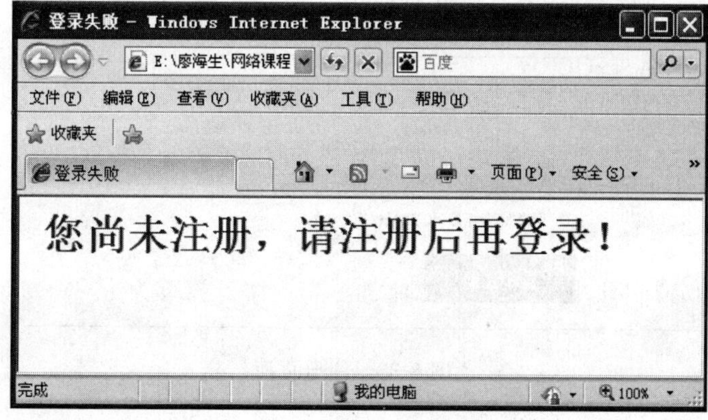

图 8-31　【登录失败】页面

小　结

表单网页是客户与网站互动的窗口，本案主要介绍了网页中的各种表单元素及其应用，并通过登录页面的制作详细讲解了表单数据的准备、绑定以及表单的验证。

思 考 题

1. 表单主要的作用是什么？
2. 插入表单可使用哪些方法？
3. 在 Dreamweaver 中，主要包括哪几类表单对象？

巩 固 练 习

参照任务 1、任务 2 重新制作网页的注册页面 register. html，如图 8-32 所示。

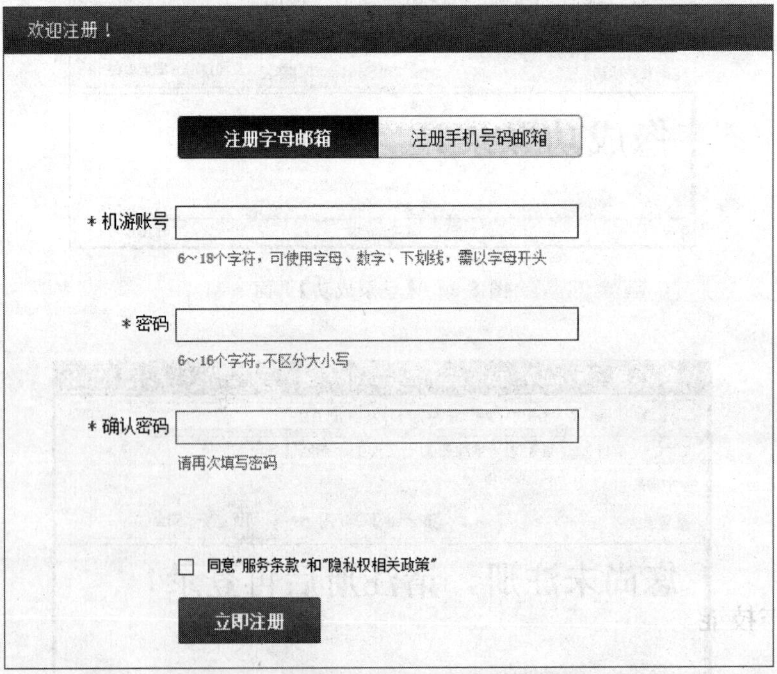

图 8-32　注册页面

项目 9　HTML 语言基础

项目描述

HTML 是使用特殊标记来描述文档结构和表现形式的一种语言，由 World Wide Web Consortium 所制定和更新。HTML 是一种用于网页制作的排版语言，是 Web 最基本的构成元素，它可以控制网页的基本结构、文本和图像等内容在网页中的显示方式。本项目利用 HTML 制作珠海航空展网站的基本框架，控制文本和图像的显示方式，列表、表格和表单的使用。

知识目标

- 掌握 HTML 基本概念及结构；
- 掌握文本和图像常用的 HTML 标签；
- 熟悉列表、表格和表单标签。

技能目标

- 熟练运用文本和图像常用的 HTML 标签；
- 熟练运用列表、表格和表单的 HTML 标签；
- 能使用 HTML 开发网页。

任务 9.1　制作珠海航空展首页框架

任务描述

通过 HTML 语言的基本框架标签完成珠海航空展首页的主体结构，如图 9-1 所示。

相关知识与技能

1. HTML 语言概述

HTML 是一种超文本置标语言，它是一种规范，一种标准，通过标签符号来标记要显示的网页中的各个元素。网页内容本身是一种文本文件，通过在文本文件中添加标签符，控制在浏览器中文字、图片、视频等元素的显示样式。

可以用任何一种文本编译起来编辑 HTML 文件，因为它就是一种纯文本文件，其扩展

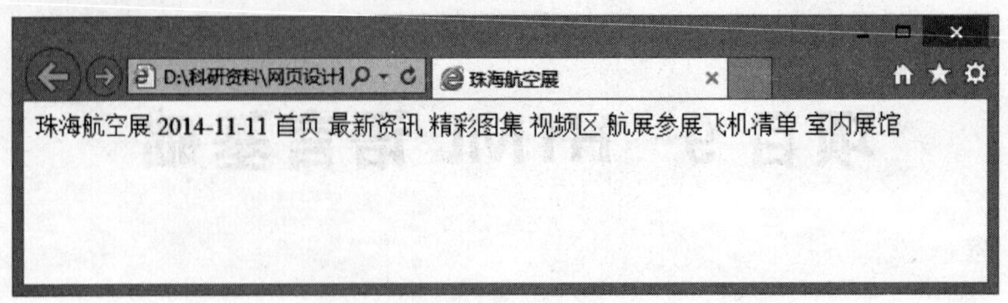

图 9-1 最终首页主体效果图

名是 html 或 htm。HTML 文档的基本结构包括 HTML 文件、头文件、标题文件、主体文件等 HTML 标签。

(1) HTML 语言的特点

HTML 语言文档制作不是很复杂，但功能强大，支持不同数据格式的文件，其主要特点如下。

简易性：HTML 语言不是程序语言，它是一种置标语言，文本语言，任何一个文本编辑器都可以编辑。

速度快：使用 HTML 语言描述的文件，无须解释运行，通过 WWW 浏览器就能显示出效果。

通用性：HTML 语言编写和应用与平台无关，适用于所有浏览器，正因此特点才使得万维网盛行。

与平台无关：HTML 语言执行与平台无关，它独立于各种平台。

(2) HTML 发展

超文本置标语言(第一版)——在 1993 年 6 月作为互联网工程工作小组(IETF)工作草案发布(并非标准)。

HTML 2.0——1995 年 11 月作为 RFC 1866 发布，在 2000 年 6 月 RFC 2854 发布之后被宣布过时。

HTML 3.2——1997 年 1 月 14 日，W3C 推荐标准。

HTML 4.0——1997 年 12 月 18 日，W3C 推荐标准。

HTML 4.01——1999 年 12 月 24 日，W3C 推荐标准。

HTML 5 的第一份正式草案已于 2008 年 1 月 22 日公布，仍在继续完善。

(3) HTML 文档的编写方法

手工直接编写：记事本等，存成 .htm、.html 格式。

使用可视化 HTML 编辑器：Frontpage、Dreamweaver 等。

动态生成：由 Web 服务器(或称 HTTP 服务器)一方实时动态地生成。

2. HTML 文档的基本结构

(1) HTML 文档的基本结构

所有 HTML 标记都必须用尖括号(＜ ＞)括起来，标记大部分都是成对出现的，每一对元素一般都有一个开始的标记，也有一个结束的标记。元素的标记要用一对尖括号括起来，并且结束的标记总是在开始的标记前加一个斜杠，如＜html＞...＜/html＞，＜head＞...＜/head＞，＜body＞...＜/body＞。

(2) 创建 HTML 文件

① 新建文本文件。

② 重命名文本文件,后缀名改为.html。

(3) 制作 HTML 文档的基本结构

```
<HTML>
<HEAD>
<TITLE>学习 HTML </TITLE>
</HEAD>
<BODY BGCOLOR = lavender>
<H1>欢迎来到 HTML 世界</H1>
</BODY>
</HTML>
```

(4) HTML 文件

<html>...</html>,每一个 HTML 文件,都必须以<HTML>开头,以</HTML>结束。

(5) HTML 文件头

<head>...</head>,通过标签定义文档的头部。head 区是指首页 html 代码的<head>和</head>之间的内容,是必须加入的标签。在这之内的所有文字都属于文件的文件头,并不属于文件本体。

在<head>...</head>之间一般有以下属性。

① 注释:<! --- 版权所有:珠海航展公司--->。

② 网页显示字符集:简体中文,<meta http-equiv="Content-Type" content="text/html; charset=gb_2312" />。

③ 网页制作者信息:<meta name="author" content="李四">。

④ 网站简介:<meta name="description" content="航空展览">。

⑤ 搜索关键字:<meta name="keywords" content="LED,字幕屏,控制卡">。

⑥ 网页的 css 规范:<link href="style/style.css" rel="stylesheet" type="text/css">。

⑦ 网页标题:<title>欢迎访问珠海航展网站! </title>。

⑧ 自动跳转:<meta http-equiv="refresh" content="2;url=http://www.baidu.com">。

⑨ 调用 Javascript:<Sscirpt language="javascript" src="menux.js">< /Sscirpt >。

(6) HTML 文件标题

<title>...</title>,在这之间写下的所有内容,都将写在网页最上面的标题栏中。

(7) HTML 主体文件

<body>...</body>,在这之间写下的内容都是文件的主体,也就是说将会被显示在浏览器主窗体区。

<body>标签有如下属性。

① text,设置页面文字颜色。

② bgcolor,设置页面的背景颜色。

③ link,设置页面默认超链接的颜色。

④ alink，设置鼠标单击时超链接的颜色。

⑤ vlink，设置访问过的超链接的颜色。

⑥ background，设置页面的背景图片。

⑦ bgproperties，设置页面背景图片为固定，不随页面滚动。

⑧ topmargin，设置页面上边距。

⑨ leftmargin，设置页面左边距。

⑩ bottommargin，设置页面下边距。

⑪ rightmargin，设置页面右边距。

3. 制作珠海航展首页框架

(1) 书写 HTML 代码，如图 9-2 所示。

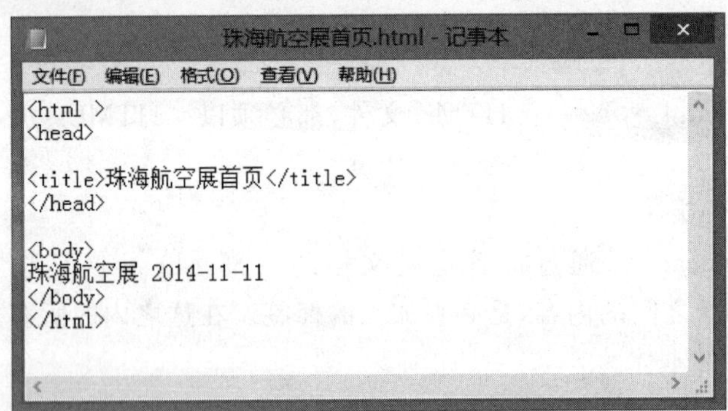

图 9-2　HTML 文档的基本结构图

(2) 使用浏览器浏览，效果如图 9-3 所示。

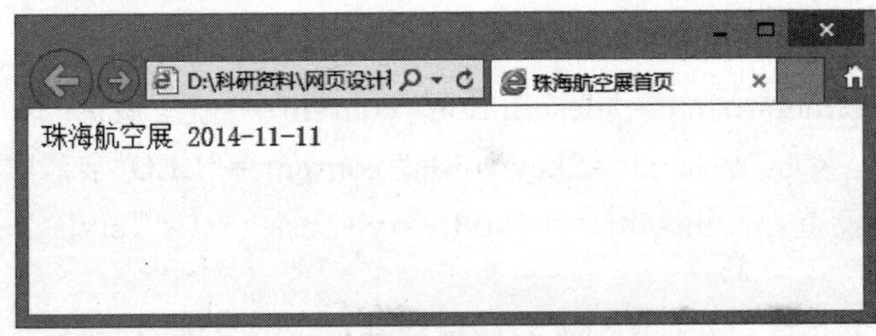

图 9-3　珠海航空展首页浏览效果

4. 制作 HTML 文档

(1) 创建 HTML 页面：在 Dreamweaver CS6 的主窗口中，选择菜单栏中的【文件】→【新建】命令，打开如图 9-4 所示的对话框，选择【HTML】选项，最后单击【创建】按钮，进入 Dreamweaver CS6 代码窗口，HTML 基本框架代码全部自动写好，如图 9-5 所示。

(2) 完善代码：修改标题为“珠海航空展”，添加主体内容为“珠海航空展 2014-11-11”，如图 9-6 所示。

(3) 测试效果

① 单击 Dreamweaver CS6 主工作区的【设计】菜单，看到初步效果，如图 9-7 所示。

② 按 F12 键运行页面，效果如图 9-3 所示。

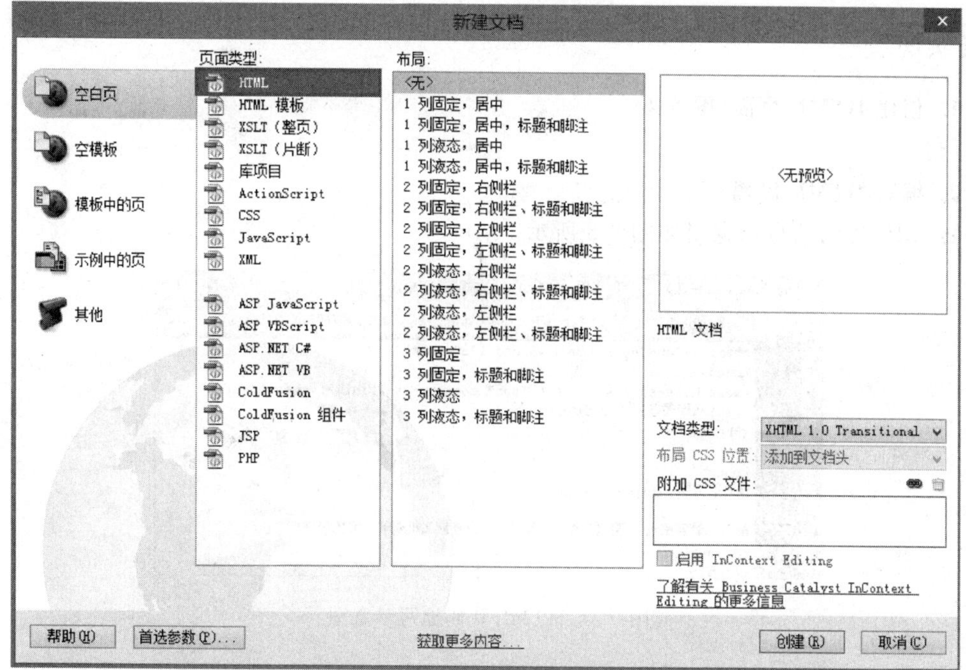

图 9-4 Dreamweaver CS6 新建页面窗口

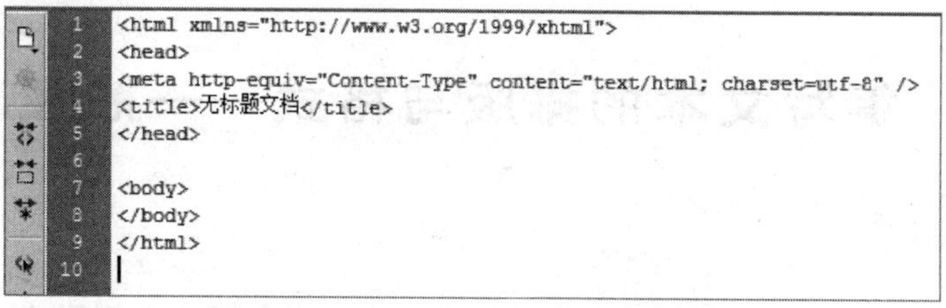

```
<html xmlns="http://www.w3.org/1999/xhtml">
<head>
<meta http-equiv="Content-Type" content="text/html; charset=utf-8" />
<title>无标题文档</title>
</head>

<body>
</body>
</html>
```

图 9-5 Dreamweaver CS6 代码窗口

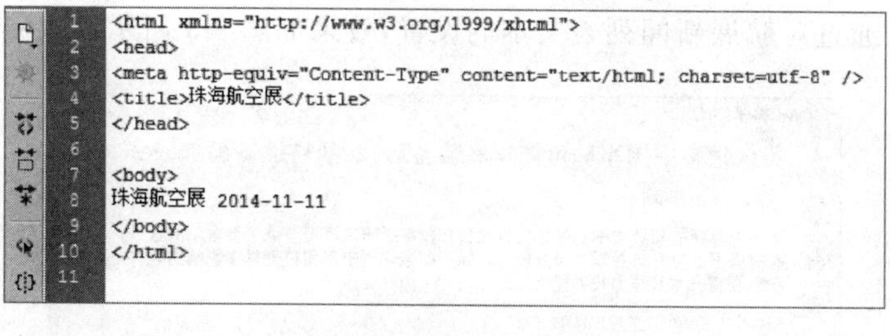

```
<html xmlns="http://www.w3.org/1999/xhtml">
<head>
<meta http-equiv="Content-Type" content="text/html; charset=utf-8" />
<title>珠海航空展</title>
</head>

<body>
珠海航空展 2014-11-11
</body>
</html>
```

图 9-6 修改代码示意图

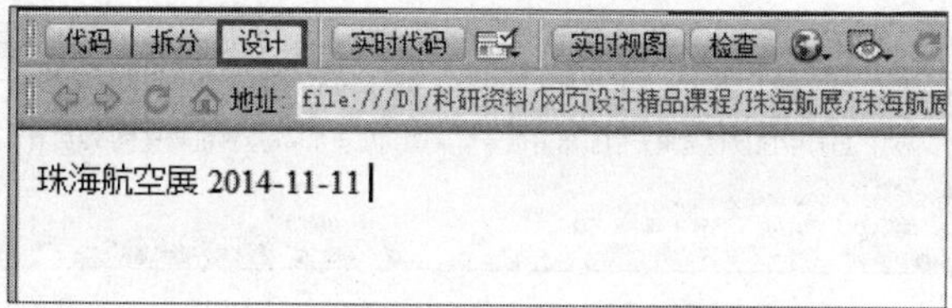

图 9-7 Dreamweaver CS6【设计】窗口

任务实现

1. 创建 HTML 页面(图 9-4)

(略)

2. 编写 HTML 代码

HTML 代码编写示意图如图 9-8 所示。

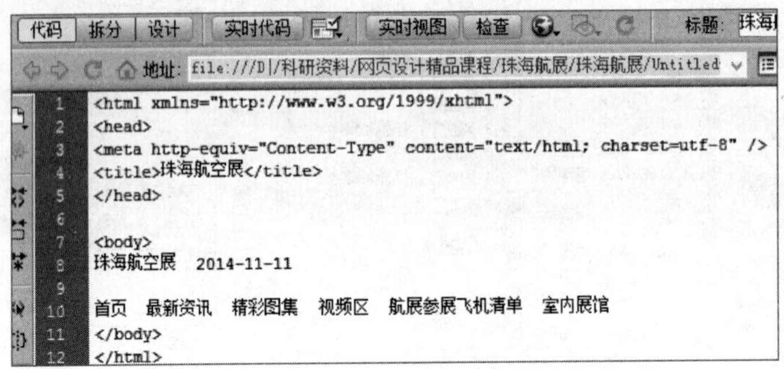

图 9-8 HTML 代码编写示意图

3. 最终效果

最终效果图如图 9-1 所示。

任务 9.2 编写文本的排版与格式——航展新闻列表

任务描述

文本是网页不可缺少的元素之一,是网页发布信息所采用的主要形式。为了让网页中的文本看上去编排有序、整齐美观、错落有致,我们就要设置文本的大小、颜色、字体类型以及换行换段等。通过对航展新闻列表文本的设置,效果如图 9-9 所示。

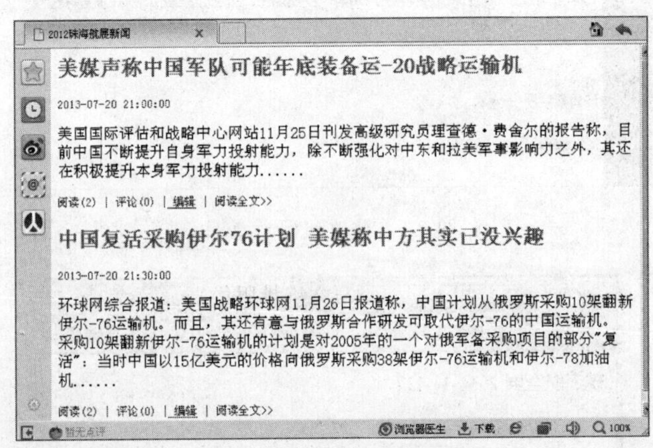

图 9-9 最终文本网页效果图

相关知识与技能

1. 编写文字排版

(1) 设置标题格式

语法：<hn align=left | center | right>标题文字</hn>，<hn>标记用于标示网页中的标题文字，被标示的文字将以粗体的方式显示在网页中。在 HTML 中，共有 6 个层次的标题，因此 n 的范围为 1～6。标题文字标记中可以设置 align 属性，用于控制对齐方式，默认的对齐方式为居左，如图 9-10 所示。

```
</head>
<body>
<body>
<h1 ALIGN=LEFT>第十届中国珠海航展新闻列表</h1>
<div id="rizhi">
<ul class="itmes">
```

图 9-10 标题标签

(2) 设置段落

语法：<p>文本</p>，<p>为分段标记，遇到此标记即将文字分段，如图 9-11 所示。

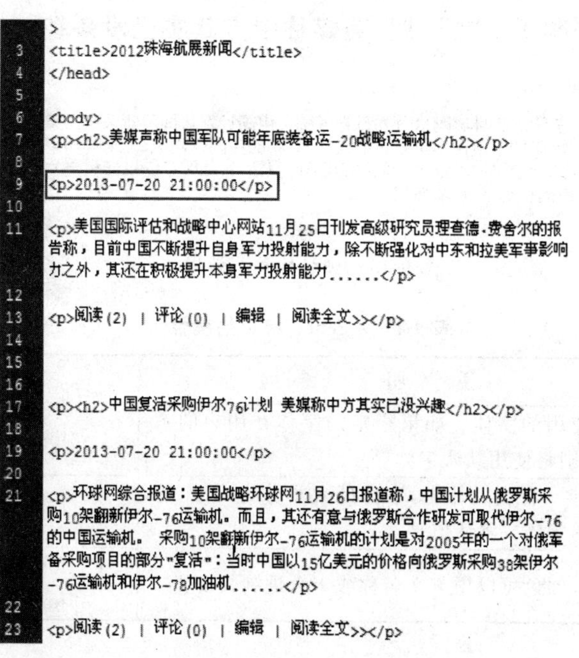

```
>
<title>2012珠海航展新闻</title>
</head>

<body>
<p><h2>美媒声称中国军队可能年底装备运-20战略运输机</h2></p>

<p>2013-07-20 21:00:00</p>

<p>美国国际评估和战略中心网站11月25日刊发高级研究员理查德.费舍尔的报告称，目前中国不断提升自身军力投射能力，除不断强化对中东和拉美军事影响力之外，其还在积极提升本身军力投射能力......</p>

<p>阅读(2) | 评论(0) | 编辑 | 阅读全文>></p>



<p><h2>中国复活采购伊尔76计划 美媒称中方其实已没兴趣</h2></p>

<p>2013-07-20 21:00:00</p>

<p>环球网综合报道：美国战略环球网11月26日报道称，中国计划从俄罗斯采购10架翻新伊尔-76运输机。而且，其还有意与俄罗斯合作研发可取代伊尔-76的中国运输机。 采购10架翻新伊尔-76运输机的计划是对2005年的一个对俄军备采购项目的部分"复活"：当时中国以15亿美元的价格向俄罗斯采购38架伊尔-76运输机和伊尔-78加油机......</p>

<p>阅读(2) | 评论(0) | 编辑 | 阅读全文>></p>
```

图 9-11 编写文字排版代码

排版前、后的预览效果分别如图 9-12 和图 9-13 所示。

2. 设置文本格式

语法：<font 属性=属性值...>文字</font>，<font>文字格式标记用于控制文字的字体、大小和颜色。控制的方式是利用<font>标记的属性设置来实现的。属性具体说明如表 9-1 所示，font 相关标记如表 9-2 所示，具体 HTML 语言编写如图 9-11 所示。

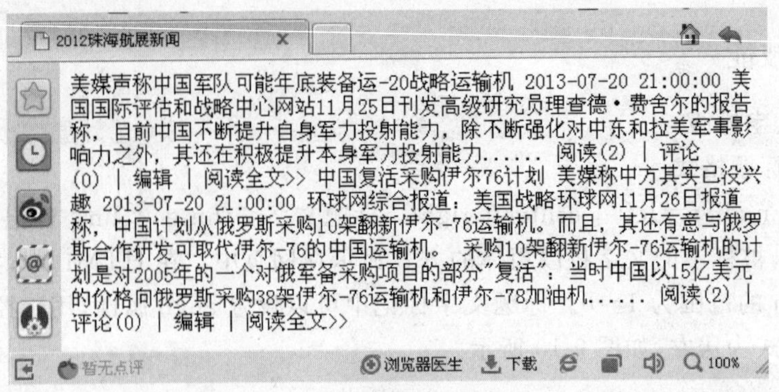

图 9-12　排版前预览效果

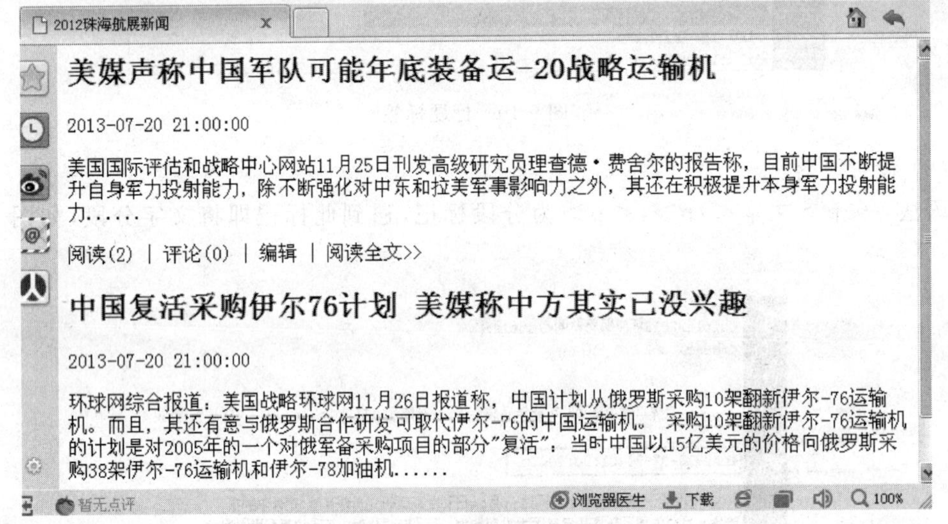

图 9-13　排版后预览效果

表 9-1　<font>标记的属性

属性	说　明	示　例
face	设置文字所使用的字体。如果指定的字体在用户的系统中不存在，则将使用默认字体	<font face=隶书>
size	控制文字大小。在浏览器中，字体的大小分为 7 级，等级 7 为最大的字体。默认值是 3	<font size=5>
color	字体的颜色。颜色可以用英文名称或十六进制数设置	<font color="blue"> <font color=＃223344>

表 9-2　font 相关标记

属　性	说　明	示　例
<B>...</B>	粗体	**HTML 文本示例**
<I>...</I>	斜体	*HTML 文本示例*
<U>...</U>	加下线线	HTML 文本示例
<EM>...</EM>	表示强调，一般为斜体	*HTML 文本示例*
<strong>...</strong>	表示强调，一般为粗体	**HTML 文本示例**

对新闻列表页面进行格式设置，如图 9-14 所示，格式设置后的效果如图 9-9 所示。

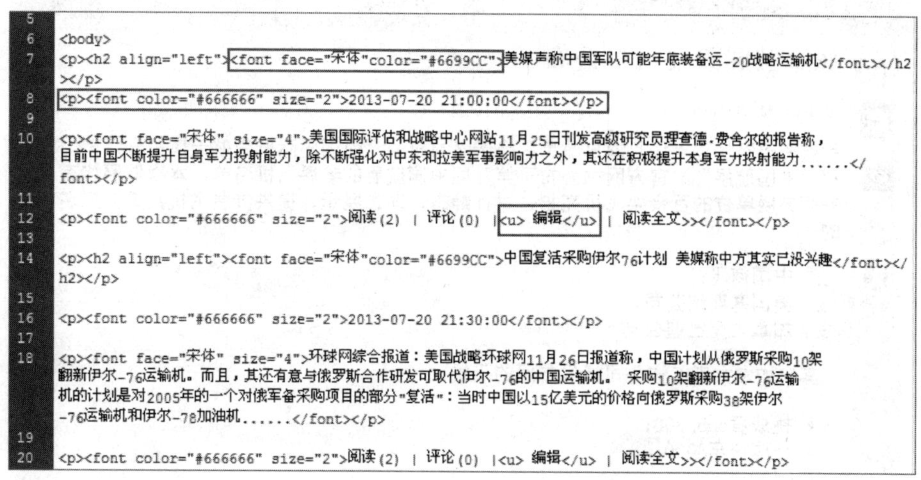

```
<body>
<p><h2 align="left"><font face="宋体"color="#6699CC">美媒声称中国军队可能年底装备运-20战略运输机</font></h2></p>
<p><font color="#666666" size="2">2013-07-20 21:00:00</font></p>

<p><font face="宋体" size="4">美国国际评估和战略中心网站11月25日刊发高级研究员理查德.费舍尔的报告称，目前中国不断提升自身军力投射能力，除不断强化对中东和拉美军事影响力之外，其还在积极提升本身军力投射能力......</font></p>

<p><font color="#666666" size="2">阅读(2) | 评论(0) |<u> 编辑</u> | 阅读全文>></font></p>

<p><h2 align="left"><font face="宋体"color="#6699CC">中国复活采购伊尔76计划 美媒称中方其实已没兴趣</font></h2></p>

<p><font color="#666666" size="2">2013-07-20 21:30:00</font></p>

<p><font face="宋体" size="4">环球网综合报道：美国战略环球网11月26日报道称，中国计划从俄罗斯采购10架翻新伊尔-76运输机。而且，其还有意与俄罗斯合作研发可取代伊尔-76的中国运输机。 采购10架翻新伊尔-76运输机的计划是对2005年的一个对俄军备采购项目的部分"复活"：当时中国以15亿美元的价格向俄罗斯采购38架伊尔-76运输机和伊尔-78加油机......</font></p>

<p><font color="#666666" size="2">阅读(2) | 评论(0) |<u> 编辑</u> | 阅读全文>></font></p>
```

图 9-14　文本格式设置

任务实现

1. 创建 HTML 页面

在 Dreamweaver CS6 的主窗口中，选择菜单栏中的【文件】→【新建】命令，打开如图 9-4 所示的对话框，选择【HTML】选项，最后单击【创建】按钮，进入 Dreamweaver CS6 代码窗口，然后单击【保存】按钮保存，名为 list. html。

2. 编写文字排版

(1) 设置标题格式：按照上面的方面把所有新闻的标题设置为二级标题，即加上<h2>，如图 9-10 所示。

(2) 设置段落格式：把各新闻标题、时间、内容及备注内容各分成一段，如图 9-11 所示。

3. 编写文本格式

文本格式设置如图 9-14 所示。最终效果图如图 9-9 所示。

任务 9.3　编写项目列表—— 航展新闻列表

任务描述

新闻列表页面 list. html 是为了显示更多新闻列表，而且新闻列表间是并列显示的，效果如图 9-15 所示。

相关知识与技能

1. 无序列表

无序列表是一个项目的列表，此列项目使用粗体圆点(典型的小黑圆圈)进行标记。列

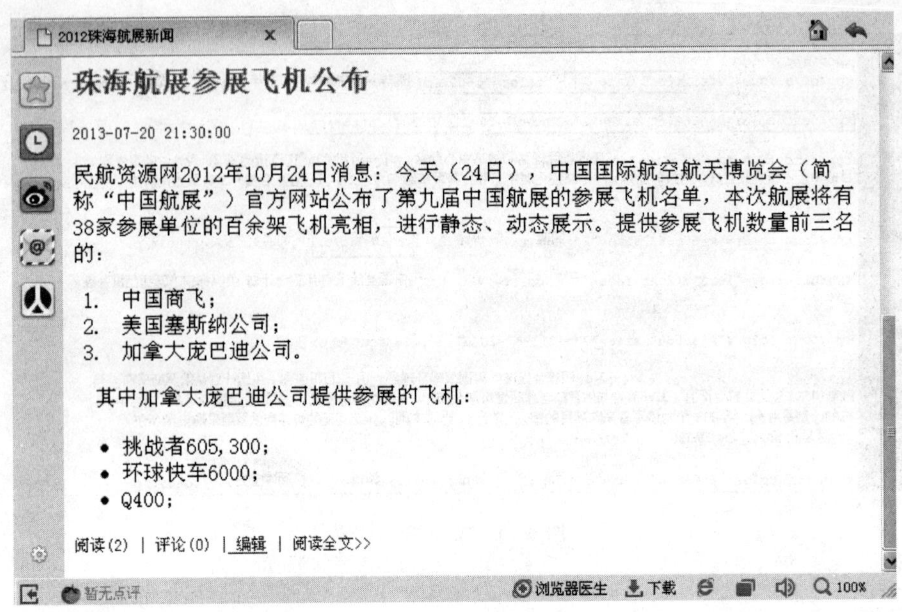

图 9-15　最终文本网页效果图

表项内部可以使用段落、换行符、图片、链接以及其他列表等，无序列表始于<ul>标记，每个列表项始于<li>标记，其语法格式：

```
<ul>
   <li>…</li>
   <li>…</li>
   ⋮
</ul>
```

2. 有序列表

有序列表也是一个项目的列表，此列项目使用数字进行标记。列表项内部可以使用段落、换行符、图片、链接以及其他列表等，有序列表始于<ol>标记，每个列表项始于<li>标记，其语法格式：

```
<ol>
   <li>…</li>
   <li>…</li>
   ⋮
</ol>
```

任务实现

打开新闻列表页面 list. html，航展网站新闻列表中“珠海航展参展飞机公布”新闻设置如图 9-16 所示，其效果如图 9-15 所示。

```
-76运输机和伊尔-78加油机......</font></p>

<p><font color="#666666" size="2">阅读(2) | 评论(0) |<u> 编辑</u> | 阅读全文>></font></p>


<h2 align="left"><font face="宋体"color="#6699CC">珠海航展参展飞机公布</font></h2></p>
<p><font color="#666666" size="2">2013-07-20 21:30:00</font></p>
<p><font face="宋体" size="4"> 民航资源网2012年10月24日消息：今天(24日)，中国国际航空航天博览会(简称&ldquo;
中国航展&rdquo;)官方网站公布了第九届中国航展的参展飞机名单，本次航展将有38家参展单位的百余架飞机亮相
，进行静态、动态展示。提供参展飞机数量前三名的：
<ol>
   <li> 中国商飞；</li>
    <li>美国塞斯纳公司；</li>
     <li>加拿大庞巴迪公司；</li>
</ol>

    其中加拿大庞巴迪公司提供参展的飞机：
  <ul>
  <li> 挑战者605,300；</li>
    <li>环球快车6000；</li>
     <li>Q400；</li>
</ul>
     </p>

<p><font color="#666666" size="2">阅读(2) | 评论(0) |<u> 编辑</u> | 阅读全文>></font></p>
```

图 9-16 航展网站首页新闻列表设置

任务 9.4 编写超级链接——航展新闻列表

任务描述

单击新闻列表页面中每个新闻标题即可进入详细新闻页面，浏览新闻详细内容，如单击“珠海航展参展飞机清单公布”新闻标题，进入 canzhan. html 页面。

相关知识与技能

1. 站内页面链接

站内页面链接是指在“文本”上创建一个指向本网站中的其他页面，如从 canzhan. html，并在空白页面上打开链接，其语法格式：

```
<a herf="/canzhan.html" target="_blank">珠海航展参展飞机清单公布</a>
```

2. 站外页面链接

站外页面链接是指在“文本”上创建一个指向其他网站中的页面，并在新页面上打开链接，其语法格式：

```
<a href="http://www.airshow.com.cn/cn/Exhibitor/Index.html" target="_new">第十届中国国际航空航天博览会</a>
```

任务实现

打开新闻列表页面 list. html，航展网站新闻“珠海航展参展飞机清单公布”标题设置为内部链接，“第十届中国国际航空航天博览会”新闻标题设置为外部链接，设置如图 9-17 所示，其效果如图 9-18 所示。

```
<li>
<p class="title"><a href="http://www.airshow.com.cn/cn/Exhibitor/Index.html" target="_new">第
十届中国国际航空航天博览会</a></p>
<p class="time">2013-07-20 21:00:00</p>
<p class="content">第十届中国航展将于2014年11月11-16日在珠海举行，我们诚邀您及贵公司参加第十届
中国航展，分享中国航空航天发展成果和机遇......</p>
<p class="other"><a href="#">阅读(2)</a> | <a href="#">评论(0)</a> | <a href="#">编辑</a> | <a
href="http://www.airshow.com.cn/cn/Exhibitor/Index.html" target="_new">阅读全文>></a> </p>
</li>
<li>
<p class="title"><a href="canzhan.html" target="_blank">珠海航展参展飞机清单公布</a></p>
<p class="time">2013-07-20 21:00:00</p>
<p class="content"> 民航资源网2012年10月24日消息：今天（24日），中国国际航空航天博览会（简称&ldquo;中国
航展&rdquo;）官方网站公布了第九届中国航展的参展飞机名单，本次航展将有38家参展单位的百余架飞机亮
相，进行静态、动态展示。提供参展飞机数量前三名的：
```

图 9-17 链接设置

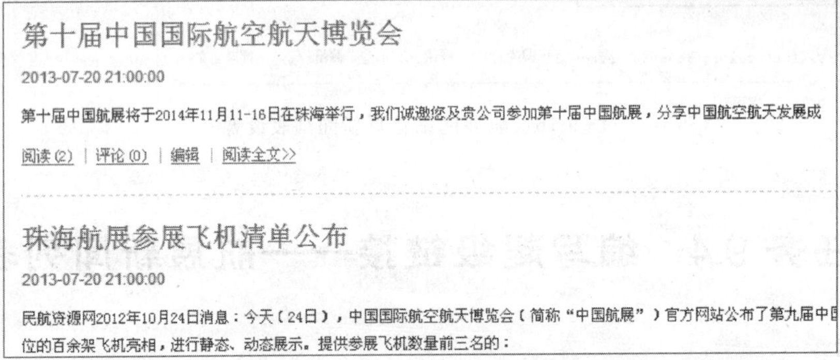

图 9-18 链接设置后效果图

单击图 9-18 中的“第十届中国国际航空航天博览会”标题跳转到外部页面，如图 9-19 所示。

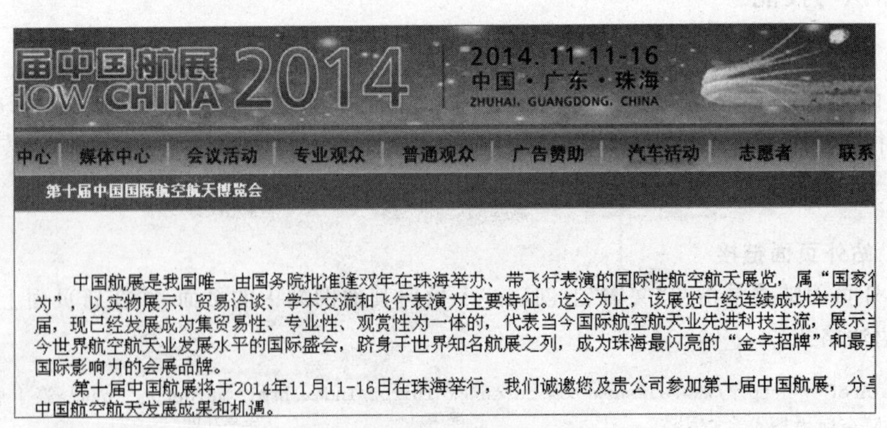

图 9-19 外部页面

单击图 9-18 中的“珠海航展参展飞机清单公布”标题跳转到新闻详细内部页面，如图 9-20 所示。

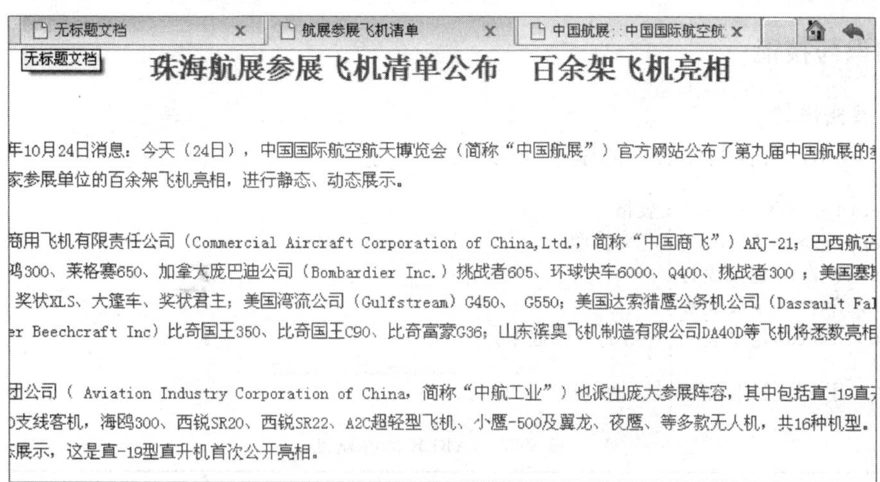

图 9-20　内部页面

任务 9.5　表格图片设置——珠海航展参展飞机清单

任务描述

在“珠海航展参展飞机清单公布”新闻页面 canzhan. html 插入表格，并在表格中插入热点飞机图片，如图 9-21 所示。

图 9-21　表格图片设置效果

相关知识与技能

1. 表格设置

用 HTML 语言制作表格的基本结构是：

<table>...</table>定义表格
<caption>...</caption>定义标题
<tr>...</tr>定义表行
<th>...</th>定义表头
<td>...</td>定义表元(表格的具体数据)

其中，TABLE 标签属性，如表 9-3 所示。

表 9-3 TABLE 标签属性

属　　性	描　　述
Width	表格的宽度
Height	表格的高度
Align	表格对齐方式
Background	表格的背景图片
Bgcolor	表格的背景颜色
Border	表格边框的宽度(以像素为单位)
Bordercolor	表格边框颜色
bordercolorlight	表格边框明亮部分的颜色
bordercolordark	表格边框昏暗部分的颜色
Cellspacing	单元格之间的间距
Cellpadding	单元格内容与单元格边界之间的空白距离的大小

2. 图片设置

(1) 插入图片

语法：<img src=“图像文件的路径与名称”>，如图 9-22 所示。

```
<img src="../../public/images/picture/feijiqingdan/国产无人机彩虹系列.jpg" width="143" height="90" /></td>
<img src="../../public/images/picture/feijiqingdan/歼31.jpg" width="149" height="97" /></td>
<img src="../../public/images/picture/feijiqingdan/歼-10.jpg" width="144" height="101" /></td>
```

图 9-22　插入图片

说明：<img>标记是用于导入图片的标记，使用此标记可以将图像文件导入到 HTML 文件中显示。(目前浏览器支持 GIF 和 JPEG 格式的图像文件)语法中 src 属性为<img>标记的必要属性，该属性指定要导入的图像文件的路径与名称。图像文件的路径可以用绝对路径或相对路径表示。

(2) 图片作为超链接

图片作为超链接和文本一样，语法：<a href=“目标地址”><img src=“图像文件地址”></a>，如图 9-23 所示。

```
<a href="../picture/index.html"><img src="../../public/images/picture/feijiqingdan/直-10.jpg" width="150" height="112" /></a></td>
<a href="../picture/index.html"><img src="../../public/images/picture/feijiqingdan/直-19直升机.jpg" width="147" height="112" /></a></td>
<a href="../picture/index.html"><img src="../../public/images/picture/feijiqingdan/中国空警-200型预警机.jpg" width="144" height="111" /></a></td>
```

图 9-23　图片作为超链接

任务实现

(1) 打开新闻页面 chanzhan.html。

(2) 插入 8 行 3 列的表格,具体代码如下。

```
<table width = "484" border = "0" align = "center">
  <tr>
    <td> </td>
    <td> </td>
    <td> </td>
  </tr>
  <tr>
    <td> </td>
    <td> </td>
    <td> </td>
  </tr>
  <tr>
    <td> </td>
    <td> </td>
    <td> </td>
  </tr>
  <tr>
    <td> </td>
    <td> </td>
    <td> </td>
  </tr>
  <tr>
    <td> </td>
    <td> </td>
    <td> </td>
  </tr>
  <tr>
    <td> </td>
    <td> </td>
    <td> </td>
  </tr>
  <tr>
    <td> </td>
    <td> </td>
    <td> </td>
  </tr>
  <tr>
    <td> </td>
    <td> </td>
    <td> </td>
  </tr>
</table>
```

(3) 在各表格插入图片,并设置各图片的超链接,具体代码如下。

```
<table width = "200" border = "0" align = "center">
  <tr>
    <td><a href = "../picture/index.html"><img src = "../../public/images/picture/
feijiqingdan/刀锋无人机.jpg" width = "146" height = "98" align = "top" /></a></td>
    <td><a href = "../picture/index.html"><img src = "../../public/images/picture/
feijiqingdan/短尾隼模型.jpg" width = "143" height = "90" /></a></td>
```

```
    <td><a href="../picture/index.html"><img src="../../public/images/picture/
feijiqingdan/U8E无人直升机模型.jpg" width="143" height="90" /></a></td>
  </tr>
  <tr>
    <td align="center">刀锋无人机</td>
    <td align="center">短尾隼模型</td>
    <td align="center">U8E无人直升机模型</td>
  </tr>
  <tr>
    <td><a href="../picture/index.html"><img src="../../public/images/picture/
feijiqingdan/国产无人机彩虹系列.jpg" width="143" height="90" /></a></td>
    <td><a href="../picture/index.html"><img src="../../public/images/picture/
feijiqingdan/歼31.jpg" width="149" height="97" /></a></td>
    <td><a href="../picture/index.html"><img src="../../public/images/picture/
feijiqingdan/歼-10.jpg" width="144" height="101" /></a></td>
  </tr>
  <tr>
    <td align="center">国产无人机彩虹系列</td>
    <td align="center">歼31</td>
    <td align="center">歼-10</td>
  </tr>
  <tr>
    <td><a href="../picture/index.html"><img src="../../public/images/picture/
feijiqingdan/歼-31隐形战机模型.jpg" width="143" height="90" /></a></td>
    <td><a href="../picture/index.html"><img src="../../public/images/picture/
feijiqingdan/先驱01模型.jpg" width="143" height="90" /></a></td>
    <td><a href="../picture/index.html"><img src="../../public/images/picture/
feijiqingdan/小型直升机.jpg" width="143" height="90" /></a></td>
  </tr>
  <tr>
    <td align="center">歼-31隐形战机模型</td>
    <td align="center">先驱01模型</td>
    <td align="center">小型直升机</td>
  </tr>
  <tr>
    <td><a href="../picture/index.html"><img src="../../public/images/picture/
feijiqingdan/直-10.jpg" width="150" height="112" /></a></td>
    <td><a href="../picture/index.html"><img src="../../public/images/picture/
feijiqingdan/直-19直升机.jpg" width="147" height="112" /></a></td>
    <td><a href="../picture/index.html"><img src="../../public/images/picture/
feijiqingdan/中国空警-200型预警机.jpg" width="144" height="111" /></a></td>
  </tr>
  <tr>
    <td align="center">直-10</td>
    <td align="center">直-19</td>
    <td align="center">中国空警-200型预警机</td>
  </tr>
</table>
```

(4) 最终效果如图9-21所示。

任务 9.6 编写表单注册页面——珠海航展注册页面

任务描述

航展网站有些内容不对外公开,只有注册成为会员才有访问权限,因此需要制作一个注册页面来受理用户的注册,如图 9-24 所示。

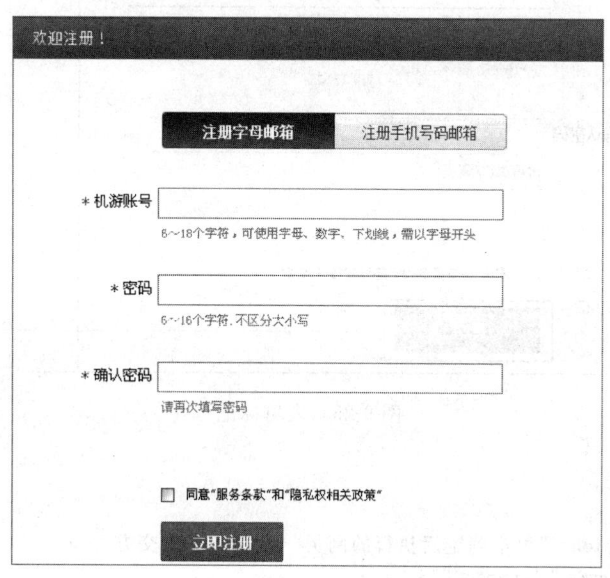

图 9-24 珠海航展注册页面

相关知识与技能

1. 表单标记概述

表单标记如图 9-25 所示。

2. 表单控件

通过表单控件,用户可以输入文字信息,或者从选项中选择,以及做提交的操作。表单控件如表 9-4 所示。

表 9-4 表单控件

属 性	说 明
input type="text"	单行文本输入框
input type="password"	密码输入框(输入的文字用 * 表示)
input type="radio"	单选框
input type="checkbox"	复选框
select	列表框
textarea	多行文本输入框
input type="submit"	将表单内容提交给服务器的按钮
input type="reset"	将表单内容全部清除,重新填写的按钮

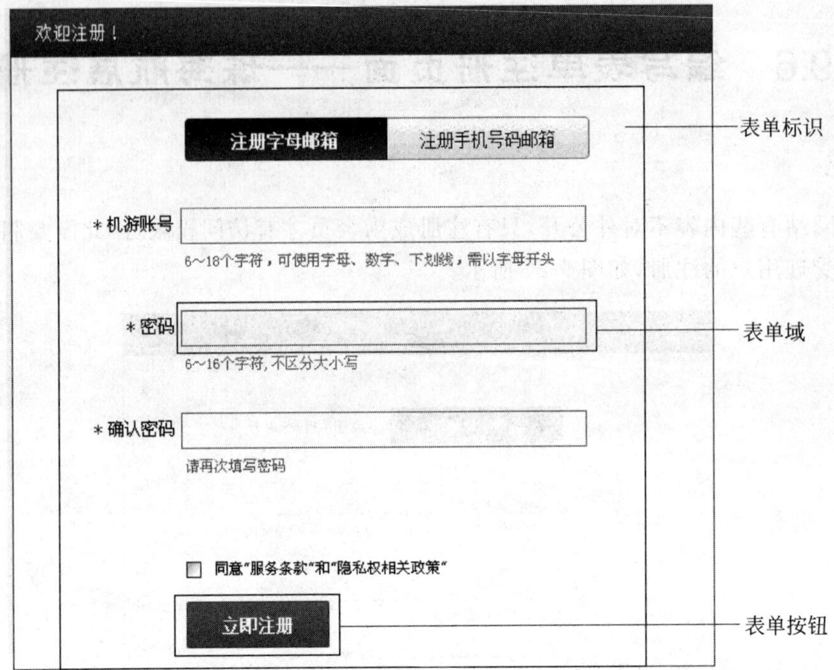

图 9-25　表单标记

3. 表单格式

语法：<form action = "单击确定后执行的网页" method = "提交方法">
　　<input type = " " name = "">

具体使用如图 9-26 所示。

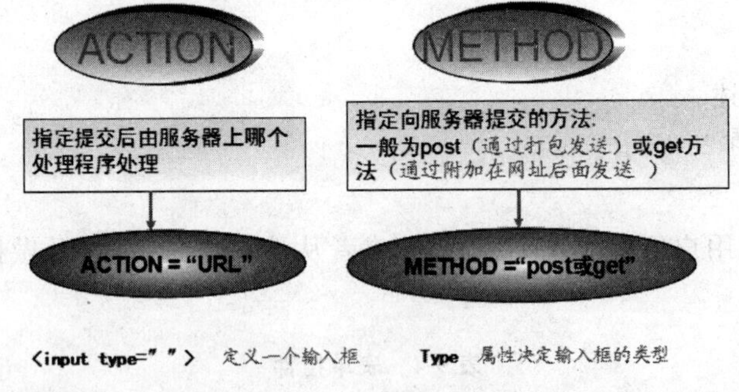

图 9-26　表单格式使用

任务实现

（1）新建一个 html 页面，命名为 register. html。

（2）编写代码，具体如图 9-27 所示。

（3）按 F12 键，预览效果如图 9-24 所示。

```
<body>
<div id="content">
    <dl>
        <form action="../html/zhuce.html" method="post">
        <dt><span>*</span>机游账号<input name="" type="text" id="username" /></dt>
        <dd id="usernameTips" class="greyColor">
6～18个字符，可使用字母、数字、下划线，需以字母开头</dd>
        <dt><span>*</span>密码<input name="" type="password" id="password" /></dt>
        <dd id="pwdTips" class="greyColor">6～16个字符,不区分大小写</dd>
        <dt><span>*</span>确认密码<input name="" type="password" id="repwd" /></dt>
        <dd id="repwdTips" class="greyColor">请再次填写密码</dd>
        <dd class="h30">
            <input name="" type="checkbox" id="readed" />

            <a href="#">同意"<span>服务条款</span>"和"<span>隐私权相关政策</span>"</a>
        </dd>
        <dd><a href="#" class="rit_bt"><img src="../public/images/register_bt.png" name=
"register" id="register" /></a></dd>
    </form></dl>
    <div class="clear"></div>
</div>


</body>
```

图 9-27　编写注册页面

小　　结

本项目主要讲述了网页构成的"母语"——HTML 语言，从 HTML 语言的基础知识讲到 HTML 的组成，并以实际案例进一步剖析。对 HTML 的常用标记进行了归纳，并对重点标记进行了实例讲解，对珠海航展网站编程经常用到的、最关键的标记文本、图片、表格、表单、链接进行了细致的分析，尤其对 HTML 中文本和图片的显示样式进行了详细讲解。

思　考　题

1. HTML 是什么？它有什么特点？
2. HTML 语言的结构包括哪些方面？
3. 简述 HTML5 与 HTML 两大不同特点。

巩 固 练 习

1. 在网页中插入一段文字，并进行空格、分行、分段排版，要求一级标题、二级标题和正文，文字的字体、字号颜色也不相同。

2. 在网页中做一张课程表，要求所有的文字均居中，背景为黄色，表格居中，宽度为 500 像素。单元格间距与单元格边距 20 厘米。

3. 制作"人才招聘"表单页面，要求有应聘职位、姓名、联系电话、电子邮箱等项目，如

图 9-28 所示，请用表单完成。

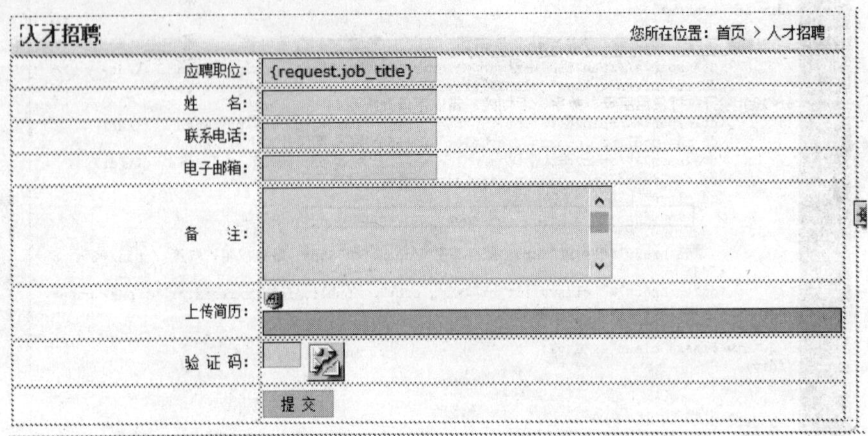

图 9-28 人才招聘页面

项目 10　CSS 样式的应用

项目描述

CSS (Cascading Style Sheet，层叠样式表) 是一组格式设置规则，用于控制网页样式并允许将网页表示形式与网页内容分离，可以统一定制多个网页的页面布局和页面元素的一致外观，它提供了便利的更新功能，能在不同页面上快速实现相同的格式，也可在同一页面上快速实现不同内容具有相同的格式。珠海航展网站有多个页面，每个页面的正文的格式一样，且每个页面上标题、正文、图片、表格的格式不一致，因此要快速实现这种效果，我们必须采用 CSS 样式。

知识目标

- 理解 CSS 的概念；
- 掌握层叠样式表的创建、管理的方法；
- 掌握 CSS 样式应用的方法。

技能目标

- 熟练创建和管理 CSS 样式；
- 熟练应用 CSS 样式。

任务 10.1　使用 CSS 样式修饰文本

任务描述

使用 CSS 样式对 list. html 网页文本做精细的样式设置，标题设置为：仿宋、22 号、颜色＃4b9fd0；时间设置为：宋体、9 号、颜色＃999999，行高 40 像素；正文设置为：宋体、12 号、颜色＃666666，行高 21 像素；备注设置为：宋体、9 号、颜色＃CCC，行高 40 像素，设置后效果如图 10-1 所示。

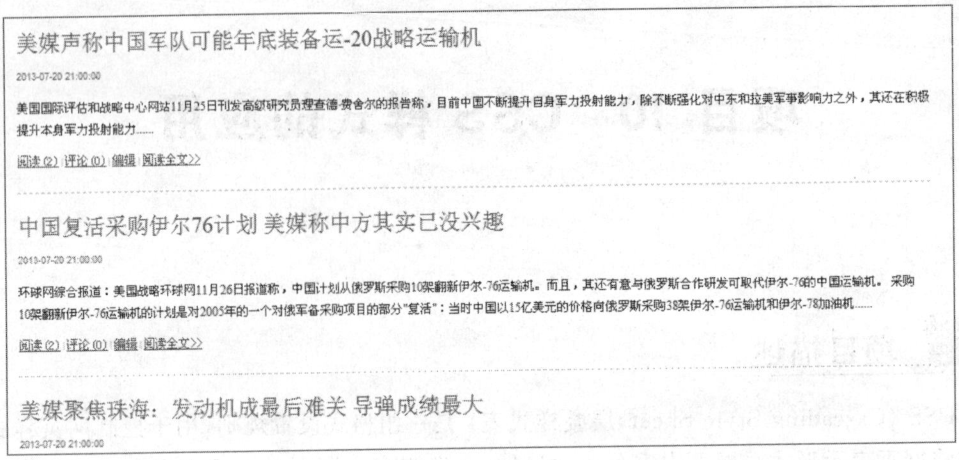

美媒声称中国军队可能年底装备运-20战略运输机

2013-07-20 21:00:00

美国国际评估和战略中心网站11月25日刊发高级研究员理查德·费舍尔的报告称，目前中国不断提升自身军力投射能力，除不断强化对中东和拉美军事影响力之外，其还在积极提升本身军力投射能力……

阅读(2) | 评论(0) | 编辑 | 阅读全文>>

中国复活采购伊尔76计划 美媒称中方其实已没兴趣

2013-07-20 21:00:00

环球网综合报道：美国战略环球网11月26日报道称，中国计划从俄罗斯采购10架翻新伊尔-76运输机。而且，其还有意与俄罗斯合作研发可取代伊尔-76的中国运输机。采购10架翻新伊尔-76运输机的计划是对2005年的一个对俄军备采购项目的部分"复活"：当时中国以15亿美元的价格向俄罗斯采购38架伊尔-76运输机和伊尔-78加油机……

阅读(2) | 评论(0) | 编辑 | 阅读全文>>

美媒聚焦珠海：发动机成最后难关 导弹成绩最大

2013-07-20 21:00:00

图 10-1　list.html 页面样式设置效果

相关知识与技能

1. CSS 样式概述

CSS 是一组格式设置规则，用于控制网页样式并允许将网页表示形式与网页内容分离的一种标记性语言。CSS 不是一种程序设计语言，而只是一种用于网页排版的标记性语言，是对现有 HTML 语言功能的补充和扩展。

1996 年发明的 CSS 可以对页面布局、背景、字体大小、颜色、表格等属性进行统一的设置，然后再用于页面各个相应的对象。

CSS 由 W3C(World Wide Web Consortium)组织开发。CSS 样式是预先定义的一个格式的集合，包括字体、大小、颜色、对齐方式等。利用 CSS 样式可以使整个站点的风格保持一致，是网页设计中用途最广泛、功能最强大的元素之一。

(1) CSS 的功能

① 灵活控制页面中文字的字体、颜色、大小、间距、风格及位置。

② 随意设置一个文本块的行高、缩进，并可以为其加入三维效果的边框。

③ 更方便地定位网页中的任何元素，设置不同的背景颜色和背景图片。

④ 精确控制网页中各元素的位置，方便灵活地控制网页外观。

⑤ 可以给网页中的元素设置各种过滤器，从而产生诸如阴影、模糊、透明等效果，而这些效果只有在一些图像处理软件中才能实现。

⑥ 可以与脚本语言相结合，使网页中的元素产生各种动态效果。

⑦ 提高页面浏览速度，易于维护和改版。

(2) CSS 的特点

① 文件的使用：很多网页为求设计效果而大量使用图形，以致网页的下载速度变得很慢。CSS 提供了很多的文字样式、滤镜特效等，可以轻松取代原来图形才能表现的视觉效果。这样的设计不仅使修改网页内容变得更方便，也大大提高了下载速度。

② 集中管理样式信息：CSS 可以将网页要展示的内容与样式设定分开，也就是将网页的外观设定信息从网页内容中独立出来，并集中管理。这样，当要改变网页外观时，只需要

更改样式设定的部分,HTML 文件本身并不需要更改。

③ 共享样式设定:将 CSS 样式信息存成独立的文件,可以让多个网页共同使用,从而避免了每一个网页文件中都要重复设定的麻烦。

④ 将样式分类使用:多个 HTML 文件可使用一个 CSS 样式文件,一个 HTML 网页文件上也可以同时使用多个 CSS 样式文件。

⑤ 在同一文本中应用两种或两种以上的样式时,这些样式相互冲突,产生不可预料的效果。浏览器根据以下规则显示样式属性。

2. CSS 分类

CSS 代码在网页中主要有 3 种存在形式:内部样式表、内联样式表和外部样式表。

(1) 内部样式表

内部样式表是把样式表放到页面的<head>区内,这样定义样式的好处在于可以将整个页面中所有的 CSS 样式集中管理,以选择器为接口供网页浏览器调用。样式表是用<style>标记插入的,从下面的例子中可以看出<style>标记的用法。

```
< head >
< style type = "text/css">
< ! --
h1 {font - family:宋体;font - size:12pt;color = blue}
 -- >
< /style >
< /head >
< body >
< h1 > 在这里使用了 H1 标记< /h1 >
< /body >
```

(2) 内联样式表

内联样式表是混合在 HTML 标记中使用的,这种方法,可以很简单地对某个元素单独定义样式。内联样式的使用是直接在 HTML 标记中加入 style 参数,而 style 参数的内容就是 CSS 的属性和值。

```
< body >
< h1 style = "font - family:宋体; font - size:12pt; color = blue">这是行间定义的 H1 标记
< /h1 >
< /body >
```

(3) 外部样式表

外部样式表是一种独立的 CSS 样式,其一般将代码存放在一个独立的文本文件中,这种外部的 CSS 文件与网页文档并没有什么直接的关系。导入外部样式表是指在内部样式表里导入一个外部样式表,导入时用@import。

```
< head >
< style type = "text/css">
< ! --
@import "text.css "
-- >
```

```
</style>
</head>
```

注意：导入外部样式表必须在<head>部分。

3. CSS 基本语法

作为一种网页的标准化语言，CSS 有着严格的书写规范和格式。

(1) 基本组成

CSS 样式一般加在 head 部分，如<style type="text/css">和</style>分别被浏览器识别为 CSS 的开始和结束。而注释标签<! -- -->则是避免不支持 CSS 的浏览器将 CSS 内容作为网页正文显示在页面上。

通常情况下，CSS 的描述是由三部分组成的，分别是选择器、属性和属性值，一条完整的 CSS 样式语句包括以下几个部分。

```
Selector{
    Property:value
}
```

在上面的代码中，各关键词的含义如下。

① Selector：为选择器，其作用是为网页中的标签提供一个标识，以供其调用。

② Property：为属性，其作用是定义网页标签样式的具体类型。

③ Value：属性值是属性所接受的具体参数。

(2) 书写规范

虽然杂乱的代码同样可被浏览器读取，但是书写简洁、规范的 CSS 代码可以给修改和编辑网页带来很大的便利。

在书写 CSS 代码时，需要注意以下几点。

① 单位的使用。在 CSS 中，如果属性值是一个数字，那么用户必须为这个数字安排一个具体的单位，除非该数字是由百分比组成的比例，或者数字为 0。

例如，分别定义两个层，其中第一层为父容器，以数字属性值为宽度，而第二层为子容器，以百分比为宽度。

```
#parentCont{
    Width:1024px
}
#childCont{
    Width:60%
}
```

② 引号的使用。多数的 CSS 属性值都是数字值或预先定义好的关键字，然而，有一些属性值则是含有特殊意义的字符串。这时候引用这样的属性值就需要为其添加引号。

典型的字符串属性就是各种字体的名称。

```
span{
    font-family:"仿宋";
}
```

③ 多重属性。如果在这条 CSS 代码中，有多个属性并存，则每个属性之间需要以分号

“；”隔开。

```
.content{
  Color:#FFFFFF;
  font-family: "幼圆体";
  font-size:16px;
}
```

④ 大小写敏感和空格。CSS 对大小写十分敏感，区分大小写。除了一些字符串式的属性值以外，CSS 中的属性和属性值必须小写。

(3) 注释

与多数编程语言一样，用户也可以为 CSS 代码进行注释，但与同样用于网页的 XHTML 语言注释方式不同。在 CSS 中，注释以“/”和“*”开头，以“*”和“/”结尾。

```
.text{
  font-family: "幼圆体";
  font-size:16px;
  /*设置字体和大小*/
}
```

(4) 文档的声明

在外部 CSS 文件中，通常需要在文件的头部创建 CSS 的文档声明，以定义 CSS 文档的一些基本属性。常用的文档声明如表 10-1 所示。

表 10-1 常用文档声明

声明类型	作　用
@import	导入外部 CSS 文件
@charset	定义当前 CSS 文件的字符集
@font-face	定义嵌入 XHTML 文档的字体
@fontdef	定义嵌入的字体定义文件
@page	定义页面的版式
@media	定义设备类型

4. 链接外部 CSS

使用外部 CSS 的优点是用户可以为多个 HTML 文档使用同一个 CSS 文件，通过一个文件控制这些 HTML 文档的样式。

在 Dreamweaver 中打开网页文档，然后执行【窗口】→【CSS 样式】命令，打开【CSS 样式】面板。在该面板中单击【附加样式表】按钮，即可打开【链接外部样式表】对话框。

在对话框中，用户可设置 CSS 文件的 URL 地址，以及添加的方式和 CSS 文件的媒体类型。其中，【添加为】选项包括两个单选按钮。当启用【链接】时，Dreamweaver 会将外部的 CSS 文档中所有的内容复制到网页中，作为内部 CSS。

【媒体】选项的作用是根据打开网页的设备类型，判断使用哪一个 CSS 文档。在 Dreamweaver 中，提供了 9 种媒体类型。用户可以通过链接外部样式表，为同一网页导入多个 CSS 样式规则文档，然后指定不同的媒体。这样，当用户以不同的设备访问网页时，将呈现各自不同的样式效果。

5. 创建 CSS 样式

(1) 执行【窗口】→【CSS 样式】命令，打开【CSS 样式】面板，CSS 样式面板有【全部】和【当前】两种模式，如图 10-2 所示。

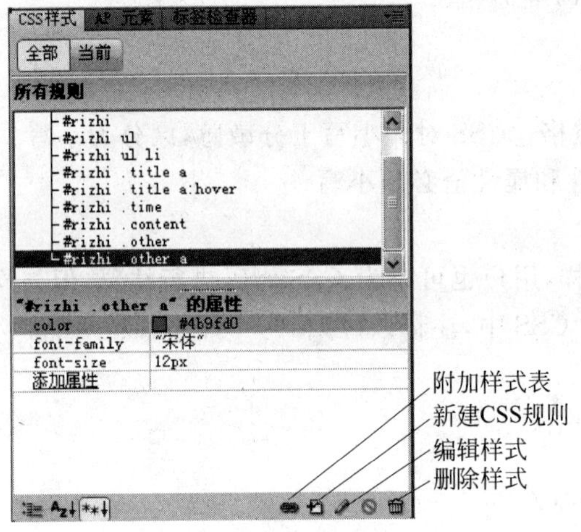

图 10-2 【CSS 样式】面板

① 【全部】模式。显示 2 个窗格："所有规则"窗格(上部)和"属性"窗格(下部)。

② 【正在】模式。显示 3 个窗格：显示文档中当前所选内容的 CSS 属性的【所选内容的摘要】窗格，显示所选属性的位置的"规则"窗格，以及 CSS 属性的"属性"窗格。

(2) 单击【CSS 样式】面板右下角的【新建 CSS 规则】按钮，打开【新建 CSS 规则】对话框，如图 10-3 所示。

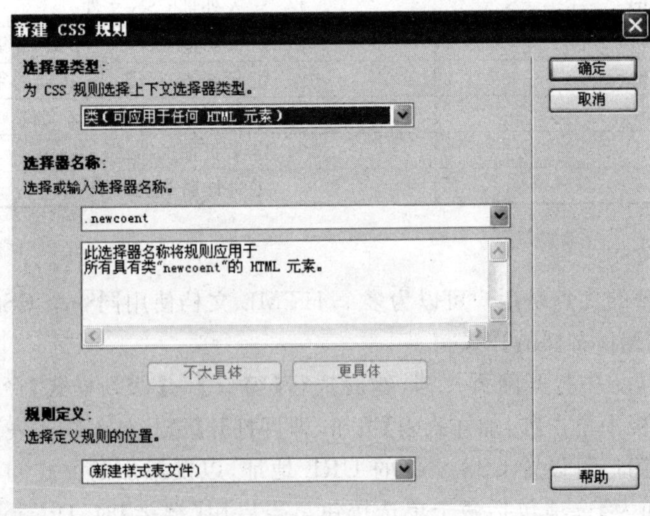

图 10-3 【新建 CSS 规则】对话框

其中，选择器类型有如下几种。

① 类选择器：在使用 CSS 定义网页样式时，经常需要对某一些不同的标签进行定义，使之呈现相同的样式。在实现这种功能时，就需要使用类选择器。

类选择器可以把不同的网页标签归为一类，为其定义相同的样式，简化 CSS 代码。在使用类选择器时，需要类选择器的名称前加类符号“.”。而在调用类的样式时，则需要为XHTML 标签添加 class 属性，并将类选择器的名称作为 class 属性的值。

② ID 选择器：定义包含特定 ID 属性的标签的格式，仅应用于一个 HTML 元素，ID 必须以“#”开头，并且可以包含任何字母和数字组合（例如，#myID1）。在调用类选择器时，通过 id 属性调用 ID 选择器时，不需要在属性值中添加 ID 符号“#”，直接输入 ID 选择器的名称即可。

③ 标签选择器：重新定义特定 HTML 标签的默认格式，标签选择器的 CSS 代码如下。

```
@charset "utf-8";
/* CSS Document */
p {
  font-size: 18px;
  color: #0000FF;
}
```

使用标签选择器定义某个标签的样式后，在整个网页文档中，所有该类型的标签都会自动应用这一样式。CSS 在原则上不允许对同一标签的同一个属性进行重复定义。不过在实际操作中，将以最后一次定义的属性值为准。

④ 复合内容选择器：定义同时影响两个或多个标签、类或 ID 的复合规则。

（3）在图 10-3 所示对话框中选择“新建样式表文件”，单击【确定】按钮，将弹出【保存样式文件为】对话框，给样式表文件命名，单击【保存】按钮，弹出【CSS 规则定义】对话框，如图 10-4 所示，按照图示设置相应选项。

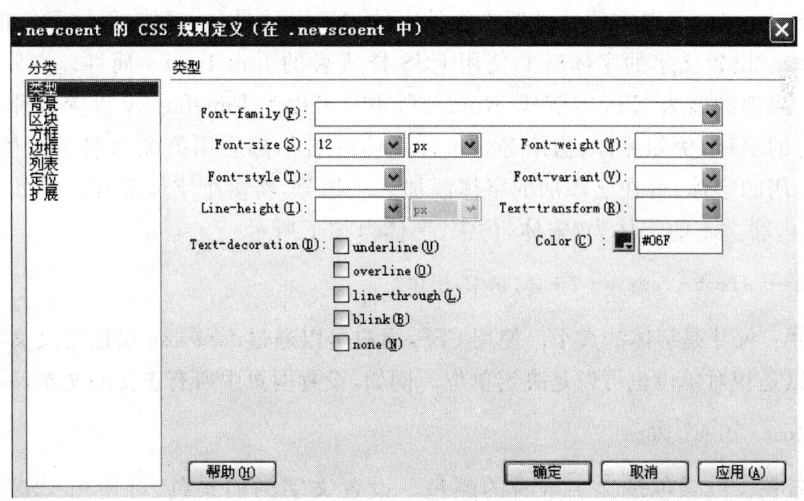

图 10-4 【CSS 规则定义】对话框

6. CSS 规则定义

在【CSS 规则定义】对话框中设置 CSS 样式。包括：【类型】、【背景】、【区块】、【方框】、【边框】、【列表】、【定位】、【扩展】8 项设置，每个选项都可以做不同方面的定义，美化页面。当然，在定义某个 CSS 样式的时候，不需要对每项都设置，需要什么效果，设置相应选项即可，如图 10-5 所示。

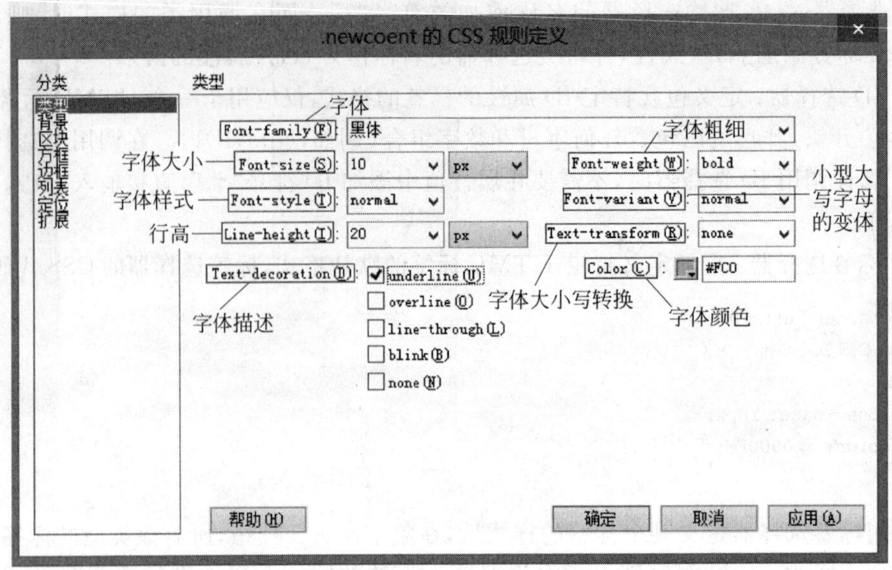

图 10-5 【CSS 规则定义】对话框各选项说明

7. 设置文本 CSS 样式

文本的样式多种多样，使用 CSS 样式表，用户既可为文字设置样式，也可为文本对象设置样式。

(1) 设置文字样式

在 CSS 中，用户可以方便地设置文本的字体、尺寸、前景色、粗体、斜体和修饰等。

① 字体。设置文字的字体需要使用 CSS 样式表的 font-family 属性。在默认情况下，font-family 属性的值为“Times New Roman”，用户可以为 font-family 设置各种各样的中文或其他语言的字体，例如黑体、仿宋等。每种字体的名称都应用英文双引号括住，如需要为文字设置备用的字体，可在已添加的字体添加一个逗号，将多个字体隔开。例如，设置 ID 为 loadtext 的内联文本的字体为“宋体，仿宋，黑体”，如下所示。

```
#loadtext {font - family : "宋体,仿宋,黑体";}
```

② 尺寸。尺寸是字体的大小。使用 CSS，用户可以通过 font-size 属性定义文本字体的尺寸，单位可以是相对单位也可以是决定单位。例如，设置网页中所有正文的文本尺寸为 20px。

```
Body {font - size : 20px}
```

③ 前景色。前景色是文字本身的颜色。设置文字的前景色，可使用 CSS 的 color 属性，其属性值可以是 6 位 16 进制色彩值，也可以是 RGB()函数的值或颜色的英文名称。

例如，设置文本的颜色为红色，可使用以下几种方法。

```
Color :#ff0000;
Color :RGB(255,0,0);
Color :red;
```

④ 粗体。加粗是一种重要的文本凸显方式。使用 CSS 设置文字的粗体，可以使用 font-weight 属性。font-weight 的属性值可以是关键字或数字，具体如表 10-2 所示。

表 10-2　粗体属性表

关键字	属性值	说明
Normal	400	标准字体
Bold	700	加粗
Bolder	800～900	更粗
Lighter	100～300	较细

设置代码如下。

```
.boldText {font - weight :bold;}
```

⑤ 斜体。倾斜是各种字母文字的一种特殊凸显方式。使用 CSS 设置文字的斜体,可使用 font-style 属性。font-style 的属性值主要包括 normal(标准的非倾斜文本)、italic(带有斜体变量的字体所使用的倾斜)、oblique(无斜体变量的字体所使用的倾斜)。

⑥ 修饰。修饰是指为文字添加各种外围的辅助线条,使文本更加突出,便于用户识别。使用 CSS 设置文本的修饰,可使用 font-decoration 属性。修饰的样式通常应用在网页的超链接中。例如,删除网页中所有超级链接的下划线,可以直接设置 font-decoration 属性,如下所示。

```
a {font - decoration :none;}
```

(2) 设置文本对象样式

文本对象往往是由文字组成的各种单位,例如段落、标题等。设置文本对象的样式往往与文本的排版密切相关,包括设置文本的行高、段首缩进、对齐方式、文本流动方向等。

① 行高。行高是文本行的高度。使用 CSS 设置文本对象的行高,可使用 line-height 属性,其属性值既可以是相对长度,也可以是绝对长度,设置代码如下。

```
P {line - height :25px}
```

② 段首缩进。段首缩进是区别段落与段落的一种文本排版方法,其可以设置段落的开头行向后缩进一段距离。

使用 CSS 设置文本的段首缩进,可使用 CSS 的 tex-indent 属性,其属性值既可以是相对长度,也可以是绝对长度,如下设置代码段首缩进 2 个字符。

```
P {text - indent :2em}
```

③ 水平对齐方式。使用 CSS 样式设置文本对象的水平对齐方式可以使用 text-align 属性,其属性值主要包括 left(默认值,左对齐)、right(右对齐)、center(居中对齐)、justify(两端对其)。

其设置代码如下。

```
#exText {text - align : center}
```

④ 垂直对齐方式。垂直对齐方式设置代码如下。

```
Span {vertiacal - align :sub}
```

8. 应用 CSS 样式修饰文本

选择要应用样式的文本，然后单击【属性】面板中的类，选择 title 样式，如图 10-6 所示。

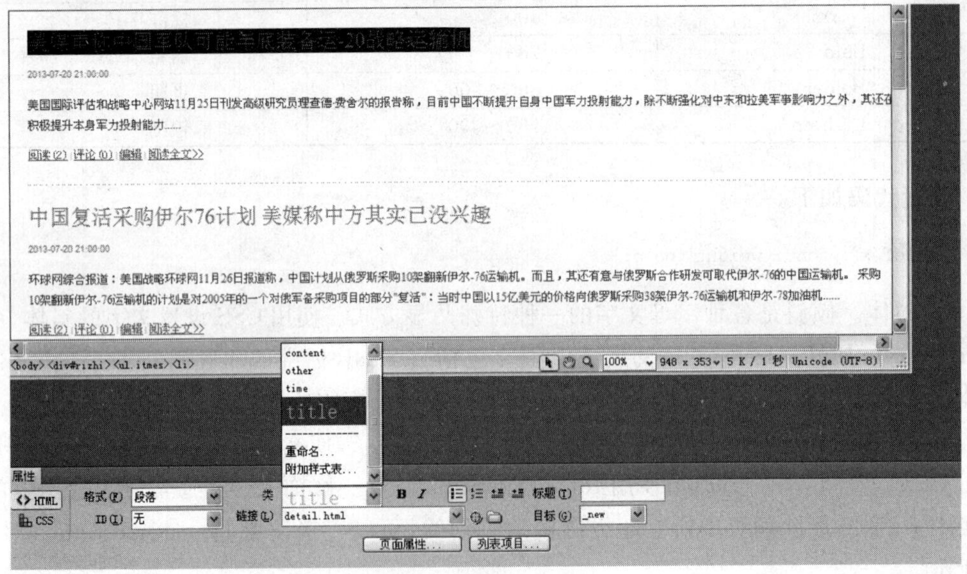

图 10-6 应用 CSS 样式

任务实现

1. 创建样式

(1) 执行【窗口】→【CSS 样式】命令，打开【CSS 样式】面板，如图 10-2 所示。新建 title 样式，并按要求设置，如图 10-7 所示。

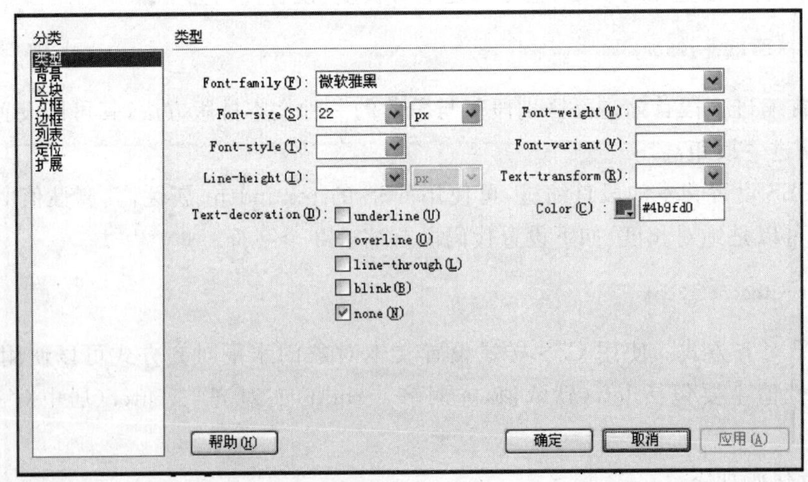

图 10-7 title 样式

(2) 新建 time 样式，如图 10-8 所示。

(3) 新建 content 样式，如图 10-9 所示。

(4) 新建 other 样式，如图 10-10 所示。

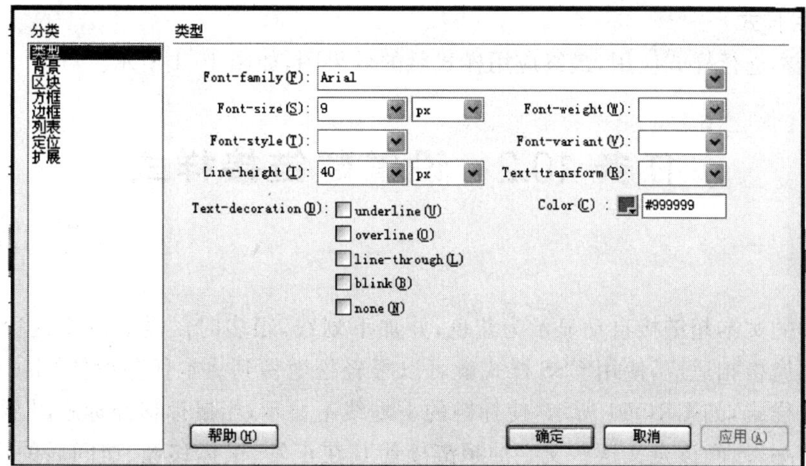
分类
类型
背景
区块
方框
边框
列表
定位
扩展
类型
Font-family(F): Arial
Font-size(S): 9 px
Font-weight(W):
Font-style(T):
Font-variant(V):
Line-height(I): 40 px
Text-transform(R):
Text-decoration(D): underline(U) overline(O) line-through(L) blink(B) none(N)
Color(C): #999999
帮助(H)
确定
取消
应用(A)

图 10-8　time 样式

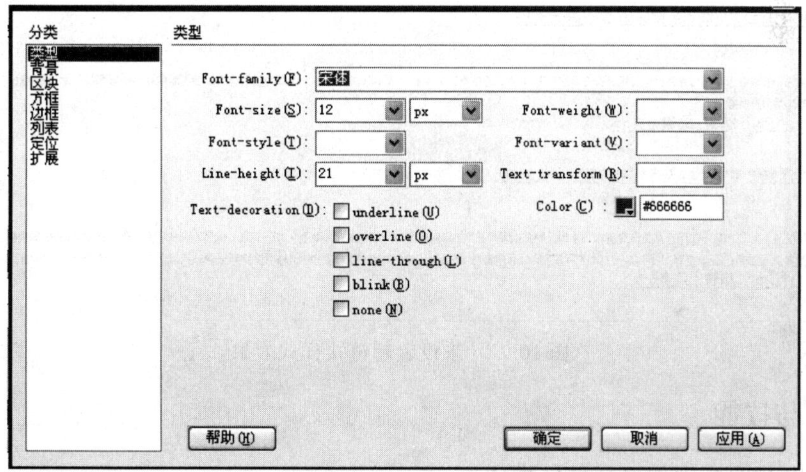
分类
类型
背景
区块
方框
边框
列表
定位
扩展
类型
Font-family(F): 宋体
Font-size(S): 12 px
Font-weight(W):
Font-style(T):
Font-variant(V):
Line-height(I): 21 px
Text-transform(R):
Text-decoration(D): underline(U) overline(O) line-through(L) blink(B) none(N)
Color(C): #666666
帮助(H)
确定
取消
应用(A)

图 10-9　content 样式

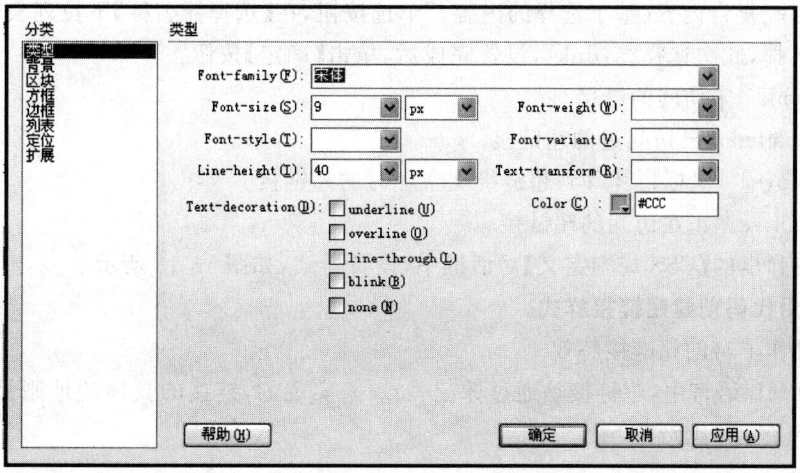

图 10-10　other 样式

2. 应用样式

对各文本进行样式应用，最终应用样式后的效果图，如图 10-1 所示。

任务 10.2　设置超链接样式

任务描述

网页中的文本超链接自动显示为蓝色，并加下划线，很多时候需要改变这种样式，以和网页的整体风格相适应，使用 CSS 样式就可以很轻松地做到。本任务设置“list. html”网页中的超链接样式，如图 10-11 所示，使标题的下划线不显示，当鼠标移经标题时显示下划线，阅读、评论、编辑、阅读全文这些文字的超链接使其在正常、鼠标移经、访问后的不同状态显示出不同的样式。

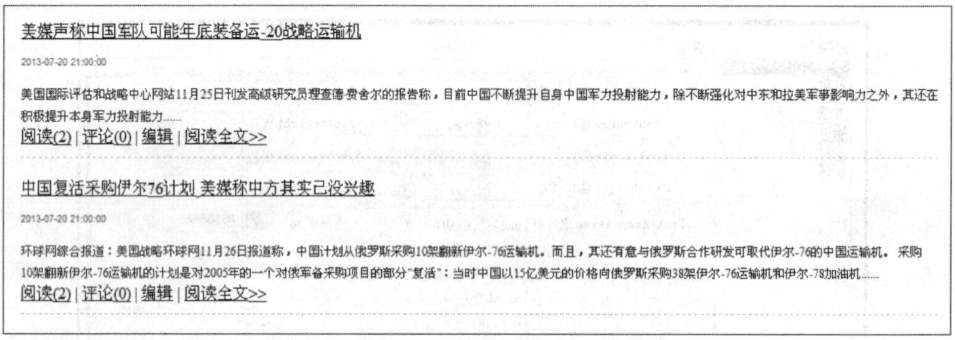

图 10-11　未设置超链接样式效果

相关知识与技能

1. 使用 CSS 规则创建超链接样式

(1) 新建 CSS 样式，在【新建 CSS 规则】对话框中设置参数，如图 10-12 所示，在【选择器类型】中选择“复合内容(基于选择的内容)”单选按钮，在【选择器名称】下拉列表框中有 4 个选项可供选择，此次选择“a：link”，设置完成后，单击【确定】按钮。

① a：link　未访问的链接。

② a：visited　已访问过的超链接。

③ a：hover　鼠标指针移到超链接文字上时的超链接。

④ a：active　正在访问的超链接。

(2) 在弹出的【CSS 规则定义】对话框中，设置样式，如图 10-13 所示。

2. 使用代码创建超链接样式

(1) 制作丰富的超链接特效

在 HTML 语言中，超链接是通过标记＜a＞来实现的，链接的具体地址则是利用＜a＞标记的 href 属性，代码如下。

```
<a href = "http://www.zhuhaispy.cn">珠海航展</a>
a{  /* 超链接的样式 */ text-decoration:none; /* 去掉下划线 */ }
```

新建 CSS 规则

选择器类型：
为 CSS 规则选择上下文选择器类型。
复合内容（基于选择的内容）

选择器名称：
选择或输入选择器名称。
a:link

不太具体　更具体

规则定义：
选择定义规则的位置。
（仅限该文档）

确定
取消
帮助

图 10-12　【新建 CSS 规则】对话框

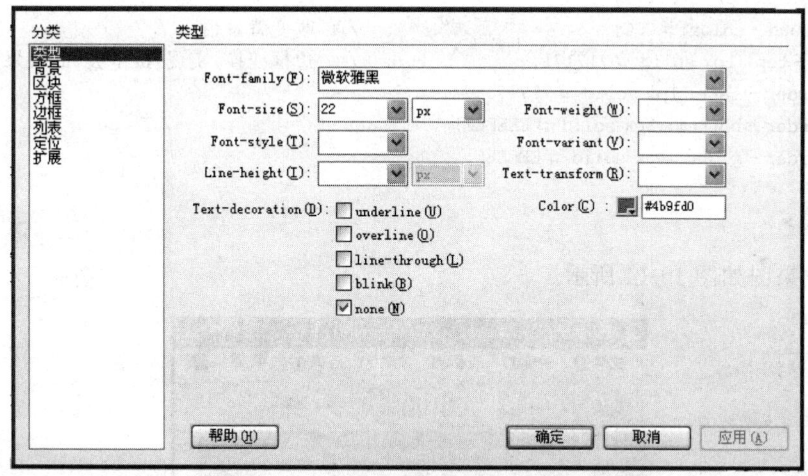

图 10-13　设置“a. link”样式

(2) 创建按钮式超链接

首先跟所有 HTML 页面一样，建立最简单的菜单结构，本例使用和上面实例相同的 HTML 结构，代码如下。

```
<body>
    <a href = "home.htm"> Home </a>
    <a href = "east.htm"> East </a>
    <a href = "west.htm"> West </a>
    <a href = "north.htm"> North </a>
    <a href = "south.htm"> South </a>
  </body>
<style>
  a{ display:block;                          /＊设置为块级元素＊/
  font - family: Arial;                      /＊ 统一设置所有样式 ＊/
```

```
        font-size: .8em;
        text-align:center;
        margin:3px;
    }
a:link, a:visited{
                                        /* 超链接正常状态、被访问过的样式 */
color: #A62020;
    padding:4px 10px 4px 10px;
    background-color: #DDD;
    text-decoration: none;
    border-top: 1px solid #EEEEEE;          /* 边框实现阴影效果 */
border-left: 1px solid #EEEEEE;
    border-bottom: 1px solid #717171;
    border-right: 1px solid #717171;
}

a:hover{                                /* 鼠标经过时的超链接 */
color:#821818;                          /* 改变文字颜色 */
padding:5px 8px 3px 12px;               /* 改变文字位置 */
background-color:#CCC;                  /* 改变背景色 */
border-top: 1px solid #717171;          /* 边框变换,实现"按下去"的效果 */
    border-left: 1px solid #717171;
    border-bottom: 1px solid #EEEEEE;
    border-right: 1px solid #EEEEEE;
}
</style>
```

最终效果图如图 10-14 所示。

图 10-14　最终效果图

任务实现

1. 创建标题链接样式

(1) 执行【窗口】→【CSS 样式】命令,打开【CSS 样式】面板,在【选择器类型】中选择"复合内容(基于选择的内容)"单选按钮,在【选择器名称】下拉列表框中选择"a:hover",如图 10-15 所示,表示将要设置鼠标移经的链接样式,设置完成后,单击【确定】按钮。

(2) 弹出【CSS 规则定义】对话框,设置样式,如图 10-16 所示。

(3) 设置完后,把该样式应用在标题上,浏览网页,效果如图 10-17 所示。

2. 创建备注链接样式

(1) 执行【窗口】→【CSS 样式】命令,打开【CSS 样式】面板,在【选择器类型】中选择

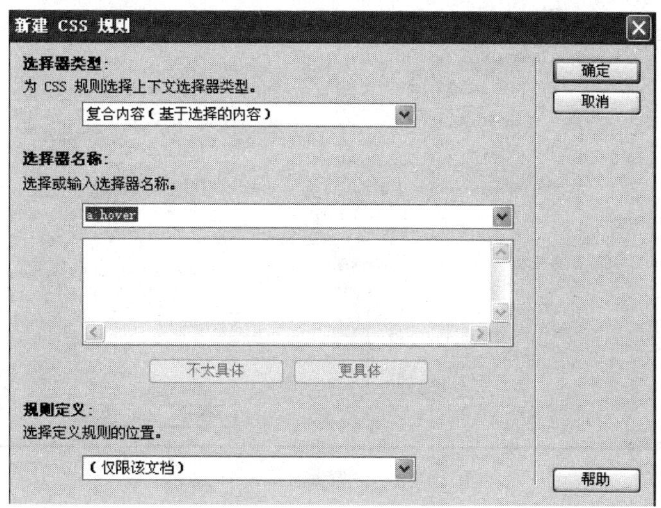

图 10-15　新建 title 链接样式

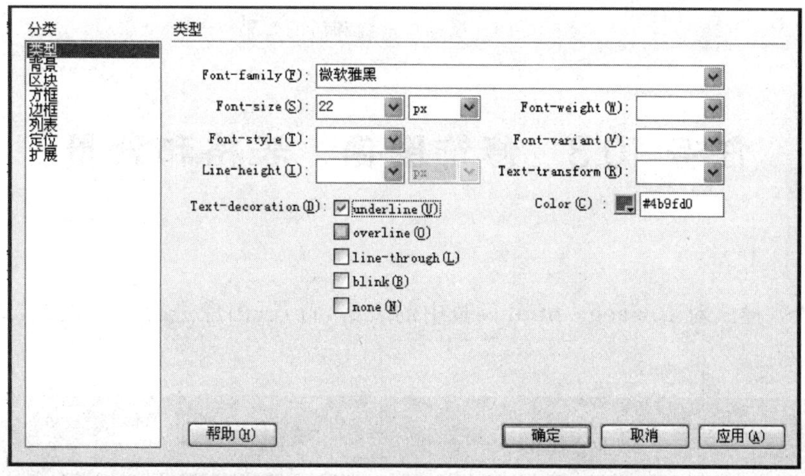

图 10-16　设置 a:hover 样式

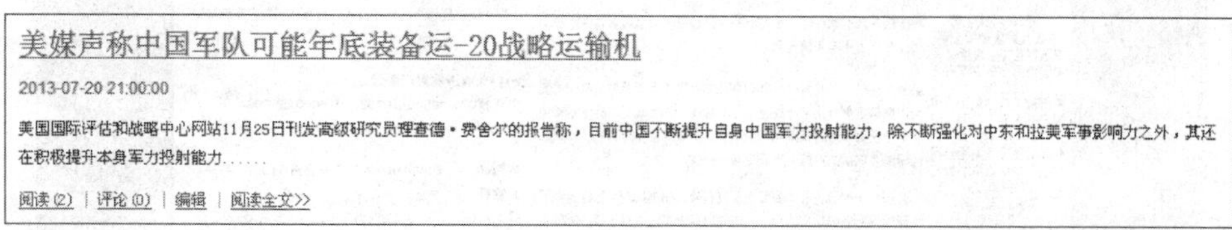
美媒声称中国军队可能年底装备运-20战略运输机

2013-07-20 21:00:00

美国国际评估和战略中心网站11月25日刊发高级研究员理查德·费舍尔的报告称，目前中国不断提升自身中国军力投射能力，除不断强化对中东和拉美军事影响力之外，其还在积极提升本身军力投射能力......

阅读(2) | 评论(0) | 编辑 | 阅读全文>>

图 10-17　标题应用超链接样式后效果

“复合内容(基于选择的内容)”单选按钮,在【选择器名称】下拉列表框中选择“a:active”,表示将要设置鼠标单击时显示的没有下划线,设置完成后,单击【确定】按钮。

(2) 弹出【CSS 规则定义】对话框,设置样式,如图 10-18 所示。

(3) 设置完后,把该样式应用在标题上,浏览网页,效果如图 10-19 所示。

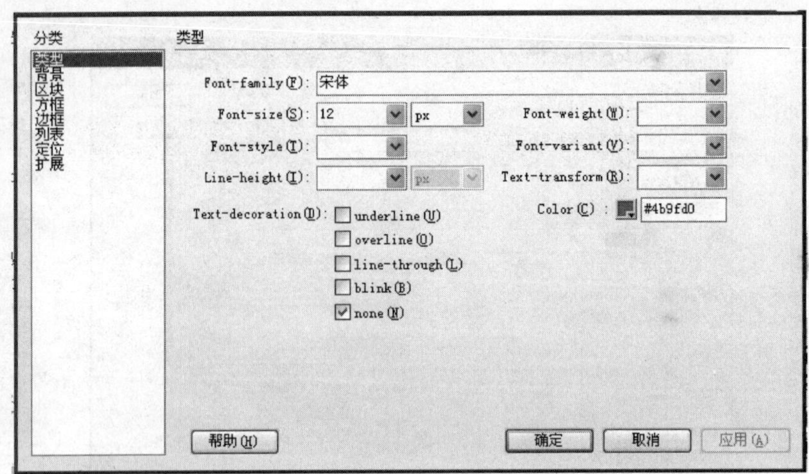

图 10-18　设置 a:active 样式

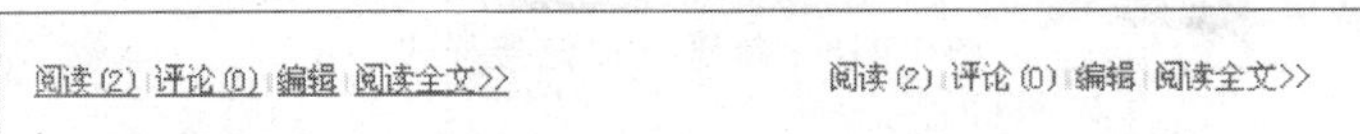

图 10-19　鼠标单击前和后的效果

任务 10.3　修饰图像、表格和背景

任务描述

使用 CSS 样式对 10biaoge.html 网页中的表格、背景、图像进行如下设置，最后效果如图 10-20 所示。

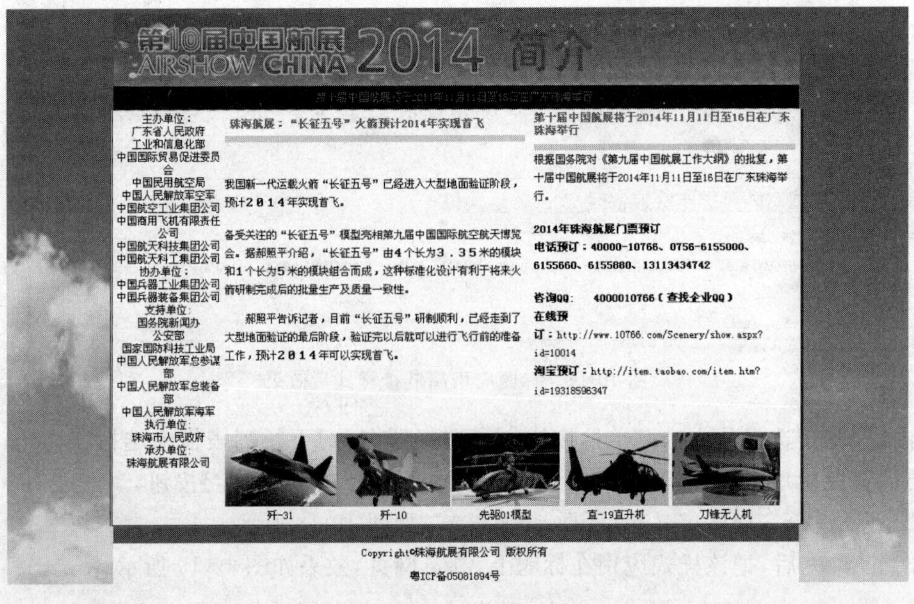

图 10-20　最后浏览效果

（1）表格边框设置。上：点画线、粗、#F00；下：凸出、中、#9C0；左：双线、中、#930；右：虚线、中、#03C。

（2）背景设置。网页背景图片使用蓝天白云的图片，图片保存在 images 文件夹，图片宽 1024 像素，高 660 像素，水平和垂直都居中。

（3）网页下方图片设置为透明羽化效果。Alpha(Opacity=100，FinishOpacity=0，Style=2，StartX=0，StartY=0，FinishX=400，FinishY=300)。

相关知识与技能

1. 修饰表格

使用 CSS 样式，可以对表格进行更精细的装饰。主要在【.bgl 的 CSS 规则定义】对话框的边框分类中设置，如图 10-21 所示，将对话框中所有【全部相同】复选框中的勾选都去掉，对上、下、左、右 4 个方向的边框的格式、宽度、颜色分别设置不同的值，这样使 4 个方向边框表现出不同的样式，如图 10-22 所示。

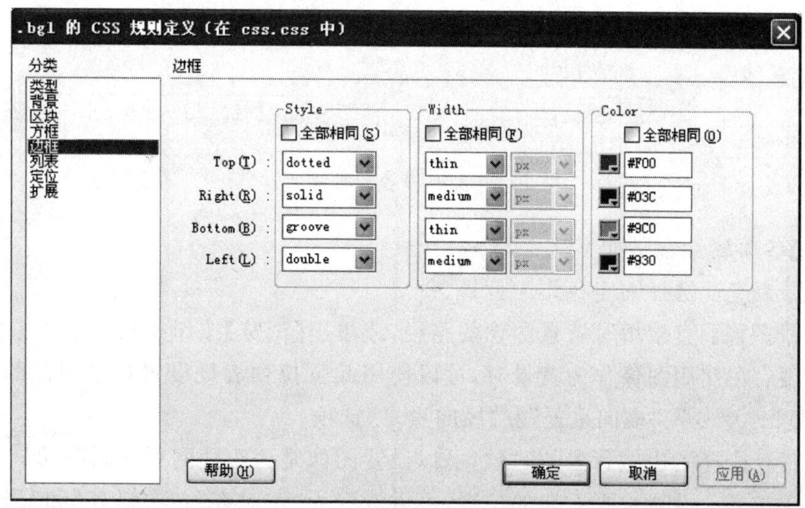

图 10-21 设置边框样式

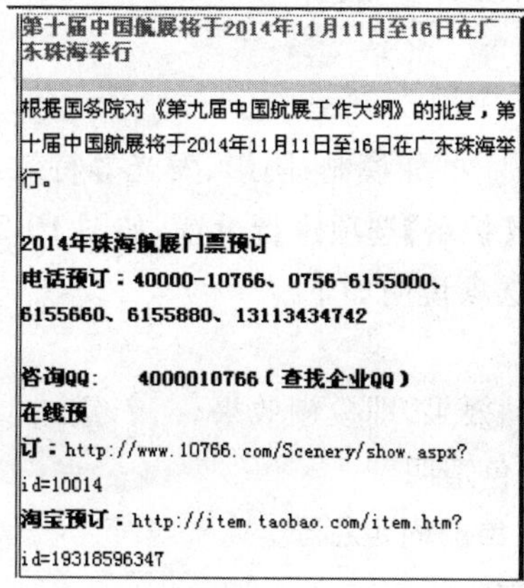

第十届中国航展将于2014年11月11日至16日在广东珠海举行

根据国务院对《第九届中国航展工作大纲》的批复，第十届中国航展将于2014年11月11日至16日在广东珠海举行。

2014年珠海航展门票预订

电话预订：40000-10766、0756-6155000、6155660、6155880、13113434742

咨询QQ:　4000010766（查找企业QQ）

在线预订：http://www.10766.com/Scenery/show.aspx?id=10014

淘宝预订：http://item.taobao.com/item.htm?id=19318596347

图 10-22 边框设置效果

2. 修饰网页背景

在使用【修改】→【页面属性】命令设置网页背景时，背景只能使用单一的色彩或利用图像水平垂直方向的平铺，使用 CSS 之后，网页背景有了更加灵活的设置。

在【CSS 规则定义】对话框左侧选择【背景】选项，在右边区域设置背景样式，如图 10-23 所示。

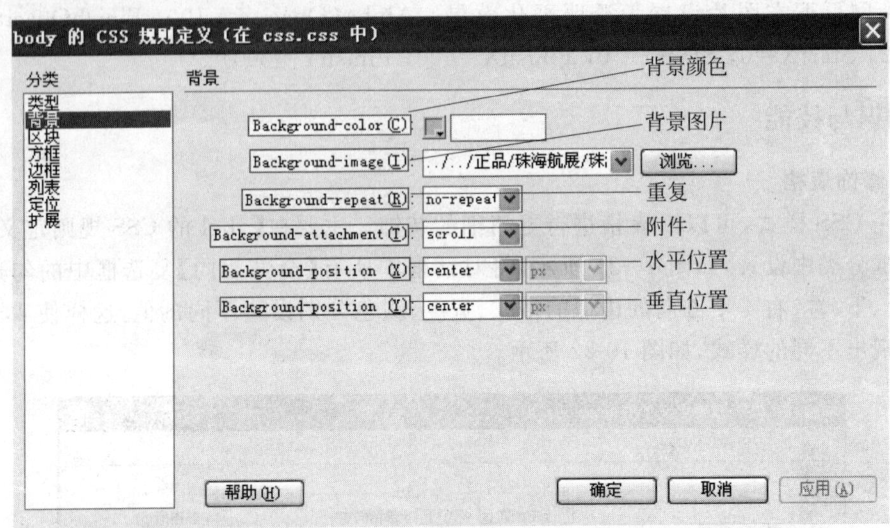

图 10-23　设置背景样式

【背景】各项属性含义如下。

(1) 背景颜色：选择固定色作为背景。

(2) 背景图像：直接填写背景图像的路径，或单击【浏览】按钮找到背景图像的位置。

(3) 重复：在使用图像作为背景时，可以使用此下拉列表框设置背景图像的重复方式，包括“不重复”、“重复”、“横向重复”和“纵向重复”选项。

(4) 附件：选择图像做背景的时候，可以设置图像是否跟随网页一同滚动。

(5) 水平位置：设置水平方向的位置，可以设置为“左对齐”、“右对齐”和“居中”。还可以设置数值与单位结合表示位置的方式，比较常用的是以像素为单位。

(6) 垂直位置：可以选择“顶部”、“底部”和“居中”。还可以设置数值和单位结合表示位置的方式。

3. 过滤器的使用

使用 CSS 样式还可以制作一些如模糊、阴影、发光等特效，新建 CSS 样式，弹出【CSS 规则定义】对话框，在【分类】中的【扩展】选项进行设置，如图 10-24 所示。

Filter 下拉列表框中部分选项说明如下。

(1) Alpha：设置透明层次。

(2) Blur：创建高速度移动效果，即模糊效果。

(3) Chroma：制作专用颜色透明。

(4) DropShadow：创建对象的固定影子。

(5) FlipH：创建水平镜像图片。

(6) FlipV：创建垂直镜像图片。

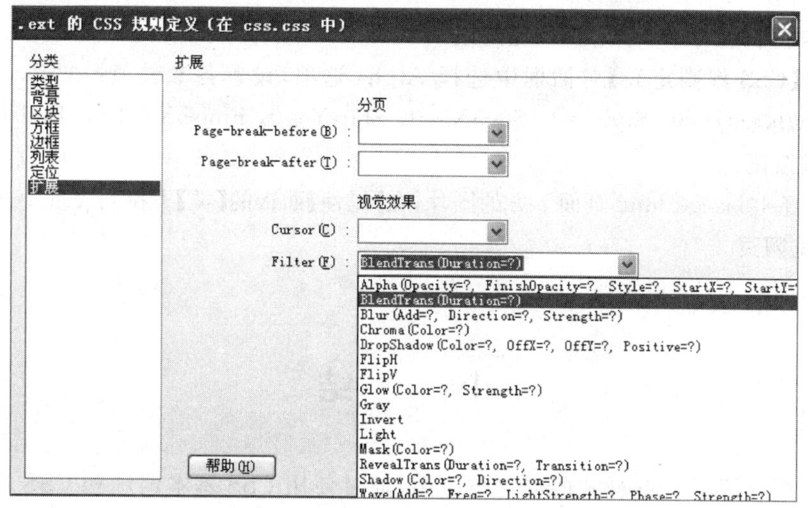

图 10-24 滤镜设置

(7) Glow：加光辉在附近对象的边外。

(8) Gray：把图片灰度化。

(9) Invert：反色。

(10) Light：创建光源在对象上。

(11) Mask：创建透明掩膜在对象上。

(12) Shadow：创建偏移固定影子。

(13) Wave：波纹效果。

(14) Xray：使对象变的像被 x 光照射一样。

任务实现

1. 装饰表格

(1) 打开网页 10biaoge.html，新建 CSS 样式，在【新建 CSS 样式】对话框中选择【类(可应用于任何标签)】单选按钮，在【名称】文本框中输入“.bg1”。

(2) 在弹出的【CSS 规则定义】对话框的左侧列表框中选择【边框】选项，按图 10-20 所示进行设置。

(3) 在网页中选中中间表格，在【属性】面板的【类】下拉列表框中选择.bg1，将样式应用到表格。

2. 改变网页背景样式

(1) 准备网页背景图片 beijing.jpg 保存到 images 文件夹，该图片宽 1024 像素，高 480 像素。

(2) 打开网页 10biaoge.html，新建 CSS 样式，选择【标签(重新定义特定标签的外观)】单选按钮，在【标签】下拉列表框中选择代表网页的标签“body”，单击【确定】按钮。

(3) 在【CSS 规则定义】对话框左侧选择【背景】项，在右边区域设置背景样式，按图 10-22 所示进行设置。

3. 设置图像效果

(1) 打开网页 10biaoge.html，新建 CSS 样式，选择【类(可用于任何标签)】单选按钮，在

【名称】文本框中输入.tx,单击【确定】按钮。

(2) 在【CSS 规则定义】对话框中选择 Alpha 选项,设置各参数值: Alpha(Opacity=100, FinishOpacity=0, Style=2, StartX=0, StartY=0, FinishX=400, FinishY=300),单击【确定】按钮。

(3) 选择 10biaoge.html 页面下方的图片,在【属性】面板的【类】下拉列表框中选择".tx"。

4. 浏览网页

其效果如图 10-20 所示。

小　结

本章主要介绍了 CSS 样式的创建与应用,通过使用 CSS 基本语法和 CSS 规则定义窗口来设置 CSS 样式,两者搭配使用非常适合初学者。

思　考　题

1. CSS 是什么?
2. 简述 CSS 样式表的优势。
3. 为什么要在网页设计文档中使用 CSS 样式?

巩 固 练 习

1. 参照任务 1、任务 2、任务 3 练习 CSS 样式的应用。

2. 用 CSS 美化自己的网页(图 10-25),并在网站建设报告中注明应用 CSS 的网页,如果是 CSS 文件,请注明 CSS 文件的名称。

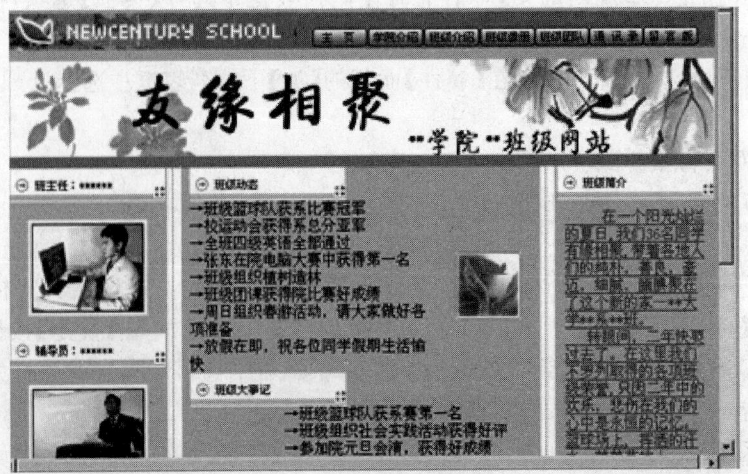

图 10-25　班级主页

项目 11　DIV＋CSS 布局网页

项目描述

DIV＋CSS 是 Web 标准中的常用术语之一，在 HTML 网页设计标准中，通常采用 DIV＋CSS 的方法实现各种网页定位、布局。通过本项目的学习，掌握基本的 DIV＋CSS 布局页面技术。

知识目标

- 掌握 DIV 标签的操作方法；
- 掌握使用 DIV＋CSS 进行网页布局的方法。

技能目标

- 学会插入 DIV 标签对页面进行布局；
- 学会在使用 DIV＋CSS 布局的页面中合理插入各种网页元素。

任务　制作珠海航空展首页

任务描述

通过设置 DIV＋CSS 布局完成“珠海航空展”的首页，本任务是采用多列结构形式页面布局，如图 11-1 所示。

相关知识与技能

1. DIV 标签

(1) 定义

DIV(Division)是用来为 HTML 文档内大块(block-level)的内容提供结构和背景的元素。DIV 的起始标签和结束标签之间的所有内容都是用来构成这个块的，其中所包含元素的特性由 DIV 标签的属性来控制，或者是通过使用样式表格式化这个块来进行控制。DIV 标签称为区隔标记。其作用为：设定字、画、表格等的摆放位置。把文字、图像、表格及其他各种页面元素或内容放在 DIV 中，它可称作为“DIV block”，或“DIV element”或

图 11-1　DIV+CSS 布局的页面效果图

"CSS-layer",或干脆叫"layer",而中文称作"层次"。

<div> 可定义文档中的分区或节(division/section)。

<div> 标签可以把文档分割为独立的、不同的部分。它可以用作严格的组织工具,并且不使用任何格式与其关联。如果用 id 或 class 来标记 <div>,那么该标签的作用会变得更加有效。

(2) 用法

DIV 标签应用于 Style Sheet(式样表)方面会更显威力,它最终目的是给设计者另一种组织能力,有 Class、Style、Title、ID 等属性。

<div> 是一个块级元素。这意味着它的内容自动地开始一个新行。实际上,换行是 <div> 固有的唯一格式表现。可以通过 <div> 的 class 或 id 应用额外的样式。

不必为每一个 <div> 都加上类或 id,虽然这样做也有一定的好处。

可以对同一个 <div> 元素应用 class 或 id 属性,但是更常见的情况是只应用其中一种。这两者的主要差异是,class 用于元素组(类似的元素,或者可以理解为某一类元素),而 id 用于标识单独的唯一的元素。

(3) 插入 DIV 标签

① 在目标位置定位插入点,在菜单栏依次选择【插入】→【布局对象】→【DIV 标签】命令,如图 11-2 所示,或者单击【插入】面板【布局】分类中的【插入 DIV 标签】按钮,可插入一个 DIV 标签元素。

② 弹出【插入 DIV 标签】对话框,如图 11-3 所示。

该对话框中的选项含义如下。

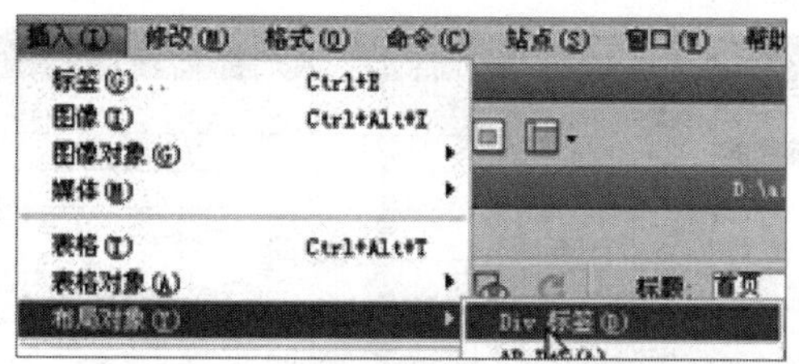

图 11-2 插入 DIV 标签菜单

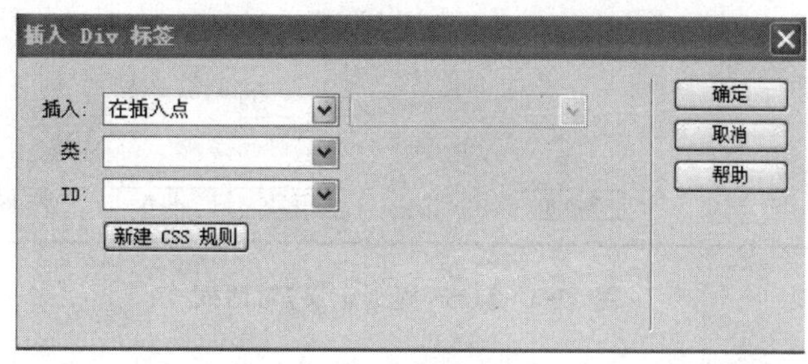

图 11-3 【插入 DIV 标签】对话框

a. 插入：用于选择 DIV 标签的位置及标签名称。

b. 类：用于显示当前应用标签的类样式。

c. ID：更改用于标识 DIV 标签的名称。如果附加了样式表，则该样式表中定义的 ID 将出现在列表中，不会列出文档中已存在的块的 ID。

d. 新建 CSS 规则：用于设置 CSS 样式，单击该按钮后弹出如图 11-4 所示的【新建 CSS 规则】对话框和如图 11-5 所示的【CSS 规则定义】对话框。

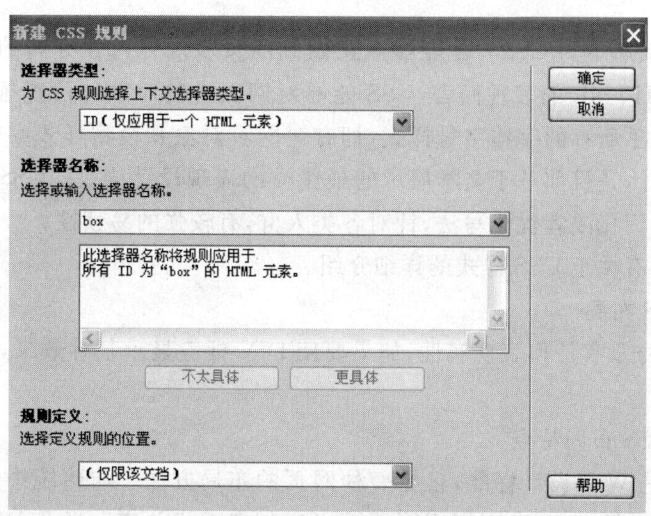

图 11-4 【新建 CSS 规则】对话框

(4) DIV 标签嵌套

DIV 标签可以嵌套，在插入的 DIV 标签内单击，然后使用插入 DIV 标签的方法，即可插入嵌套的 DIV 标签，如图 11-6 所示。

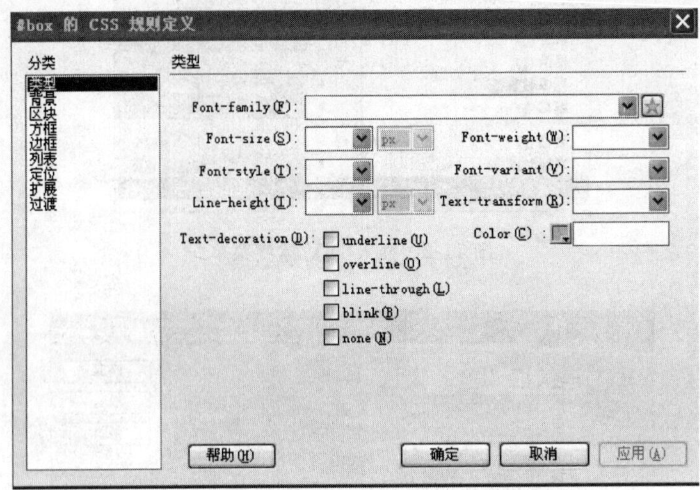

图 11-5 【CSS 规则定义】对话框

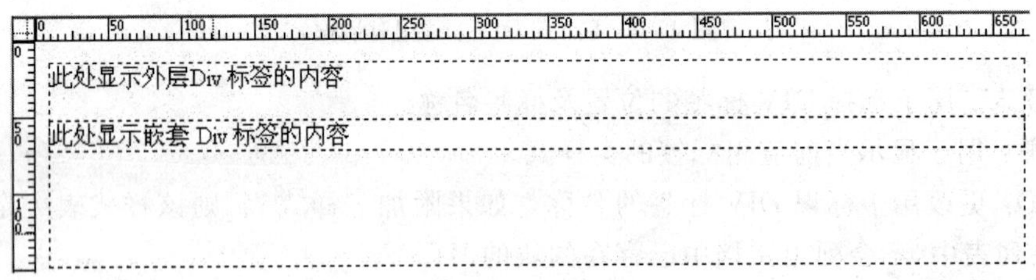

图 11-6 嵌套的 DIV 标签

2. CSS 样式

CSS 目前最新版本为 CSS3，是能够真正做到网页表现与内容分离的一种样式设计语言。相对于传统 HTML 的表现而言，CSS 能够对网页中的对象的位置排版进行像素级的精确控制，支持几乎所有的字体字号样式，拥有对网页对象和模型样式编辑的能力，并能够进行初步交互设计，是目前基于文本展示的最优秀的表现设计语言。CSS 能够根据不同使用者的理解能力，简化或者优化写法，针对各类人群，有较强的易读性。

在项目 10 中有关于 CSS 样式的详细介绍。

3. DIV+CSS 布局

DIV 标签本身没有任何表现属性，如果要使 DIV 标签显示某种效果，则需为 DIV 标签定义 CSS 样式。

(1) DIV+CSS 布局特点

DIV+CSS 是 Web 设计标准，它是一种网页的布局方法。与传统中通过表格(Table)布局定位的方式不同，它可以实现网页页面内容与表现相分离。提及 DIV+CSS 组合，还要从 XHTML 说起。XHTML 是一种在 HTML 基础上优化和改进的新语言，目的是基于 XML 应用与强大的数据转换能力，适应未来网络应用更多的需求。因为 DIV 与 Table 都是 XHTML 或 HTML 语言中的一个标记，而 CSS 只是一种表现形式。标准的叫法应是 XHTML+CSS。

(2) 布局结构

网页有宽度固定、宽度自适应和宽度居中 3 类。

① 单列结构：是网页布局的基础，是最简单的布局形式。居中是通过设置 CSS 样式来实现的，效果如图 11-7 所示。

```
#content
{   background-color: #f00;
    margin-left: auto;
    margin-right: auto;
    height:100px;
    width: 600px;
    margin-top: 30px;
}
```

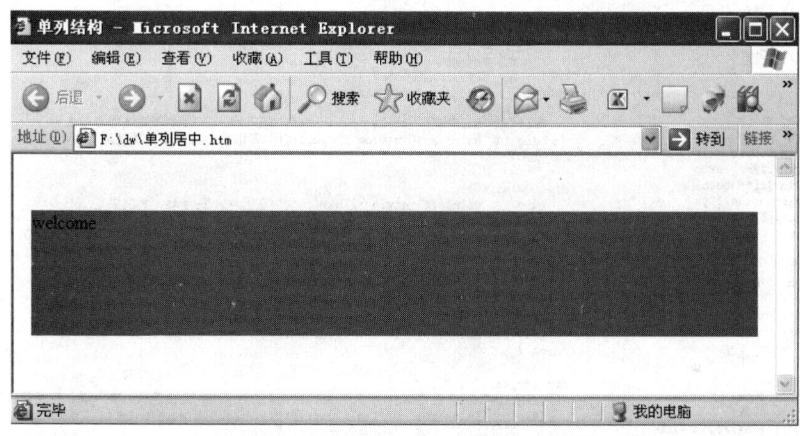

图 11-7　单列结构(宽度居中)效果图

② 上下结构：就是常见的两行一列结构，通常第一行是标题，第二行是内容，结构与一列类似，不过是多了一个 DIV 标签和 CSS 样式，这类结构多见于文学类网页。效果如图 11-8 所示。

```
#content-top{
    background-color:#F00;
    margin-left:auto;
    margin-right:auto;
    width:800px;
    height:50px;
}
#content-end{
    background-color:#6C9;
    margin-left:auto;
    margin-right:auto;
    width:800px;
    height:500px;
}
```

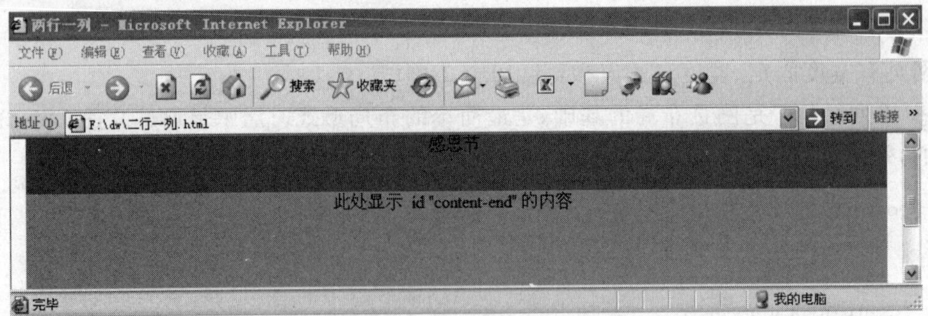

图 11-8 两行一列(宽度居中)效果图

③ 二列结构：二列式布局与单列布局很类似，不同的是 DIV 嵌套结构不同，如图 11-9 所示，最终页面效果如图 11-10 所示。

```
<style type="text/css">
body{
    font-size: 12px;
    margin:20px;
}

#main{
    width: 450px;
    height: 80px;
    padding: 5px;
    margin-right: auto;
    margin-left: auto;
    margin-bottom:10px;
    border: 5px solid #fcc;
}

#mainleft {
    width: 120px;
    height: 60px;
    border: 10px solid #cf0;
    background-color: #99f;
}

#mainright {
    width: 280px;
    height: 60px;
    border: 10px solid #fc0;
    background-color:  #c9f;
}

</style>
```

```
<body>
<div id="main">
    <div id="mainleft" style="float:left">左区块：左浮动、宽度固定</div>
    <div id="mainright" style="float:left">右区块：左浮动、宽度固定</div>
</div>

<div id="main">
    <div id="mainleft" style="float:left">左区块：左浮动、宽度固定</div>
    <div id="mainright" style="float:right">右区块：右浮动、宽度固定</div>
</div>

<div id="main">
    <div id="mainleft" style="float:left;margin-right:10px">
        左区块：左浮动、宽度固定、右边界10px
    </div>
    <div id="mainright" style="float:left">右区块：左浮动、宽度固定</div>
</div>

<div id="main">
    <div id="mainleft" style="float:left;width: 30%;">左区块：左浮动、宽度自适应</div>
    <div id="mainright" style="float:left;width: 59%;margin-left: 10px">
        右区块：左浮动、宽度自适应、左边界10px
    </div>
</div>

</body>
```

图 11-9 二列代码标签

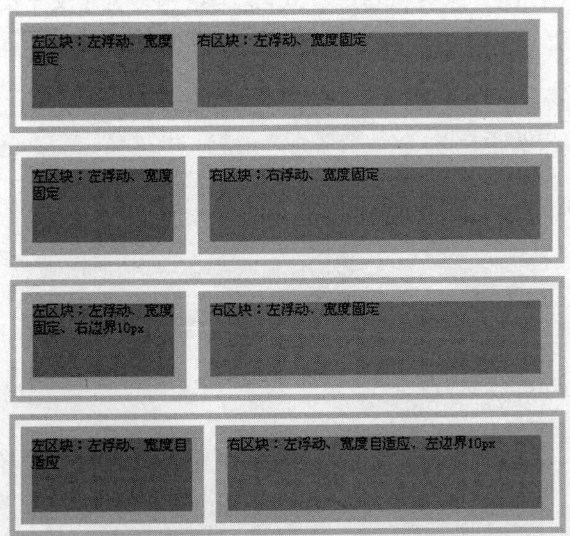

图 11-10 二列结构页面效果

④ 三列结构：三列式布局与二列布局很类似，不同的是 DIV 嵌套结构不同，如图 11-11 所示，最终页面效果如图 11-12 所示。

```
body{
    font-size: 12px;
    margin:20px;
}
.main{
    width: 730px;
    height: 80px;
    padding: 5px;
    margin-right: auto;
    margin-left: auto;
    margin-bottom:10px;
    border: 5px solid #fcc;
}
.mainleft {
    width: 150px;
    height: 60px;
    border: 10px solid #cf0;
    background-color: #99f;
}
.maincenter {
    width: 300px;
    height: 60px;
    margin-right: 10px;
    margin-left: 10px;
    border: 10px solid #fc0;
    background-color:  #c9f;
}
.mainright {
    width: 200px;
    height: 60px;
    border: 10px solid #cc0;
    background-color:  #fc9;
}
.contain {
    width: 510px;
    height: 80px;
}
```

```
<body>
<div class="main">
    <div class="mainleft" style="float:left;">左区块：左浮动、宽度固定</div>
    <div class="maincenter" style="float:left;">中区块：左浮动、宽度固定</div>
    <div class="mainright" style="float:left;">右区块：左浮动、宽度固定</div>
</div>
<div class="main">
    <div class="mainleft" style="float:left;">左区块：左浮动、宽度固定</div>
    <div class="mainright" style="float:right;">右区块：右浮动、宽度固定</div>
    <div class="maincenter" style="margin-left: 180px;">
        中区块：不浮动、左边界大于等于左区块的宽度</div>
</div>
<div class="main">
    <div class="contain" style="float:left;">
        <div class="mainleft" style="float:left;">左区块：左浮动、宽度固定</div>
        <div class="maincenter" style="float:right;">中区块：右浮动、宽度固定</div>
    </div>
    <div class="mainright" style="float:right;">右区块：右浮动、宽度固定</div>
</div>

<div class="main" style="position: relative;">
    <div class="mainleft" style="position: absolute;top: 5px;left: 5px;">
        左区块：绝对定位、宽度固定
    </div>
    <div class="mainright" style="position: absolute;top: 5px;right: 5px;">
        右区块：绝对定位、宽度固定
    </div>
    <div class="maincenter" style="margin-left: 180px;">
        中区块：左边界大于等于左区块的宽度
    </div>
</div>
</body>
```

图 11-11　三列代码标签

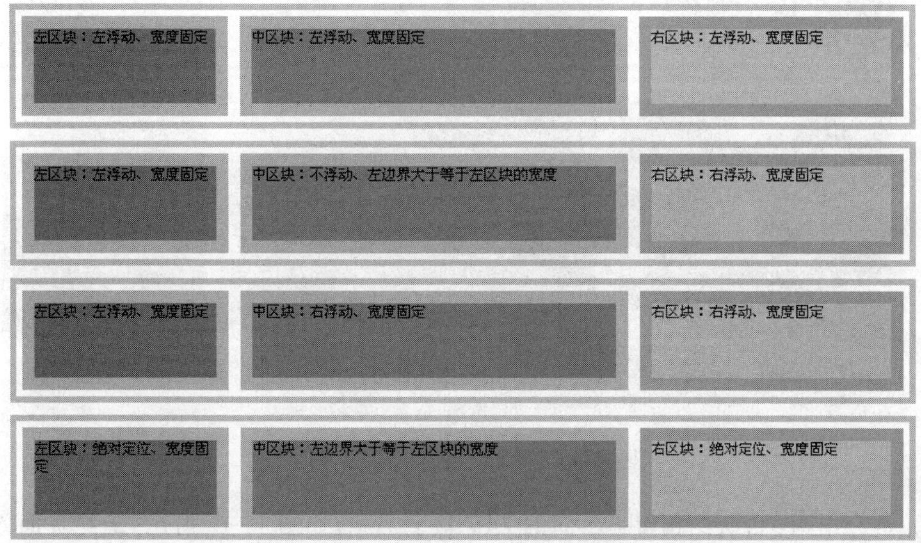

图 11-12　三列结构页面效果

⑤ 多列结构：多列式布局与二列布局很类似，不同的是 DIV 嵌套结构不同，如图 11-13 所示，最终页面效果如图 11-14 所示。

```
<title>多行多列式布局</title>
<style type="text/css">
html,body{
    height:100%;
    font-size: 12px;
    margin:10px;
}

.main{
    width: 730px;
    padding: 5px;
    margin-right: auto;
    margin-left: auto;
    margin-bottom:5px;
    border: 5px solid #fcc;
}

#mainleft {
    border: 10px solid #cf0;
    background-color: #99f;
}

#maincenter {
    margin-right: 10px;
    margin-left: 10px;
    border: 10px solid #fc0;
    background-color: #c9f;
}

#mainright {
    border: 10px solid #cc0;
    background-color: #fc9;
}
</style>
</head>
```

```
<div class="main" style="height:20px;background-color:#cc9;">宽度自适应浏览器窗口, 高度固定</div>
<div class="main" style="height:30%">
  <div id="mainleft" style="float: left;width:180px;height:90%;">
      左区块: 左浮动、宽度固定、高度自适应
  </div>
  <div id="mainright" style="float: right;width:500px;height:90%;">
      右区块: 右浮动、宽度固定、高度自适应
  </div>
</div>
<div class="main" style="height:200px">
    <div id="mainleft" style="float: left;width:30%;height:180px;">
        左区块: 左浮动、宽度自适应、高度固定
    </div>
    <div id="maincenter" style="float:left;width: 40%;height:180px;">
        中区块: 左浮动、宽度自适应、高度固定
    </div>
    <div id="mainright" style="float:left;width: 139px;height:180px;">
        右区块: 左浮动、宽度固定、高度固定
    </div>
</div>
<div class="main" style="height:50px;background-color:#cf9;">宽度自适应浏览器窗口, 高度固定</div>
```

图 11-13　多列代码标签

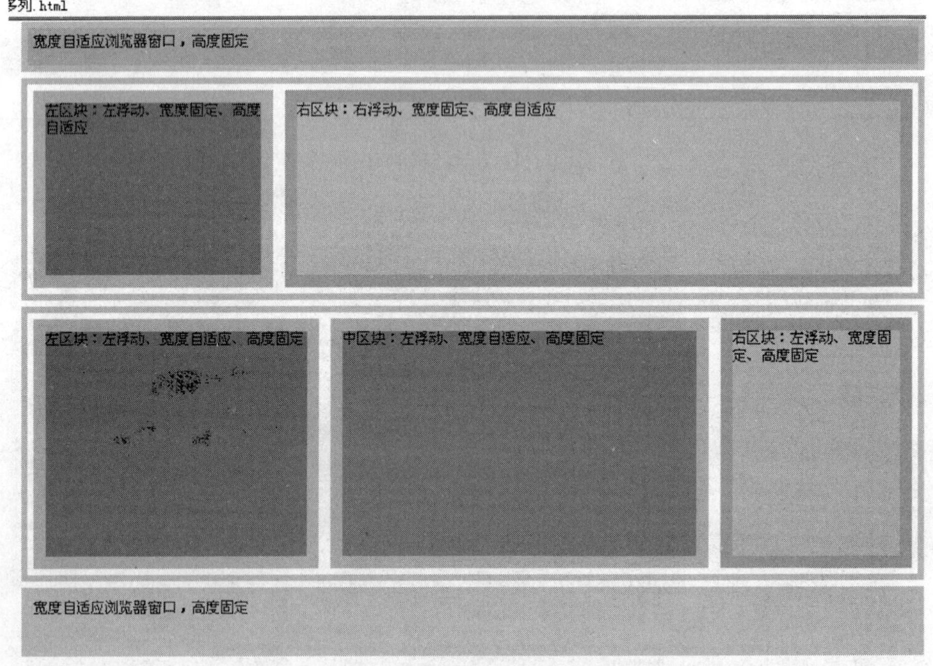

图 11-14　多列结构页面效果

⑥ 混合结构：混合结构就是不同的 DIV 嵌套结构，如图 11-15 所示，最终页面效果如图 11-16 所示。

具体用哪类结构，要依据网站的主题来定夺。

(3) DIV+CSS 布局优势

① 精简代码，减少重构难度。网站使用 DIV+CSS 布局使代码精简，CSS 文件可以在

```
#m{padding-left:150px}
#middle{
    position: absolute;
    width: 468px;
    margin-right: auto;
    margin-left: auto;
    padding: 0px;
    background-color: #99f;
    color: #000;
}
#left{
    float: left;
    background: #6CC;
    width: 140px;
    height: 30px;
    color: #000;
}
#right{
    float: right;
    background: #6CC;
    width: 140px;
    height:30px;
    color: #000;
}
#all{
    width:770px;
    margin-right: auto;
    margin-left: auto;
    padding: 0px;
    color: #000;
    background-color: #fcc;
}
#footer{
    clear: both;
    background: #c9f;
    height: 50px;
    color: #000;
}
```

```
<body>
<div id="all">
<div id="m">
<div id="middle">
  <p>大家好！我是CSS混合布局，嘿嘿。。。。</p>
  <p> </p>
  <p> </p>
  <p> </p>
  <p> </p>
  <p> </p>
</div>
</div>
<div id="left">左栏</div>
<div id="right">右栏<br>
</div>
  <p> </p>
  <p> </p>
  <p> </p>
  <p> </p>
    <p> </p>
  <p> </p>
  <p> </p>
  <p> </p>
<div id="footer">网页底部</div>
</div>

</body>
```

图 11-15　混合结构代码标签

图 11-16　混合结构页面效果

网站的任意一个页面进行调用，而使用 Table 表格修改部分页面却显得很麻烦。如果是一个门户网站，需手动修改很多页面，也很浪费时间，但是使用 CSS+DIV 布局只需修改 CSS 文件中的一个代码即可。

② 网页访问速度加快。使用了 DIV+CSS 布局的网页与 Table 布局比较，精简了许多页面代码，其浏览访问速度自然得以提升，从而也提升了网站的用户体验度。

③ SEO 优化。采用 DIV+CSS 布局的网站对于搜索引擎很是友好，因而避免了 Table 嵌套层次过多而无法被搜索引擎抓取的问题，而且简洁、结构化的代码更有利于突出重点和

适合搜索引擎抓取。

④ 浏览器兼容性。若使用 Table 布局网页，在使用不同浏览器的情况下会发生错位，而 DIV+CSS 则不会，无论什么浏览器，网页都不会出现变形情况。

任务实现

新建网页文档保存在当前站点下，并命名为 index，整个页面外观布局分为 3 部分。

1. header 部分

新建 CSS 文件保存在名为 public. css 的文件，在 public. css 中创建以下 CSS 规则。

(1) 新建 CSS 规则，类型为 ID，名称为 header，属性为{width:970px; margin:0 auto; height:150px;}。

(2) 新建 CSS 规则，类型为 ID，名称为 top，属性为{height:103px; line-height:103px; font-size:36px; text-align:left; color:#FFF; font-family:"微软雅黑";}。

(3) 新建 CSS 规则，类型为 ID，名称为 navigation，属性为{height:47px;}。设置链接属性 a{color:#FFF; margin-top:15px; display:block; float:left; margin-left:50px; font-size:14px;},a:hover{text-decoration:underline;}。

(4) 保存 public. css 文件，切换到 index 文档窗口，导入 public. css 文件。

(5) 将鼠标置于文档窗口插入一个 DIV 标签，选择 ID 为 header，在 header 标签中插入一个 ID 为 top 的 DIV 标签，输入文字“珠海航空展”。

(6) 在 top 标签后面插入一个 ID 为 navigation 的 DIV 标签，依次输入“首页、最新资讯、精彩图集、视频区、航展参展飞机清单、室内展馆”等文字。

保存 index 网页文档，header 页面效果如图 11-17 所示。

图 11-17 header 页面效果

2. main 部分

新建 CSS 文件保存在名为 index. css 的文件，在 index. css 中创建以下 CSS 规则。

(1) 新建 CSS 规则，类型为 ID，名称为 main，属性为{width:970px;margin:0 auto; text-align: justify;}。

(2) 新建 CSS 规则，类型为 ID，名称为 banner，属性为{height:460px; position:relative; width:970px; overflow:hidden;}。

(3) 新建 CSS 规则，类型为 ID，名称为 lzt(轮转图效果)，属性为{width:970px;}，链接属性为 a{position:relative; left:0px; top:0px;},a img{width:970px; height:460px;}。

(4) 新建 CSS 规则，类型为 ID，名称为 ctl(轮转图效果)，属性为{position:absolute; left:462px;top:430px;width: 72px;height: 7px;}。在该标签中创建以下类。

```
.picture_layer{height:220px; overflow:hidden; margin-bottom:10px;}
.picture_layer .title{height:30px; border:solid 1px #ddd; background:url(../images/title_
```

```
bg.gif) no-repeat; text-align:left;}
.picture_layer .title span{color:#FFF; line-height:30px; margin-left:30px; font-family:"微软雅黑"; font-size:18px;}
.picture_layer .content{}
.picture_layer .content ul{list-style:none; width:968px; margin:0 auto; margin-top:10px;}
.picture_layer .content ul li{float:left; width:232px; text-align:center; margin-right:10px;}
.picture_layer .content ul li img{width:224px; padding:3px; border:solid 1px #ddd; background:#FFF;}
.picture_layer .content ul li a{font-size:12px; line-height:30px;}
.picture_layer .content ul li a:hover{text-decoration:underline; color:#09C;}
.picture_layer2{margin-bottom:10px;}
.picture_layer2 .title{height:30px; border:solid 1px #ddd; background:url(../images/title_bg.gif) no-repeat; text-align:left;}
.picture_layer2 .title span{color:#FFF; line-height:30px; margin-left:30px; font-family:"微软雅黑"; font-size:18px;}
```

(5) 新建 CSS 规则,类型为 ID,名称为 left,属性为{width:700px; background:#FFF; float:left; height:663px; border:solid 1px #ddd;}。left 标签中包含以下标签和类。

```
.leftleft{width:290px; float:left; border-right:solid 1px #ddd; height:663px;}
.title2{background:url(../images/title_bg2.jpg); height:35px; text-align:left;}
.title2 span{color:#FFF; font-size:14px; font-weight:bold; margin-left:20px; line-height:35px;}
#video{margin-top:-10px;}
#video ul {margin-left:10px; list-style:none; margin-bottom:10px;}
#video ul li{height:88px; border-bottom:solid 1px #f1f1f1; padding-top:10px; text-align:left;}
#video .r1{float:left; width:104px; height:78px;}
#video .r1 img{width:104px; height:78px;}
#video .r2{float:left; margin-left:10px; width:115px;}
#video .r2 .name{display:block; height:18px; width:100%; overflow:hidden;}
#video .r2 .time{font-size:12px; color:#999; line-height:19px;}
.leftright{float:right; width:400px; height:663px;}
#fstNews{margin-top:10px; width:390px;}
.fstTitle{text-align:left;}
.fstTitle a{font-size:18px; font-family:"黑体"; color:#009;}
.fstContent{font-size:12px; line-height:20px; color:#888; text-align:left; margin-top:5px;}
#newsList{margin-top:10px; text-align:left; width:390px;}
#newsList .newsListTitle{font-size:16px; color:#009; font-family:"微软雅黑"; border-bottom:solid 1px #ddd; height:30px; line-height:30px;}
.newsListContent{}
.newsListContent ul{margin-left:15px; margin-top:10px;}
.newsListContent ul li{height:30px; line-height:30px;}
.newsListContent ul li a{font-size:14px; color:#06346f;}
```

(6) 新建 CSS 规则,类型为 ID,名称为 right,属性为{float:right; width:260px;}。right 标签中包含以下标签和类。

```
#map{background:#FFF; border:solid 1px #ddd; width:258px; font-size:12px; font-family:"宋体";}
#map .title{height:35px; background:url(.../images/title_bg1.gif) no-repeat;}
.fengexian{border-bottom:dashed 1px #ddd; height:1px; overflow:hidden; display:block; margin:15px;}
#map ul{margin-left:30px;}
#map ul li{text-align:left; height:23px; line-height:23px;}
```

(7) 保存 index. css 文件，切换到 index 文档窗口，导入 index. css 文件。

(8) 将鼠标置于文档窗口中 header 标签后，插入一个 DIV 标签，选择 ID 为 main。

(9) 在 main 标签中完成以下任务。

① 在 main 标签中插入一个 DIV 标签，选择类为 banner，在 banner 标签中插入一个 ID 为 lzt 的 DIV 标签。效果如图 11-18 所示。

图 11-18　banner 页面效果

② 在 banner 标签后面插入一个类为 left 的 DIV 标签，在该标签中插入一个类为 leftleft 的 DIV 标签，在 leftleft 标签中完成如图 11-19 所示的效果。

图 11-19　leftleft 页面效果

③ 在 leftleft 标签后面插入一个类为 leftright 的 DIV 标签，在该标签中插入一个 ID 为 fstNews 的 DIV 标签，在 fstNews 标签中输入文字"中国强悍无人机迫使惯于嘲讽的外媒集体失语"，同样的操作方法输入文字"珠海航展似歼 31 战机或成俄印合研五代机对手"、"最新消息"，分别给前两段文字加载类"fstContent"。给"最新消息"中的文字加载类"newsListContent"，完成后效果如图 11-20 所示。

④ 在 left 标签后面插入一个 ID 为 right 的 DIV 标签，在该标签中插入一个 ID 为 map 的 DIV 标签，在 map 标签中，插入图片"2 年一届"，在图片下面输入"展期：11 月 13 日-18 日"文字；然后输入"航展官方网站"等文字，分别给这些文字设置超链接；插入图片 piaowu. gif，通过热点链接给图片设置链接。完成如图 11-21 所示的效果。

3. footer 部分

(1) 在 public. css 文件中，新建 CSS 规则，类型为 ID，名称为 footer，属性为{height：70px；width：100％；background：＃f5f5f5；border-top：solid 2px ＃ddd；text-align：center；line-height：70px；color：＃999；font-family：Arial；}。

（2）保存 public.css 文件，切换到 index 文档窗口，导入 public.css 文件。在 main 标签后插入一个 ID 为 footer 的 DIV 标签，在该标签中输入文字“Copyright © 2013 --- All Rights Reserved.”，完成后，效果如图 11-22 所示。

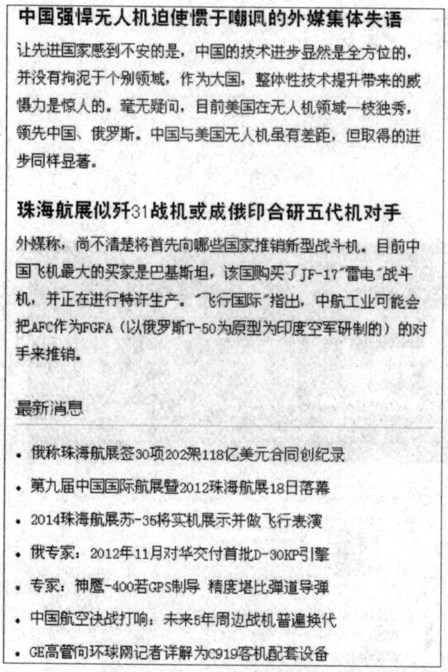

中国强悍无人机迫使惯于嘲讽的外媒集体失语
让先进国家感到不安的是，中国的技术进步显然是全方位的，并没有拘泥于个别领域，作为大国，整体性技术提升带来的威慑力是惊人的。毫无疑问，目前美国在无人机领域一枝独秀，领先中国、俄罗斯。中国与美国无人机虽有差距，但取得的进步同样显著。
珠海航展似歼31战机或成俄印合研五代机对手
外媒称，尚不清楚将首先向哪些国家推销新型战斗机。目前中国飞机最大的买家是巴基斯坦，该国购买了JF-17"雷电"战斗机，并正在进行特许生产。"飞行国际"指出，中航工业可能会把AFC作为FGFA（以俄罗斯T-50为原型为印度空军研制的）的对手来推销。
最新消息
俄称珠海航展签30项202架118亿美元合同创纪录
第九届中国国际航展暨2012珠海航展18日落幕
2014珠海航展苏-35将实机展示并做飞行表演
俄专家：2012年11月对华交付首批D-30KP引擎
专家：神鹰-400若GPS制导 精度堪比弹道导弹
中国航空决战打响：未来5年周边战机普遍换代
GE高管向环球网记者详解为C919客机配套设备

图 11-20 leftright 页面效果

航展地图
2年一届
期待2014
展期：11月13日-18日
航展官方网站（主办单位）
航展一号馆展位图示
公务和商用飞机专区
专业会议和活动简介
历届航展情况一览表
交通指南
票务信息
入场须知
参展机型

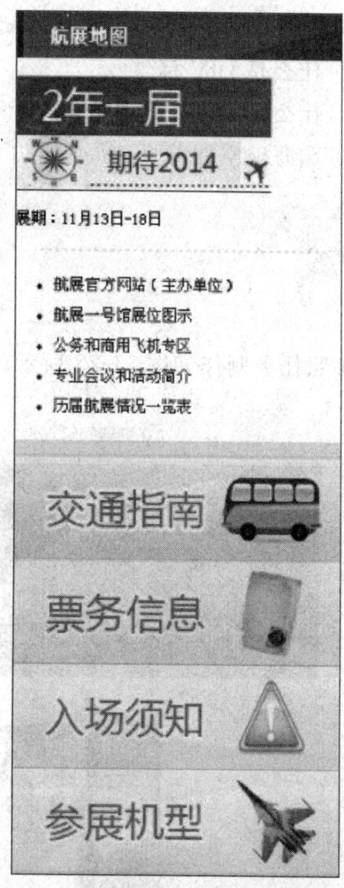

图 11-21 right 页面效果

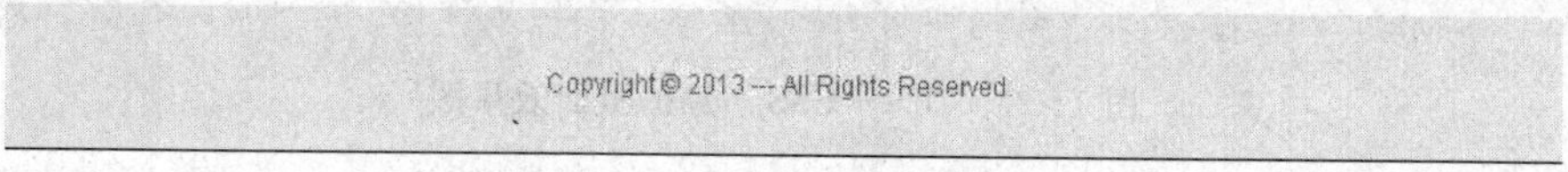

Copyright © 2013 --- All Rights Reserved.

图 11-22 footer 页面效果

最终完成的页面效果如图 11-1 所示。

小　结

DIV＋CSS 是 Web 设计标准，它是一种网页的布局方法。与传统中通过表格（Table）布局定位的方式不同，它可以实现网页页面内容与表现相分离，几乎所有的网站现在的布局方式都是这种类型。本项目详细介绍了 DIV 标签和 DIV+CSS 布局的情况。

思 考 题

1. 什么是 DIV 标签?
2. 什么是 DIV+CSS 布局?
3. 珠海航空展首页布局使用了哪种 DIV+CSS 布局结构?

巩 固 练 习

参照任务制作如图 11-23 所示的网页。

图 11-23 DIV+CSS 布局的页面效果图

项目 12　模 板 和 库

项目描述

珠海航空展网站的页面总体有十几个，而且每个页面的头部是相同的，这个效果就是通过模块和库来实现的。通过本项目的学习，在掌握创建模板和库的同时，还可以大大减少网站设计者的工作量。

知识目标

➢ 掌握创建和应用模板和库的方法；
➢ 掌握创建基于模板和库的文档；
➢ 掌握修改模板和库以更新站点的方法。

技能目标

➢ 学会创建和应用模块和库；
➢ 学会在现有的文档上应用模板和库。

任务　制作珠海航空展其他页面

任务描述

珠海航空展中其他页面均是以“珠海航空展”首页(图 11-1)为模板而完成的。

相关知识与技能

1. 模板简述

(1) 模板简介

网页模板就是已经做好的网页框架，使用网页编辑软件输入自己需要的内容，再发布到自己的网站。每个网页模板压缩包包含 PSD 图片文件(可用 Photoshop、ImageReady 或 Fireworks 修改)、按钮图片 PSD 文件、Flash 源文件和字体文件，推荐使用 Dreamweaver 软件向网页模板添加内容。

模板是一种特殊类型的文档，用于设计“固定的”页面布局；然后可基于模板创建文档，创建的文档会继承模板的页面布局。模板文件与常规网页文档有很大区别,其专门的格式为 DWT。

设计模板时,可以指定在基于模板的文档中哪些内容是用户“可编辑的”。使用模板,模板创作者控制哪些页面元素可以由模板用户(如作家、图形艺术家或其他 Web 开发人员)进行编辑。

(2) 模板作用

使用模板可以控制大的设计区域,以及重复使用完整的布局。如果要重复使用个别设计元素,如站点的版权信息或徽标,可以创建库项目。

使用模板可以一次更新多个页面。从模板创建的文档与该模板保持连接状态(除非以后分离该文档)。可以修改模板并立即更新基于该模板的所有文档中的设计。

(3) 模板分类

① 成品模板。在网站建设行业中,经常会听说自助建站,智能建站,就是说网站的提供商已经提供了模板以及该模板带有的一套网站系统,网站系统有可能是 asp 的,有可能是 php 的,或者其他的语言。确切地说,这类成品模板网站是可以无数次地使用的,用户在购买了提供商的模板后只有使用权,不拥有版权,而网站的提供商拥有最终对网站模板以及系统源代码的版权。

② 仿制模板。网站制作的过程中,在模板设计的时候参考其他现有的网站风格、色彩、布局。也就是说,仿制型的模板网站既有自己的风格在里面,又有其他网站的模板风格,例如当当商城,京东商城的网上平台被很多模板设计商所参考,Ecshop,Shopex 的官方网站经常可以下载雷同的网站模板。根据这类模板制作出的网站叫做仿制型模板网站。

③ 手工模板。和上面两种类型的网站一样,手工模板网站的模板是完全根据各个网站特定的风格来订制的模板。区别在于手工模板网站使用的客户拥有对模板的版权,而且一套模板只允许一个企业使用,如果其他的企业进行复制,则属于侵权行为。

④ PSD 模板。PSD/PDD 是 Adobe 公司的图形设计软件 Photoshop 的专用格式,PSD 文件可以存储成 RGB 或 CMYK 模式,还能够自定义颜色数并加以存储,还可以保存 Photoshop 的层、通道、路径等信息,是唯一能够支持全部图像色彩模式的格式,但体积庞大,在大多平面软件内部可以通用(如 cd,ai,ae 等),另外在一些其他类型编辑软件内也可使用,例如 Office 系列。但它不支持像浏览器类的软件。PSD 作为常用的设计格式,在全世界有数千万用户,在中国就有数百万用户,

在通用设计领域,比如企业网站 PSD 模板、婚庆网页 PSD 模板,基本都是由 Photoshop 设计完成的,它们的实用性非常强,通用性也强,用户都可以使用。

⑤ 怪兽模板。提到网页模板,就不得不提起 Template Monster 这个品牌,Template Monster(TM)是全球最大的模板供应商——美国怪兽模板网站产品。它是美国规模最大,设计能力最卓越的设计公司,为全球企业提供包括网站、VI、字体、图标、Logo 在内的全面设计资源。作为全球设计领域的领导者,TM 的每件作品都堪称佳作,它们不仅在创作,更是在引领时代潮流,可以说,TM 的作品是每个时代的设计风向标。Template Monster 在全球市场拥有巨大的市场份额,以齐全的模板类型,精美的设计而闻名。首先在西方国家掀起了一场网页设计的革命,近几年这种设计理念逐渐来到了亚洲市场,Template Monster 首先选择在亚洲的日本登录,之后又进军中国台湾以及韩国,在业界引起了广泛轰动,以出

色的性价比博得了顾客的青睐。

⑥ 设计和开发。页面设计与制作包括页面设计、制作、编程。在设计之前应该让栏目负责人把需要特殊处理的地方和设计人员讲明。在设计页面时设计人员一定要根据策划书把每个栏目的具体位置和网站的整体风格确定下来，为了让网站有整体感，应该在网页中放置一些贯穿性的元素，最终要拿出至少 3 种不同风格的方案，每种方案都应该考虑公司的整体形象，与公司的精神相结合。拿出设计方案以后，由大家讨论定稿。

Template Monster 的中国区官方网站 Template Monster China 于 2008 年年初正式与中国网民见面，通过“Template Monster China”，广大的中国网民就可以更加直接地与世界最新网页设计理念亲密接触，需要购买的网民不用申请国际信用卡，只需通过国内银行汇款、支付宝汇款等国内常见的支付方式就可以进行购买，非常方便。

Template Monster 开发了很多 CMS 网站模板，包括 joomla，WordPress，magento，drupal，mambo 等，以及设计精美的 Flash 模板，如 ZenCart，magento，oscommerce 网店系统等目前市场上最流行的各种类型的网站模板。

2. 创建模板

可以基于现有文档创建模板，也可以基于新文档创建模板。

(1) 创建空模板

① 在菜单栏依次选择【文件】→【新建】命令，在弹出的【新建文档】窗口中，单击 空模板 按钮，【模板类型】选项中选择“HTML 模板”，【布局】选项选择“列固定，居中，标题和脚注”，如图 12-1 所示。

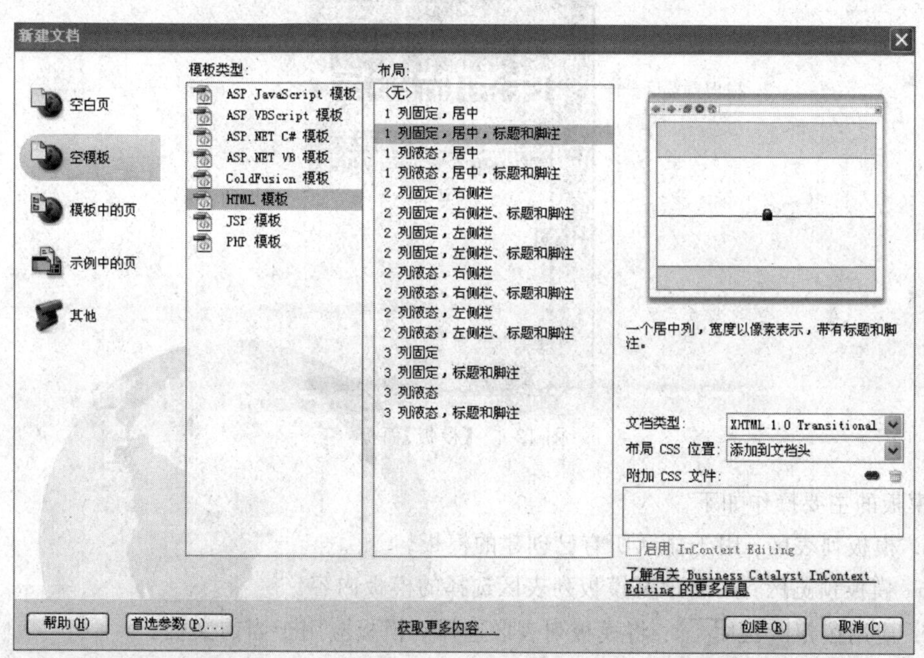

图 12-1　【新建文档】对话框

② 单击 创建(R) 按钮，可进入模板窗口进行编辑。

(2) 基于现有文档创建模板

在【文件】面板中打开 index. html 页面，在菜单栏中依次选择【文件】→【另存为模板】命令，或者单击【插入】面板中【常用】分类中的 按钮，在弹出的级联菜单中选择【创建模板】选项，如图 12-2 所示，弹出【另存模板】对话框，在【另存为】文本框中输入 index 名称，如图 12-3 所示，单击【保存】按钮。在站点根目录会自动创建 Templates 文件夹，创建的模板存在这个文件夹中，扩展名为.dwt。

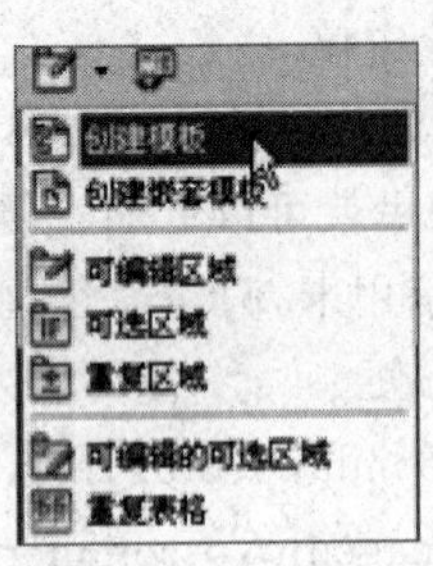

图 12-2　模板的级联菜单

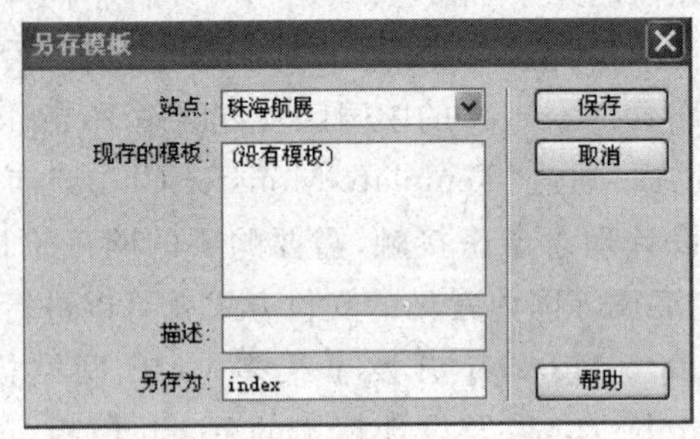

图 12-3　【另存模板】对话框

提示：创建模板前需要建立站点。

(3) 使用【资源】面板创建新模板

① 在菜单栏依次选择【窗口】→【资源】命令，弹出【资源】浮动面板。在【资源】面板中，选择左侧的【模板】 按钮，即可显示【模板】面板，如图 12-4 所示。

图 12-4　【模板】面板

模板的主要操作如下。

a. 模板列表区：用于显示所有已创建的模板。

b. 模板预览区：用于预览模板列表区选择的模板内容。

c. 应用按钮 应用 ：将模板列表区选择的模板应用于当前文档。

d. 新建模板按钮 ：用于新建模板。

e. 编辑按钮 ：用于编辑模板列表区选中的模板。

f. 删除按钮 ：用于删除模板列表区选中的模板。

② 单击【资源】面板底部的 按钮，一个无标题的新模板将添加到【模板】面板中的模

板列表中，如图 12-5 所示。

3. 模板的可编辑区域

可编辑区域是 Dreamweaver 的模板为每个应用模板的网页设计的可以单独修改的单元，修改模板后能够批量更新的是不可编辑的区域，可编辑区域通常无法做到批量统一修改与更新。

(1) 创建可编辑区域

① 在文档窗口中，打开 index.dwt 文件，选择插入可编辑模板区域。

在菜单栏依次选择【插入】→【模板对象】→【可编辑区域】命令，或者右击鼠标，在弹出的快捷菜单中选择【模板】→【新建可编辑区域】命令，也可通过【插入】面板的【常用】分类中的模板按钮中选择【可编辑区域】选项来选择可编辑区域。

② 在弹出的【新建可编辑区域】对话框中，在【名称】文本框中输入 main1，单击【确定】按钮，如图 12-6 所示。

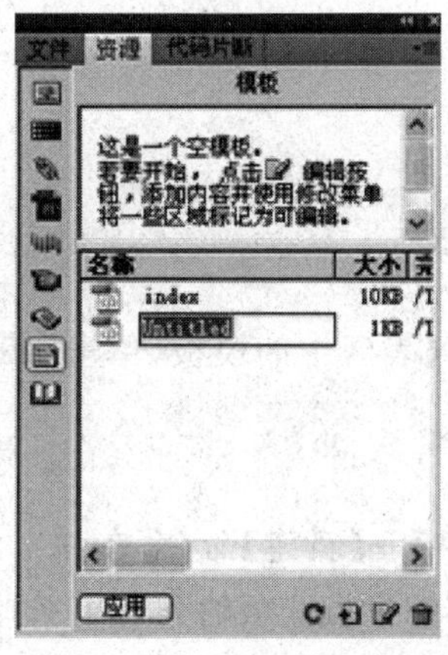

图 12-5 无标题的新模板

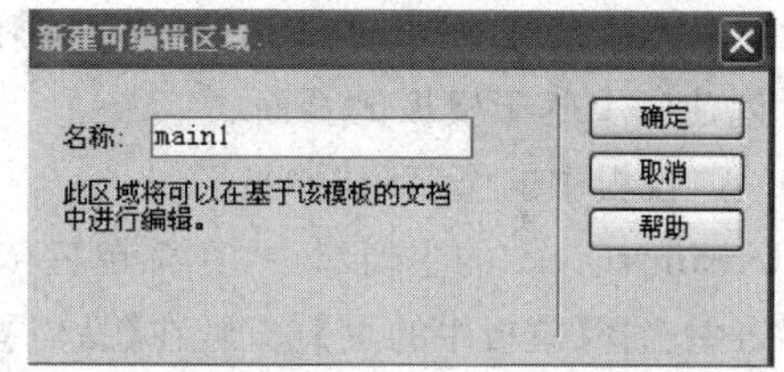

图 12-6 【新建可编辑区域】对话框

③ 以同样的方法在其他区域中设置可编辑区域，并分别命名。

(2) 删除可编辑区域

如果已经将模板文件中的某一个区域标记为可编辑区域，想重新锁定该区域，则可通过【删除模板标记】命令实现。单击可编辑区域的左上角的标签，进行以下操作。

① 在菜单栏依次选择【修改】→【模板】→【删除模板标记】命令，即可删除。

② 右击鼠标，在弹出的快捷菜单中选择【模板】→【删除模板标记】命令，如图 12-7 所示。

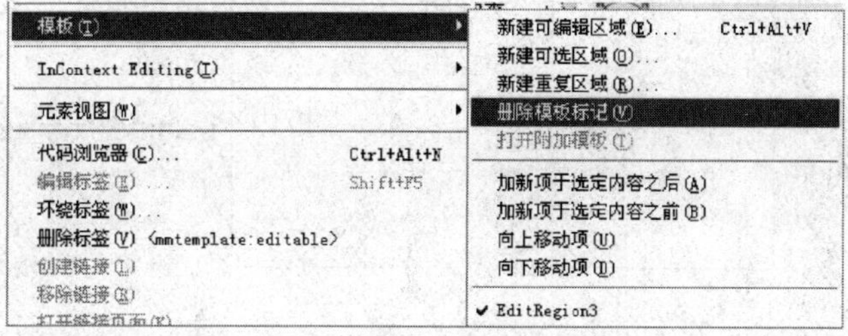

图 12-7 删除可编辑区域

(3) 重复区域

重复区域是模板的一部分,可以在模板的页面中重复多次。重复区域一般与表格一起使用。重复区域是指当一个网页表格更新数据时(一般指数据库数据)可以替换原表格对应数据的一种"特殊"表格。也能使其他网页元素定义重复区域,Dreamweaver 提供了两个重复区域模板对象:重复区域和重复表格。

创建操作类似可编辑区域。

(4) 可选区域

可选区域是模板中的区域,可将其设置为在基于模板的文档中显示或隐藏。当想要为在文档中显示内容设置条件时,使用可选区域。

插入可选区域以后,既可以为模板参数设置特定的值,也可以为模板区域定义条件语句(if...else 语句)。可以使用简单的真或假操作,也可以定义比较复杂的条件语句和表达式。如有必要,可以在以后对这个可选区域进行修改。模板用户可以根据定义的条件在其创建的基于模板的文档中编辑参数并控制是否显示可选区域。

创建操作类似可编辑区域。

4. 使用模板创建网页

建立模板后,就可以使用模板创建网页。

(1) 从模板面板中创建网页

新建一个 HTML 网页文件,选择【资源】面板的模板列表区中的模板,单击[应用]按钮,即可创建一个基于模板的页面。

(2) 从"模板中的页"新建网页

在 Dreamweaver 的主窗口中,在菜单栏依次选择【文件】→【新建】命令,在弹出的【新建文档】窗口中选择【模板中的页】选项,在【站点】"珠海航展"的模板选项的列表中选择已建立的模板"index",单击【创建】按钮,则可以建立一个基于模板"index"的网页文件,如图 12-8 所示。

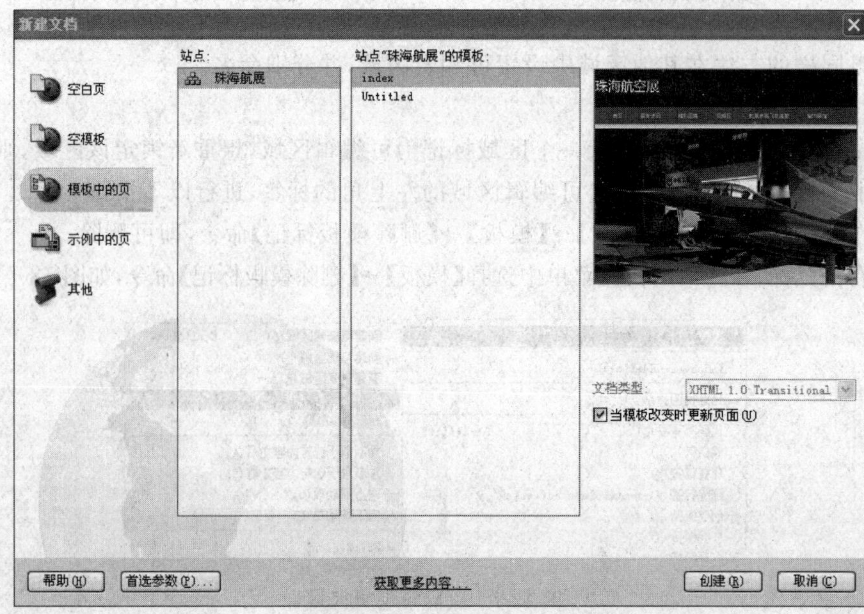

图 12-8 从模板中创建网页

5. 模板网页的维护与更新

(1) 通过修改模板的网页更新

修改模板之后,在 Dreamweaver 会提示更新基于该模板的文件。当对修改后的模板进行保存时,将弹出【更新模板文件】对话框,单击【更新】按钮,如图 12-9 所示。

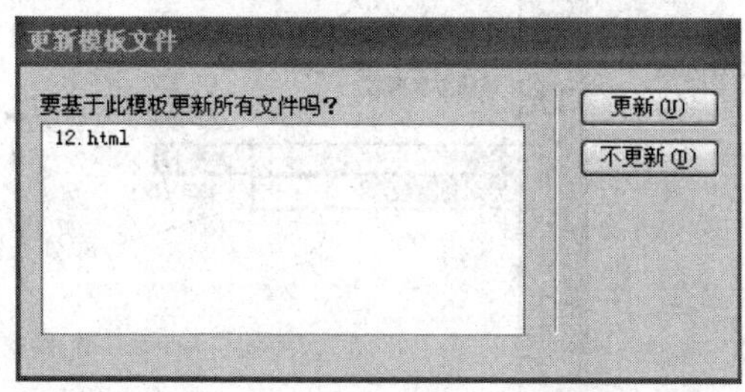

图 12-9 【更新模板文件】对话框

(2) 通过命令方式的网页更新

① 更新当前网页文档。在应用某个模板的网页文档窗口中选择【修改】→【模板】→【更新当前页】命令,可对当前网页文件进行更新操作。

② 更新所有网页文档。选择【修改】→【模板】→【更新页面】命令,在弹出的【更新页面】对话框中,可根据文档需要进行选择,设置完毕,单击【开始】按钮更新文件,如图 12-10 所示,如果选择了【显示记录】复选框,则会提示更新是否成功的信息。

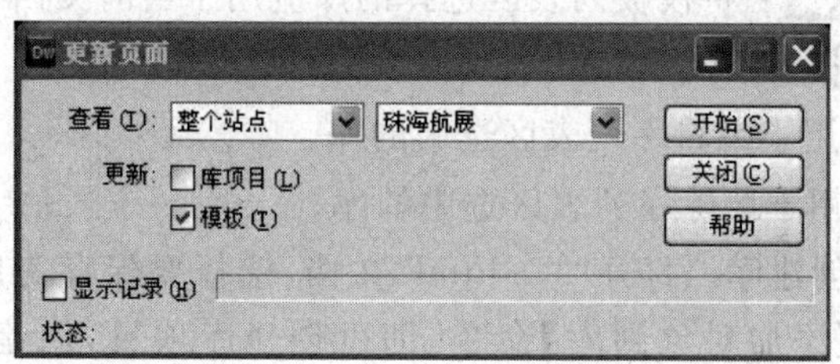

图 12-10 【更新页面】对话框

6. 从模板中分离文档

如果需要在网页文档中对模板的锁定区域进行修改,就必须要对该文档执行从模板中分离操作了。打开通过模板创建的网页文件"12.html",在菜单栏依次选择【修改】→【模板】→【从模板中分离】命令。分离后,可编辑区域标签消失了,不可编辑区域会自动转变为可编辑区域。

7. 库

Dreamweaver 中的库是一种用来存储想要在整个网站上经常重复使用或更新的页面元素(如图像、文本和其他对象)的方法。这些元素称为库项目。将库项目放在文档中时,Dreamweaver 向文档中插入该项目的 HTML 源代码,复制,并添加一个包含对原始外部项目的引用的 HTML 注释。Dreamweaver 将库项目存储在每个站点的本地根文件夹内的 Library 文件夹中。

(1) 创建库项目

① 使用"库"面板创建库。在菜单栏依次选【窗口】→【资源】命令,弹出【资源】浮动面

板。在【资源】面板中，选择左侧的【库】按钮，即可显示【库】面板，单击面板底部的【新建库项目】按钮，即可创建一个库项目，如图 12-11 所示。

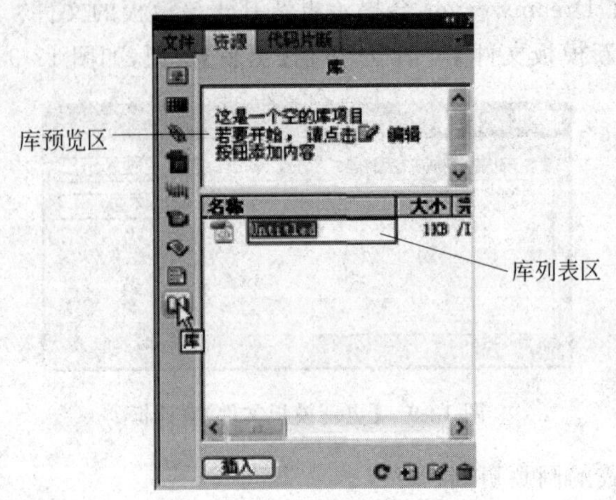

图 12-11 【库】面板

库的主要操作如下。

a. 库列表区：用于显示所有已创建的库。

b. 库预览区：用于预览库列表区选择的库内容。

c. 插入按钮 插入 ：将模板列表区选择的库应用于当前文档。

d. 新建库按钮 ：用于新建库。

e. 编辑按钮 ：用于编辑库列表区选中的库。

f. 删除按钮 ：用于删除库列表区选中的库。

② 使用网页文件创建库。打开“12. html”文档，选择要保存为库项目的文件，在菜单栏依次选择【修改】→【添加对象到库】命令，即可创建库项目，创建完成后给每个库项目命名。

Dreamweaver 将每个库项目作为一个单独的文件(扩展名为. lbi)保存在站点根目录下 Library 文件夹中。

(2) 编辑库项目

① 插入库项目。在需要插入库项目的文档窗口定位，在【资源】面板中【库】分类中选择需要插入的库项目，单击 插入 按钮即可；或者选中需要插入的库项目，按鼠标左键拖至文档窗口，也能实现库项目的插入。

② 修改库项目。在 Dreamweaver 中可对库项目的内容进行修改，在【资源】面板【库】分类中选择需要修改的库项目，单击 按钮，或者直接双击、选中需要修改的项目，二者均可对库项目进行修改。

③ 更新库项目。修改库项目后，在菜单栏依次选择【修改】→【模板】→【更新当前页】命令，来对网页文档进行库项目的更新；也可通过【修改】→【模板】→【更新页面】命令来更新整个站点中包含该库项目在引用的页面进行统一更新。

8. 智能网站模板

智能网站无须技术人员维护，普通人员即可，与企业同步成长，无限升级，统一后台，界面操作简单，随需组合，节省人力资源，无须重复投入。通过在线选择模板即可完成一个网站的制作。

虽然通过智能网站模板能快速、低成本地完成建站。但是由于有以下缺点，目前并没有广泛使用。

(1) 所建网站缺乏个性且功能简单。

大多数智能建站将建站的快慢作为衡量标准，提出了"一分钟建站"的口号。一分钟建好一个网站，在技术上并不困难。但风格就难免欠缺一些。

(2) 不能自由地移植用户网站。

由于建站、管理和维护工作必须在服务商的网站上完成，因此，用户的网站也被捆绑在该公司的服务器上，用户网站不能自由地移植，限制了用户自由选择的权利。

(3) 不能灵活地扩展网站功能。

智能网站的功能模块是固定提供的，用户不能对其进行剪裁、设置、组合，更谈不上对其进行二次开发，或自由地导入自己开发的网站功能模块。

(4) 不能随意地编辑网页模板。

对于选用的网站模板，用户无法对其进行独立、随意的编辑，更不能导入自定义的模板，利用这样的技术制作网站，往往是一个呆板而雷同的网站，难以让人接受。

(5) 域名不便于记忆。

多数智能建站系统都采用整个平台的二级域名或三级域名，导致域名比较长，不便于用户记忆。

任务实现

1. 创建模板

在【文件】浮动面板中打开站点下的文件index.html页面，在Dreamweaver CS6的主窗口中，选择菜单栏中的【文件】→【另存为模板】命令，弹出【另存模板】对话框，在【另存为】文本框中输入index名称。

2. 设置可编辑区域

在标签栏选择<div＃main>标签，选择【插入】面板的【常用】分类中的模板按钮中的【可编辑区域】选项，并命名为main，如图12-12所示。

图12-12　设置可编辑区域

3. 创建基于模板的网页

在 Dreamweaver 的主窗口中，在菜单栏依次选择【文件】→【新建】命令，在弹出的【新建文档】窗口中选择【模板中的页】选项，在【站点“珠海航展”的模板】选项的列表中选择已建立的模板“index”，单击【创建】按钮，创建了一个基于 index 模板的网页文档。

在该文档窗口中通过可编辑区域进行编辑，保存后预览。

小 结

对于一个网站来说，各个页面布局大部分是相同的，如页面格式、导航栏等，如果在制作每个页面的时候，这些相同的部分都要设计与制作，则网站设计师的工作量就相当大了。而模板和库恰好能帮助网站设计师解决这个问题。本项目详细介绍了模板和库的作用、怎样创建和编辑模板及利用已经创建好的模板创建新的网页。

思 考 题

1. 什么是模板？什么是库？
2. 模板和库有何区别？
3. 创建模板和库的用途分别是什么？

巩 固 练 习

参照任务制作如图 12-14 所示的网页。

参考步骤如下。

(1) 打开 index 页面另存为模板，将该模板页面中的设置选为可编辑区域，如图 12-13 所示部分。

图 12-13 设置编辑区域

(2) 设置完成后，保存该模板网页。

(3) 创建其他页面，如图 12-14 所示的页面就是通过上述模板网页创建的页面。

图 12-14　通过模板网页创建的页面

项目 13　行为和 Spry 网页

项目描述

Dreamweaver 中提供了“行为”技术，通过“行为”技术能够在网页中自动生成 JavaScript 代码，可以实现很多动态效果和交互功能，比如打开浏览器窗口、交换图像等。Dreamweaver 将所生成的代码自动和相应的事件相联系，比如移动鼠标、单击鼠标等，即使不懂 JavaScript，通过行为也能够方便地制作出充满动感和交互性的网页。新增的 Spry 功能不仅增加了页面的布局形式，简化并增强了表单的验证功能，还与 XML 数据相结合，方便构造动态数据显示。

知识目标

- 掌握行为在网页中的应用方法；
- 掌握 Spry 组件的应用方法；
- 掌握 Spry 组件在网页中的应用方法。

技能目标

- 学会行为在网页中的合理应用；
- 学会 Spry 控件在网页中的合理应用。

任务　制作新闻列表页面

任务描述

在“珠海航空展”中的“最新资讯”页面中使用大量的行为和 Spry 构件来增加图片的动态效果，如图 13-1 所示。

相关知识与技能

1. 认识行为

选择要应用行为效果的对象，展开【行为】面板，单击【添加行为】按钮从弹出的下拉菜单中打开【效果】子菜单，从中选择要应用的各种效果。

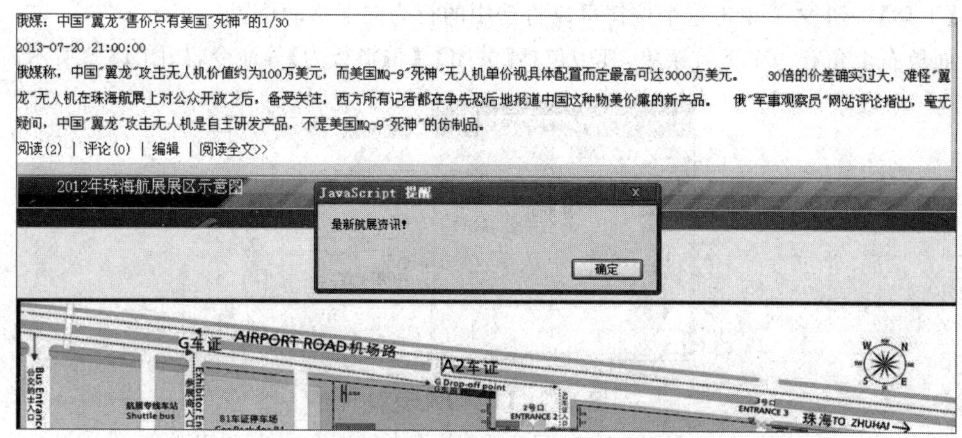

图 13-1 页面中添加了行为和 Spry 构件的页面效果图

(1) 行为和行为面板

① 行为：是由事件(Event)触发的动作(Action)，因此，行为的基本元素有两个：事件和动作。事件是浏览器产生的有效信息，也就是访问者对网页进行的操作。例如，当访问者将鼠标光标移到一个链接上，浏览器就会为这个链接产生一个"onMouseOver"(鼠标经过)事件。然后，浏览器会检查当事件为这个链接产生时，是否有一些代码需要执行，如果有就执行这段代码，这就是动作。动作是由 JavaScript 代码组成的，这些代码执行特定的任务。

不同的事件为不同的网页元素所定义。例如，在大多数浏览器中，"onMouseOver"(鼠标经过)和"onClick"(单击)是和链接相关的事件，然而"onLoad"(载入)是和图像及文档相关的事件。一个单一的事件可以触发几个不同的动作，而且可以指定这些动作发生的顺序。

② 行为面板：在文档窗口中，选择【窗口】→【行为】命令或者按 Shift+F4 组合键，均可打开【行为】面板，如图 13-2 所示。

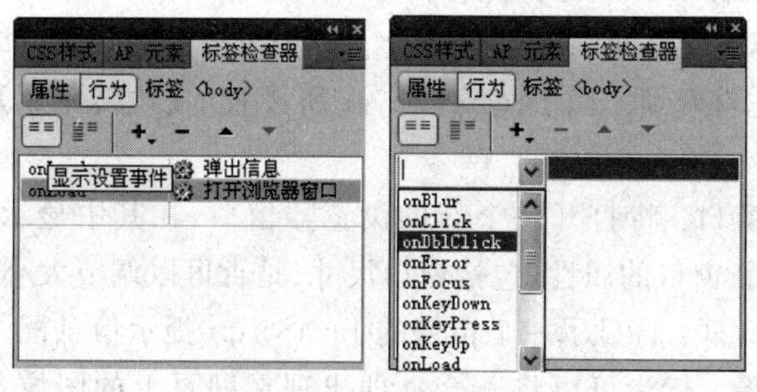

图 13-2 【行为】面板(1)

面板简介如下。

a. 面板上方(自左向右)。它包括显示事件和设置事件，分别是【显示设置事件】命令和【显示所有事件】命令，如图 13-2 左边图所示。

【添加行为】按钮：单击这个按钮可以弹出一个包括很多行为的下拉菜单，在下拉菜单中可以选择你所需要添加的具体行为。

【删除行为】按钮：单击这个按钮可以将你所选中的行为删除。

【上移】按钮：单击这个按钮可以将选中的行为向上移动位置。

【下移】按钮：单击这个按钮可以将选中的行为向下移动位置。

面板右上角有一个下拉菜单，其中包括【关闭】、【编辑行为】等命令，如图 13-3 所示。

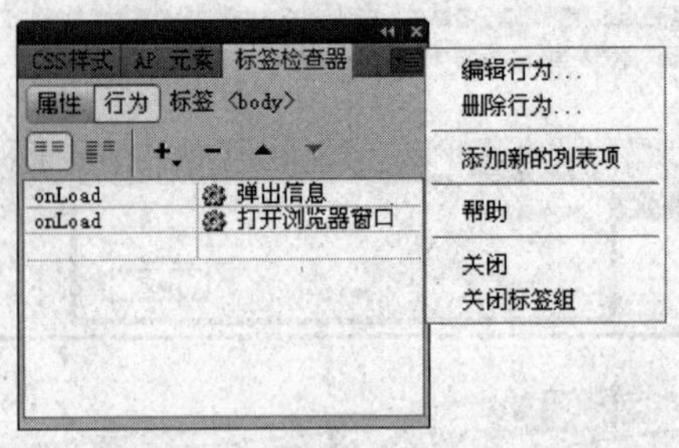

图 13-3 【行为】面板(2)

b. 面板下方。它是显示行为的窗口，包括两列内容，左边显示的是【事件】，右边显示的是【动作】。

(2) 事件和动作

事件决定了为某一页面元素所定义的动作在什么时候执行。需要注意的是不同版本的浏览器所支持的事件类型也不同。

2. 网页中的常用行为

(1) 调用 JavaScript：能够让设计者使用【行为】面板指定一个自定义功能，或者当一个事件发生时执行一段 JavaScript 代码。设计者可以自己编写 JavaScript 代码。

(2) 改变属性：用来改变网页元素的属性值，如文本的大小、字体，层的可见性，背景色，图片的来源以及表单的执行等。

(3) 交换图像：可以将一个图像替换为另一个图像，这是通过改变图像的 src 属性来实现的。

(4) 跳转菜单：跳转菜单相当于在菜单域的基础上又增加了一个按钮，但是，一旦在文档中插入了跳转菜单，就无法再对其进行修改了。如果要修改，只能将菜单删除，然后再重新创建一个，这样做非常麻烦。而 Dreamweaver 所设置的【跳转菜单】行为，其实就是为了弥补这个缺陷。

(5) 打开浏览器窗口：将打开一个新的浏览器窗口，在其中显示所指定的网页文档。设计者可以指定这个新窗口的属性，包括窗口尺寸、是否可以调节大小、是否有菜单栏等。

(6) 弹出信息对话框：将显示一个指定的 JavaScript 提示信息框。

(7) 预先载入图像：行为可以将不会立即出现在网页上的图像预先载入浏览器缓存中。这样可防止需要图像出现时再去下载而导致延迟，还便于脱机使用。

(8) 拖动 AP 元素：可以制作出能让浏览者任意拖动的对象。不过，在开始制作前，需要在页面中先添加 AP Div，并在其中添加图像或文本。

(9) 转到 URL：可以在当前窗口或指定的框架中打开一个新页面。此操作对通过一次单击，修改两个框架或多个框架的内容非常适用。

3. JavaScript

JavaScript 是一种基于对象和事件驱动并具有相对安全性的客户端脚本语言。同时也是一种广泛用于客户端 Web 开发的脚本语言，常用来给 HTML 网页添加动态功能，比如响应用户的各种操作。它最初由网景公司(Netscape)的 Brendan Eich 设计,是一种动态、弱类型、基于原型的语言,内置支持类。JavaScript 是 Sun 公司(已被 Oracle 收购)的注册商标。Ecma 国际以 JavaScript 为基础制定了 ECMAScript 标准。JavaScript 也可以用于其他场合,如服务器端编程。完整的 JavaScript 实现包含 3 个部分:ECMAScript,文档对象模型,字节顺序记号。

JavaScript 主要用来向 HTML 页面添加交互行为。可以直接嵌入 HTML 页面,但写成单独的 js 文件有利于结构和行为的分离。

JavaScript 常用来完成以下任务。

(1) 嵌入动态文本于 HTML 页面。

(2) 对浏览器事件作出响应。

(3) 读写 HTML 元素。

(4) 在数据被提交到服务器之前验证数据。

(5) 检测访客的浏览器信息。

(6) 控制 cookies,包括创建和修改等。

4. Spry 构件

Spry 构件是预置的一组用户界面组件,可以使用 CSS 自定义这些组件,然后将其添加到网页中,通过启用用户交互来提供更丰富的用户体验。Spry 构件由以下 3 部分组成。第一,构件结构:用来定义构件结构组成的 HMTL 代码块。第二,构件行为:用来控制构件如何响应用户启动事件的 JavaScript。第三,构件样式:用来指定构件外观的 CSS。

在文档窗口中,选择【插入】→Spry 命令,在弹出的子菜单中选择要插入的 Spry 构件,或者通过 Spry 工具栏插入 Spry 构件,如图 13-4 所示。

图 13-4　Spry 工具栏

提示:在插入 Spry 构件之前需保存当前文档。

(1) 使用 Spry 显示数据

① Spry 数据集:在当前文档窗口中选择【插入】→【Spry】→【Spry 数据集】命令,如图 13-5 所示。打开【Spry 数据集】对话框。进行设置后,如图 13-6 所示,单击【完成】按钮,将数据集与页面相关联。与此同时,【应用程序】面板的【绑定】选项中显示出该数据集的所有数据。

② Spry 区域:在当前文档窗口中选择【插入】→【Spry】→【Spry 区域】命令,打开【插入 Spry 区域】对话框,进行所需的设置,如图 13-7 所示。

③ Spry 重复项:在当前文档窗口中选择【插入】→【Spry】→【Spry 重复项】命令,打开【插入 Spry 重复项】对话框,进行所需的设置,如图 13-8 所示。

④ Spry 重复列表:在当前文档窗口中选择【插入】→【Spry】→【Spry 重复列表】命令,打开【插入 Spry 重复列表】对话框,完成相关设置后单击【确定】按钮,会打开一个提示对话框,提示用户需要添加 Spry 区域,单击【确定】按钮后,即可在页面上显示重复列表区域,如图 13-9 所示。

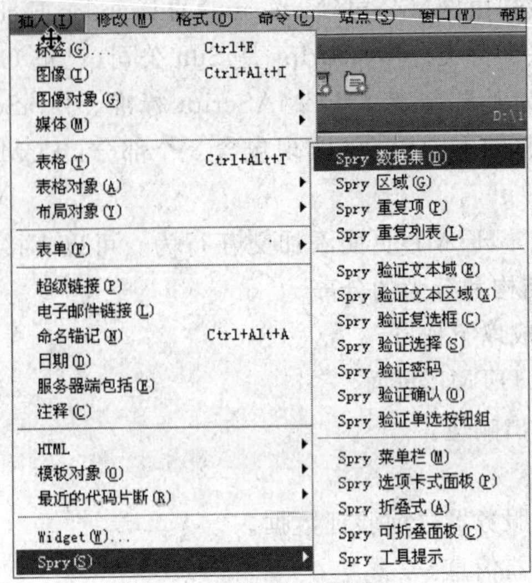

图 13-5 Spry 级联菜单

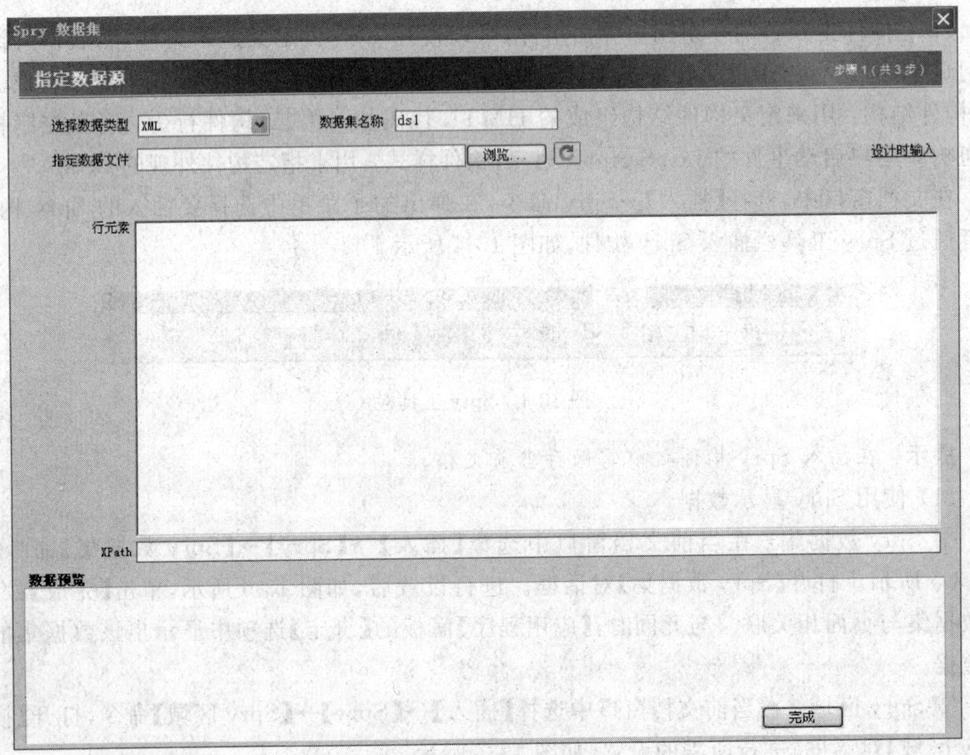

图 13-6 设置 Spry 数据集

(2) 使用 Spry 构件验证表单域

① 验证文本(区)域：选择表单中的文本域，然后选择【插入】→【Spry】→【Spry 验证文本域】命令，即可插入一个 Spry 验证文本域构件。使用属性检查器中的各选项可设置不同的验证值。

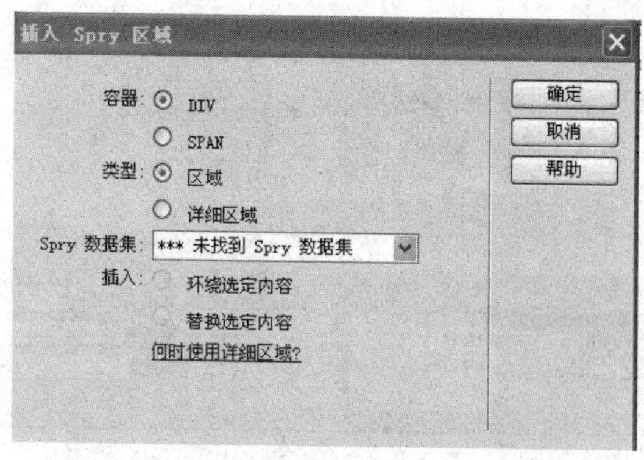

图 13-7 【插入 Spry 区域】对话框

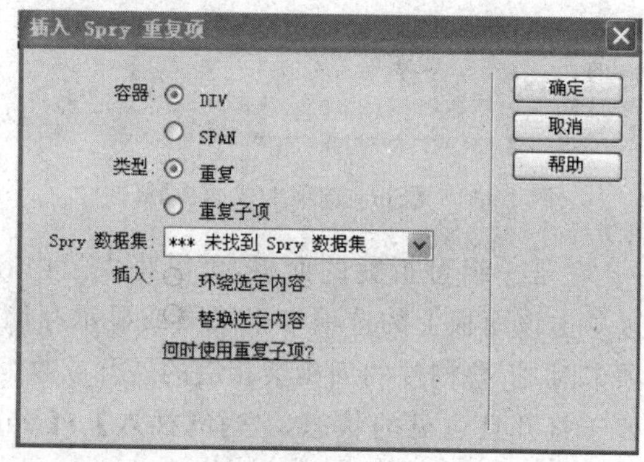

图 13-8 【插入 Spry 重复项】对话框

图 13-9 【插入 Spry 重复列表】对话框

② 其他表单区域验证的操作方法同①。

(3) 网页中常用的 Spry 构件

① Spry 菜单栏。它是一组可导航的菜单按钮，当将鼠标悬停在其中的某个按钮上时，将显示相应的子菜单。选择【插入】→【Spry】→【Spry 菜单栏】命令，打开【Spry 菜单栏】对话框进行参数设置，如图 13-10 所示。

② Spry 选项卡式面板。它是一组面板，用来将内容存储到紧凑空间中。用户可以通过单击要访问面板上的选项卡来隐藏或显示存储在选项卡式面板中的内容。当访问者单击不同的选项卡时，构件的面板会相应的打开。在给定时间内，选项卡式面板构件中只有一个内容面板处于打开状态。选择【插入】→【Spry】→【Spry 选项卡式面板】命令，在页面中添加一个 Spry 选项卡式面板构件，如图 13-11 所示。

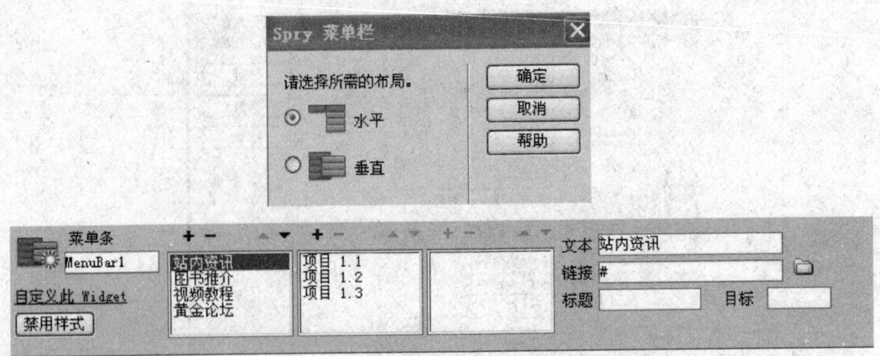

图 13-10 【Spry 菜单栏】及属性设置

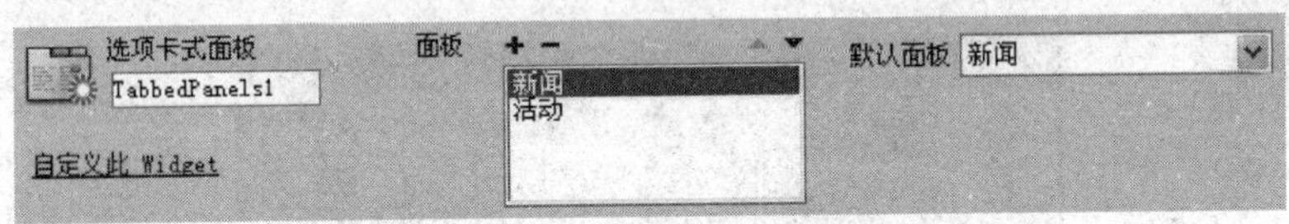

图 13-11 【Spry 选项卡式面板】属性

③ Spry 折叠式构件。它是一组可折叠的面板，可以将大量内容存储在一个紧凑的空间中。站点浏览者可通过单击该面板上的选项卡来隐藏或显示存储在折叠构件中的内容。当浏览者单击不同的选项卡时，折叠构件的面板会相应的展开或收缩。在折叠式构件中，每次只能有一个内容面板处于打开且可见的状态。选择【插入】→【Spry】→【Spry 折叠式】命令，在页面中添加一个 Spry 折叠式构件，如图 13-12 所示。

图 13-12 【Spry 折叠式】面板属性

④ Spry 可折叠面板。它是一个面板，可将内容存储到紧凑的空间中。用户单击构件的选项卡即可隐藏或显示存储在可折叠面板中的内容。选择【插入】→【Spry】→【Spry 可折叠面板】命令，在页面中添加一个 Spry 可折叠面板构件，如图 13-13 所示。

图 13-13 【Spry 可折叠面板】属性

任务实现

1. 添加行为

(1) 创建“最新资讯”页面

在 Dreamweaver 的主窗口中，在菜单栏依次选择【文件】→【新建】命令，在弹出的【新建文档】窗口中选择【模板中的页】选项，在【站点】“珠海航展”的模板选项的列表中选择已建立的模板“index”,单击【创建】按钮,创建了一个基于 index 模板的网页文档,保存名称为“最新资讯”。

在 ID 为 left 区域中输入文字“美媒声称中国军……国 MQ-9‘死神’的仿制品。”

(2) 添加行为

在文档窗口中,选择【窗口】→【行为】命令打开【行为】面板,单击【添加行为】按钮,在弹出的级联菜单中选择【弹出信息】选项,在【弹出信息】窗口中输入文字“最新航展资讯!”,单击【确定】按钮,如图 13-14 所示。设置动作为“onlick”。

图 13-14　设置弹出信息内容

2. 添加 Spry 构件

将鼠标置于目标位置,选择【插入】→【Spry】→【Spry 可折叠面板】命令,在页面中添加一个 Spry 可折叠面板构件,如图 13-15 所示。

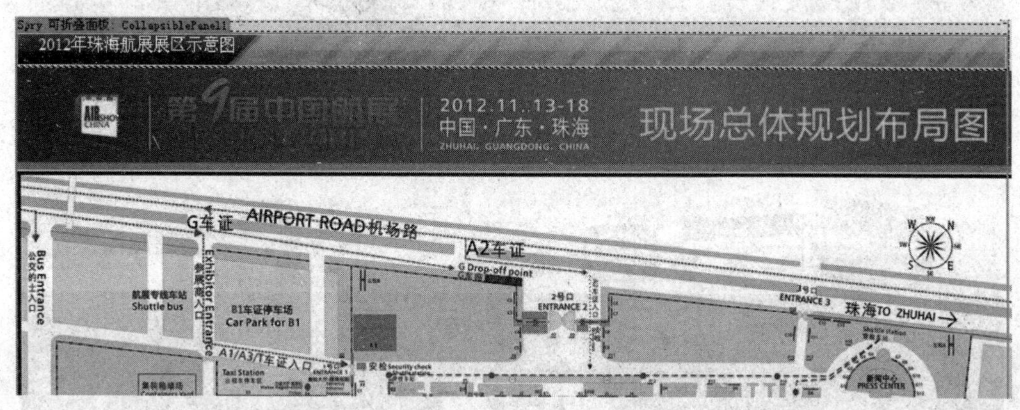

图 13-15　插入 Spry 可折叠面板

在浏览器窗口中的效果如图 13-1 所示。

小　结

网页中的行为和 JavaScript 及 Spry 控件,实际上都是一段程序,用来完成某些网页特效。本项目介绍了 Dreamweaver 中常见行为及使用、Spry 构件组成及使用。

思 考 题

1. 行为是什么?
2. JavaScript 与 HTML 有何区别?
3. Spry 构件由哪三部分组成?

巩 固 练 习

参照任务，制作如图 13-16 所示的网页。

参考步骤如下。

(1) 新建两个 JavaScript 文档，分别保存名为“jquery. js”和“feature_list. js”。

(2) 打开页面“index”，在该页面附加“jquery. js”和“feature_list. js”两个 js 文件，最终实现图像切换效果。

图 13-16　通过 JS 实现图片切换效果

项目 14　动态网页

项目描述

在珠海航空展网站中提供游客注册、登录功能，以便统计人们对航展的关注程度。

知识目标

➢ 掌握简单动态网页的制作方法；
➢ 掌握搭建服务器平台的方法。

技能目标

➢ 能够创建动态网页；
➢ 能够搭建服务器平台。

任务　注册登录页面

任务描述

通过创建动态网页，搭建服务器平台和设计数据库来完成的注册页面，如图 14-1 所示。

相关知识与技能

1. 动态网页

(1) 什么是动态网页

所谓的动态网页，是指跟静态网页相对的一种网页编程技术。静态网页，随着 HTML 代码的生成，页面的内容和显示效果就基本上不会发生变化了。而动态网页则不然，页面代码虽然没有变，但是显示的内容却是可以随着时间、环境或者数据库操作的结果而发生改变的。

动态网页，就是网页文件中不但含有 HTML 标记，而且是建立在 B/S（浏览器与服务器）架构上的服务器端脚本程序。在浏览器端显示的网页是服务器端程序运行的结果。动态网页文件的后缀根据不同的程序语言来定，如 ASP 文件的后缀是.asp。动态页面最主要

图 14-1　注册页面

的特点就是结合后台数据库，自动更新页面。建立数据库的链接是页面通向数据的桥梁，任何形式的添加、删除、修改和检索都是建立在链接的基础上的。

动态网页发布技术的出现使得网站从展示平台变成了网络交互平台。Dreamweaver 在集成了动态网页的开发功能后，就由网页设计工具变成了网站开发工具。Dreamweaver 提供了众多的可视化设计工具、应用开发环境以及代码编辑支持，开发人员和设计师能够快捷地创建代码应用程序，集成程度非常高，开发环境精简而高效。

从网站浏览者的角度来看，无论是动态网页还是静态网页，都可以展示基本的文字和图片信息，但从网站开发、管理、维护的角度来看就有很大的差别。

总之，动态网页是基本的 HTML 语法规范与 Java、VB、VC 等高级程序设计语言、数据库编程等多种技术的融合，以期实现对网站内容和风格的高效、动态和交互式的管理。因此，从这个意义上来讲，凡是结合了 HTML 以外的高级程序设计语言和数据库技术进行的网页编程技术生成的网页都是动态网页。

另外，与静态网页相对应的，能与后台数据库进行交互和数据传递。即网页 URL 的后缀不是. htm、. html、. shtml、. xml 等静态网页的常见形动态网页制作格式，而是以. aspx、. asp、. jsp、. php、. perl、. cgi 等形式为后缀，并且在动态网页网址中有一个标志性的符号——"?"。动态网页可以用 Visual Studio 2008 等来实现。

（2）动态网页的特点

① 交互性：即网页会根据用户的要求和选择而动态改变和响应。例如访问者在网页上填写表单信息并提交，服务器经过处理将信息自动存储到后台数据库中，并打开相应的提示页面。

② 自动更新：即无须手动操作，便会自动生成新的页面，可以大大节省工作量。例如，在论坛中发布信息，后台服务器将自动生成新的网页。

③ 随机性：即当不同的时间、不同的人访问同一网址时会产生不同的页面效果。例如，登录界面自动循环功能。

④ 动态网页中的“?”对搜索引擎检索存在一定的问题,搜索引擎一般不可能从一个网站的数据库中访问全部网页,或者出于技术方面的考虑,搜索蜘蛛不去抓取网址中“?”后面的内容,因此采用动态网页的网站在进行搜索引擎推广时需要做一定的技术处理才能适应搜索引擎的要求。

(3) 服务器端

一个在 Web(网络)服务器上运行的程序(服务器端脚本)用来改变在不同的网页的内容,或调节序列或重新加载的网页。服务器响应来确定张贴的超文本置标语言表单里的数据、URL 中的参数、所使用的浏览器类型或数据库或服务器的状态等情况。

这些网页通常都是用 ASP、ColdFusion、Perl、PHP、WebDNA 或者其他的服务器端语言。这些服务器端语言经常使用通用网关接口(CGI)产生动态网页。有两个明显的例外是 ASP. net 和 JSP(Java 服务器页面),在它们的 API(程序编程接口)里会重复使用 CGI 的概念,但实际上所有的 Web 请求应分派到一个共享的虚拟机。动态网页在很少或没有预期变化时,往往会通过高速缓存等方式接收大量的网络信息,会使服务器加载缓慢。

(4) 客户端

客户端脚本在一个特定的页面改变界面以及行为、响应鼠标、键盘操作,或指定时间事件。在这种情况下,动态行为在发生时,客户端生成的内容在用户的本地计算机系统里。

这些网页使用的演示技术被称为富接口页面。客户端脚本语言,如 JavaScript(Java 脚本)或 ActionScript(动作脚本),动态 HTML(DHTML)和 Flash 技术的使用,经常被用来编排媒体类型(声音、动画、修改文本等)的演示。该脚本还允许使用远程脚本技术,DHTML 页面请求从服务器的其他信息,使用一个隐藏的框架,XMLHttpRequest 或 Web(网络)服务。

(5) 新技术

① PHP,即 Hypertext Preprocessor(超文本预处理器),是当今 Internet 上最为火热的脚本语言,其语法借鉴了 C、Java、Perl 等语言,但只需要很少的编程知识就能使用 PHP 建立一个真正交互的 Web 站点。

PHP 与 HTML 语言具有非常好的兼容性,使用者可以直接在脚本代码中加入 HTML 标签,或者在 HTML 标签中加入脚本代码从而更好地实现页面控制。PHP 提供了标准的数据库接口,数据库连接方便,兼容性强;扩展性强;可以进行面向对象的编程。

② ASP 即 Active Server Pages(活跃服务器页),是微软开发的一种类似超文本置标语言(HTML)、脚本(Script)与 CGI(公用网关接口)的结合体,它没有提供自己专门的编程语言,而是允许用户使用许多已有的脚本语言编写 ASP 的应用程序。ASP 的程序编制比 HTML 更方便且更有灵活性。它是在 Web 服务器端运行,运行后再将运行结果以 HTML 格式传送至客户端的浏览器。因此 ASP 与一般的脚本语言相比,要安全得多。

ASP 的最大好处是可以包含 HTML 标签,也可以直接存取数据库及使用无限扩充的 ActiveX 控件,因此在程序编制上要比 HTML 方便且更富有灵活性。通过使用 ASP 的组件和对象技术,用户可以直接使用 ActiveX 控件,调用对象方法和属性,以简单的方式实现强大的交互功能。

但 ASP 技术也非完美无缺,由于它基本上是局限于微软的操作系统平台之上,主要工作环境是微软的 IIS 应用程序结构,又因 ActiveX 对象具有平台特性,所以 ASP 技术不能很容易地实现在跨平台 Web 服务器上工作。

③ JSP，即 Java Server Pages(Java 服务器页面)，它是由 Sun Microsystem 公司于 1999 年 6 月推出的新技术，是基于 Java Servlet 以及整个 Java 体系的 Web 开发技术。

JSP 和 ASP 在技术方面有许多相似之处，不过两者来源于不同的技术规范组织，以至于 ASP 一般只应用于 Windows NT/2000 平台，而 JSP 则可以在 85％以上的服务器上运行，而且基于 JSP 技术的应用程序比基于 ASP 的应用程序易于维护和管理，所以被许多人认为是未来最有发展前途的动态网站技术。

④ ASPX 是微软在服务器端运行的动态网页文件，通过 IIS 解析执行后可以得到动态页面，是微软推出的一种新的网络编程方法，而不是 ASP 的简单升级，因为它的编程方法和 ASP 有很大的不同，它是在服务器端靠服务器编译执行的程序代码，ASP 使用脚本语言，每次请求的时候，服务器调用脚本解析引擎来解析执行其中的程序代码，而 asp. net 则可以使用多种语言编写，而且是全编译执行的，比 ASP 快，且还有很多优点。

(6) 动态体系

LAMP(Linux＋Apache＋Mysql＋PHP)是一组常用来搭建动态网站或者服务器的开源软件，本身都是各自独立的程序，但是因为常被放在一起使用，拥有了越来越高的兼容度，共同组成了一个强大的 Web 应用程序平台。

这个特定名词最早出现在 1998 年。当时，Michael Kunze 为德国一家计算机杂志写的一篇关于自由软件如何成为商业软件替代品的文章时，创建了 LAMP 这个名词，用来指代 Linux 操作系统、Apache 网络服务器、Mysql 数据库和 PHP (Perl 或 Python)脚本语言的组合(由 4 种技术的开头字母组成)。由于 IT 界众所周知的对缩写的爱好，Kunze 提出的 LAMP 这一术语很快就被市场接受。O'Reilly 和 Mysql AB 更是在英语人群中推广普及了这个术语。随之 LAMP 技术成为了开源软件业的一盏真正的明灯。

LAMP 是基于 Linux＋Apache＋MySql＋PHP 的开放资源网络开发平台，PHP 是一种有时候用 Perl 或 Python 可代替的编程语言。这个术语来自欧洲，在那里这些程序常用来作为一种标准开发环境。名字来源于每个程序的第一个字母。每个程序在所有权里都符合开放源代码标准：Linux 是开放系统；Apache 是最通用的网络服务器；Mysql 是带有基于网络管理附加工具的关系数据库；PHP 是流行的对象脚本语言，它包含了多数其他语言的优秀特征来使得它的网络开发更加有效。开发者在 Windows 操作系统下使用这些 Linux 环境里的工具称为使用 WAMP，也称为 WAMP 架构。

随着开源潮流的蓬勃发展，开放源代码的 LAMP 已经与 J2EE 和. Net 商业软件形成三足鼎立之势，并且该软件开发的项目在软件方面的投资成本较低，因此受到整个 IT 界的关注。从网站的流量上来说，70％以上的访问流量是 LAMP 来提供的，LAMP 是最强大的网站解决方案。

2. 搭建服务器平台

(1) 服务器平台

动态网站系统要在服务器平台上运行，离开一定的平台，动态交互式的网站系统就不能正常运行。

各种动态网页格式适用的服务器应用软件，如表 14-1 所示。

表 14-1 各种动态网页格式适用的服务器应用软件

格　式	服务器应用软件
ASP	Microsoft 的 IIS 或 PWS
ASP. NET	Microsoft 的 IIS 及. NET Framework 及 MDAC(Microsoft Data Access Components) 2.6 以上的版本
PHP	PHP、Microsoft 的 IIS(或 PWS)或免费软件 Apache
JSP	Macromedia 的 JRun 或 IBM 的 WebSphere 或 Tomcat
ColdFusion	ColdFusion

在 Dreamweaver 中设计 ASP、ASP. NET、PHP 或 JSP 网页时，也必须安装相关的服务器软件，才能正常预览动态网页。服务器软件有些附加在系统安装的光盘中，有些可以从网站免费下载，在选择以哪种语言作为开发平台时，需考虑到其适用性、复杂度及软件支持应用的便利性。

本实例是以 ASP 为开发平台，因此选择的服务器软件是 IIS 5.0.

(2) IIS 的安装

在 Windows XP 操作平台上，安装 IIS 5.0 服务器软件，步骤如下。

① 选择 Windows 任务栏的【开始】按钮，出现菜单后，选择【控制面板】命令。在该命令窗口中单击【添加/删除程序】选项。

② 在弹出的对话框中选择【添加/删除 Windows 组件】选项，在【Windows 组件向导】对话框中选中【Internet 信息服务(IIS)】选项，然后单击【下一步】按钮，按向导指示，完成对 IIS 的安装，如图 14-2 所示。

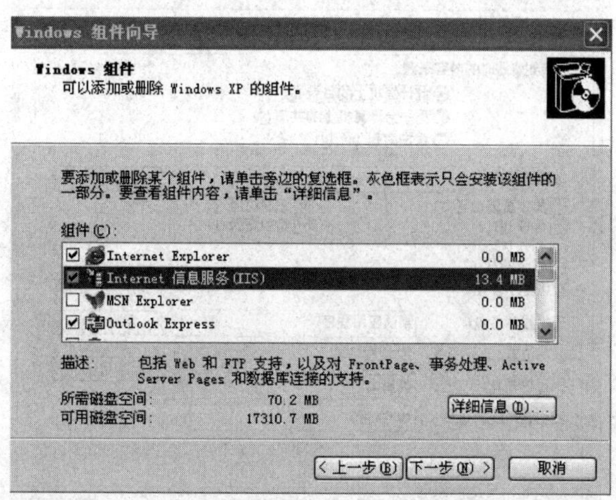

图 14-2 安装 Windows 组件 IIS

(3) 设置 IIS 服务器

① 启动 Internet 信息服务(IIS)。选择 Windows 任务栏的【开始】按钮，出现菜单后，选择【控制面板】命令。在该命令窗口中单击【性能与维护】选项，在弹出的窗口中双击【管理工具】→【Internet 信息服务】，即可启动 Internet 信息服务，如图 14-3 所示。

② 配置 IIS。IIS 安装后，系统自动创建了一个默认的 Web 站点，该站点的主目录默认为 C:\\Inetpub\\wwwroot。用鼠标右击“默认 Web 站点”，在弹出的快捷菜单中选择

【属性】选项，此时就可以打开站点属性设置对话框，如图 14-4 所示，在该对话框中，可完成对站点的全部配置。

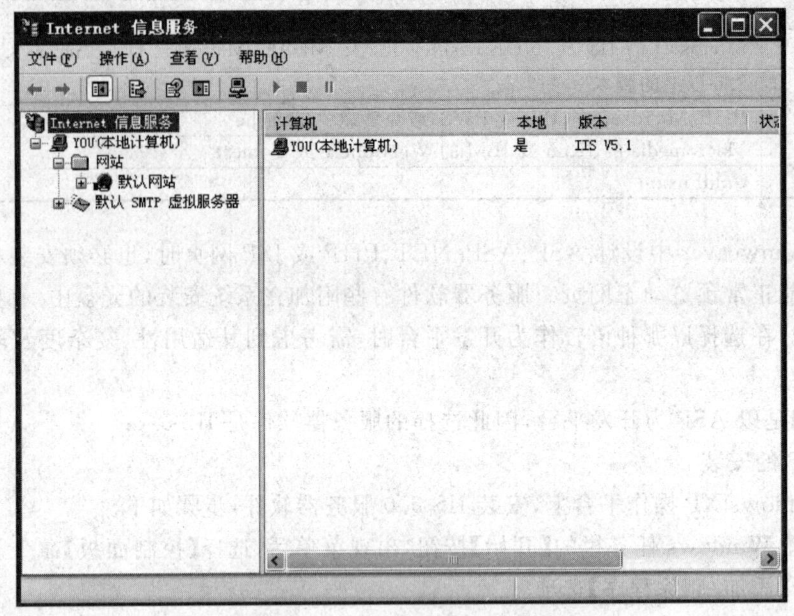

图 14-3 【Internet 信息服务】对话框

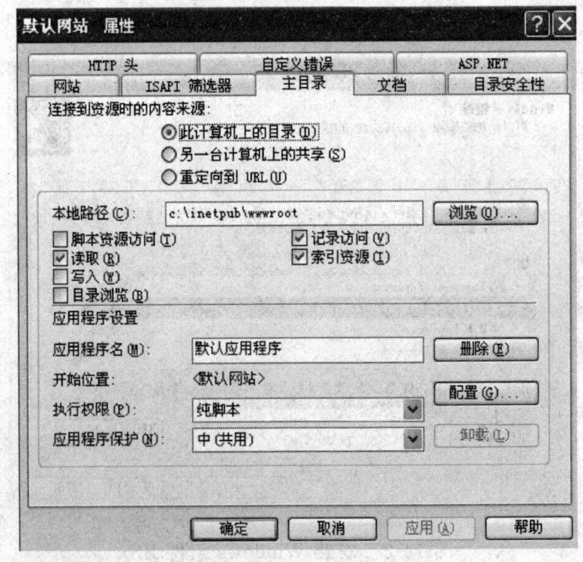

图 14-4 配置 IIS

3. 数据库设计

动态网页只有与数据库连接起来才能实现相应的交互效果。因此，在创建动态网页的同时，必须建立相应的数据库。本实例中是通过 SQL Server 2008 创建的用户信息数据库，该数据库中包括用户的编号、注册账户、密码及注册日期等。

任务实现

1. 创建注册页面

打开 Dreamweaver 的设计界面。在菜单栏依次单击【文件】→【新建】命令，新建一个名为“register.asp”的标准 ASP 文件。

(1) 创建 CSS 样式

```
@charset "gb2312";
/* CSS Document */
/* =================== 基本样式 ==================== */
body{background:#f9f9f9; font-size:12px;}
*{margin:0; padding:0;}
.clear{clear:both;}
a img{border:none;}

/* ========================== 注册信息栏样式 =================== */
#content{width:1004px; margin:0 auto; background:url(../images/register_bg.jpg) no-repeat
center 26px; padding-top:185px;}
#content dl{width:430px; margin-left:70px; line-height:30px;}
#content input{_vertical-align:middle; *vertical-align:middle; vertical-align:middle\
0;}/*ie6-8 兼容*/
#content dt{font-size:14px;}
#content dt,#content dd{float:right;}
#content dt span{color:#F00; margin-right:5px;}
#content dt input{width:332px; height:25px; margin-left:5px; _line-height:25px; *line-
height:25px; line-height:25px\0;}/*文本行高 ie6-8 兼容*/
#content dd{width:332px; margin-bottom:22px;  }
/*同意条款位置样式*/
#content .h30{margin-top:30px; margin-bottom:10px;}
#content .h30 a{color:#000; text-decoration:none; margin-left:5px;}
#content .h30 a span{color:#003399;}
.redText{color:red;}
.greenText{color:#090;}
#repwdTips{height:30px; line-height:30px;}
.redColor{color:red;}
.greenColor {color:#390;}
.greyColor{color:#999;}
```

(2) 导入 CSS 样式

```
<link href="../public/css/register.css" rel="stylesheet" type="text/css" />
```

(3) 输入内容

在 body 中输入以下代码。

```
<div id="content">
    <dl>
        <dt><span>      *</span>账号
            <input name="" type="text" id="username" /></dt>
        <dd id="usernameTips" class="greyColor">6～18 个字符，可使用字母、数字、下划线，
```

```
需以字母开头</dd>
        <dt><span>*</span>密码<input name="" type="password" id="password" /></dt>
        <dd id="pwdTips" class="greyColor">6～16 个字符,不区分大小写</dd>
        <dt><span>*</span>确认密码<input name="" type="password" id="repwd" /></dt>
        <dd id="repwdTips" class="greyColor">请再次填写密码</dd>
        <dd class="h30">
            <input name="" type="checkbox" id="readed" />
            <a href="#">同意"<span>服务条款</span>"和"<span>隐私权相关政策</span>"</a>
        </dd>
        <dd><a href="#" class="rit_bt"><img src="../public/images/register_bt.png"
name="register" id="register" /></a></dd>
    </dl>
    <div class="clear"></div>
</div>
```

在 body 外给页面添加以下内容。

```
<script>
$(document).ready(function(){
var bool1 = false;
var bool2 = false;
var bool3 = false;
$("#username").blur(function(){
    reg = /^\w{6,18}$/;
    var username = $("#username").val();
    if(username == ""){
        $("#usernameTips").text("用户名不能为空!").removeClass("greyColor").removeClass
("greenColor").addClass("redColor");
    }else{
        if(reg.test(username) == true){
            $("#usernameTips").text("此用户名可用!").removeClass("greyColor").removeClass
("redColor").addClass("greenColor");
            bool1 = true;
        }else{
            $("#usernameTips").text("6～18 个字符,可使用字母、数字、下划线,需以字母开
头!").removeClass("greyColor").removeClass("greenColor").addClass("redColor");
        }
    }

})

$("#password").blur(function(){
    reg = /^\w{6,18}$/;
    var psd = $("#password").val();
    if(psd!= ""){
        if(reg.test(psd)){
            $("#pwdTips").text("可用!").removeClass("greyColor").removeClass("redColor").
addClass("greenColor");
            bool2 = true;
        }else{
            $("#pwdTips").text("6～16 个字符,不区分大小写!").removeClass("greyColor").
```

```
removeClass("greenColor").addClass("redColor");
        }
    }else{
        $("#pwdTips").text("不可用!").removeClass("greyColor").removeClass("greenColor").
addClass("redColor");
    }

})

$("#repwd").blur(function(){
    var pwd = $("#password").val();
    var repwd = $("#repwd").val();
    pwd == repwd ? new function(){ $("#repwdTips").text(" "); bool3 = true;} : $("#
repwdTips").text("两次密码不相同").css("color","red") ;

})

$("#register").click(function(){
    if(bool1 == true && bool2 == true && bool3 == true){
        if( $("#readed").attr("checked") == "checked"){
            $("#repwdTips").load("/ajax/register.php",{"username": $("#username").val(),
"password": $("#password").val()},function(){
                alert("Register success !");
                location.href = '../login.html';
            });
        }else{
            alert('请阅读服务条款!');
        }
    }
})

</script>
```

效果如图 14-1 所示。

2. 链接数据库

(1) 选择文档类型

在 Dreamweaver CS6 窗口中，在菜单栏中单击【窗口】→【数据库】命令，在弹出的【数据库】窗口中进行如图 14-5 所示的设置。

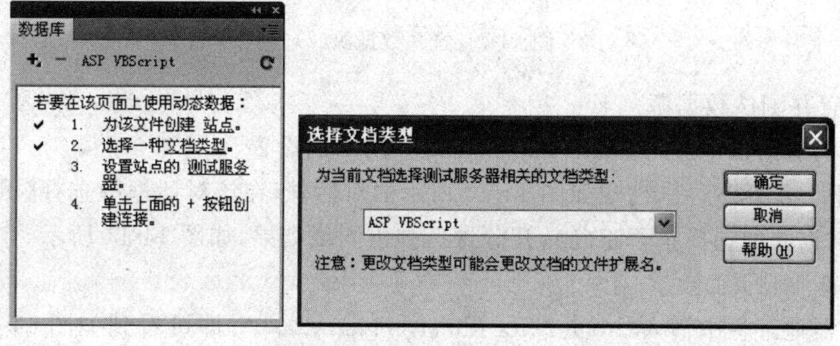

图 14-5　选择文档类型

(2) 选择数据源

按照如图 14-6 所示的方式选择数据源。

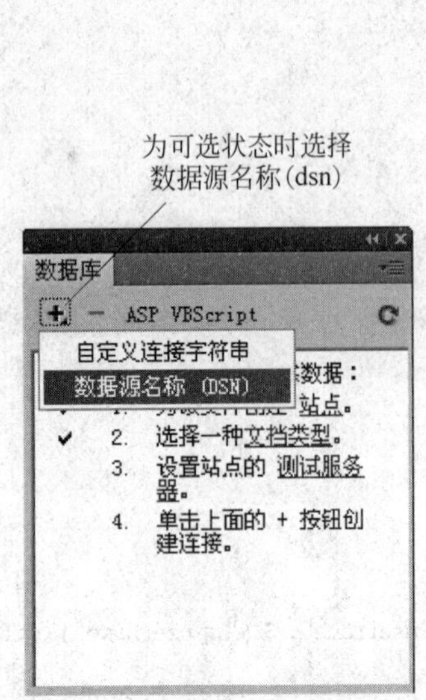

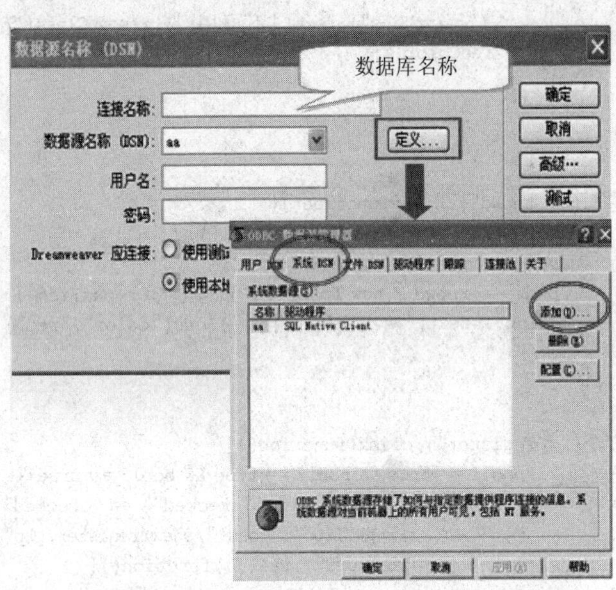

图 14-6 选择数据源(1)

在弹出的对话框中进行如图 14-7 所示的选择。

图 14-7 选择数据源(2)

(3) 设置并测试数据源

在弹出的对话框中进行如图 14-8 和图 14-9 所示的设置。

单击【下一步】按钮后，出现如图 14-10 所示的对话框，在该对话框中选择【测试数据源】选项(测试数据源的选择是否正确)，几分钟后弹出测试结果，如图 14-11 所示。

(4) 预览注册页面

在浏览器地址栏中输入“http://localhost/register.asp”，即可看到如图 14-1 所示的注册页面了。

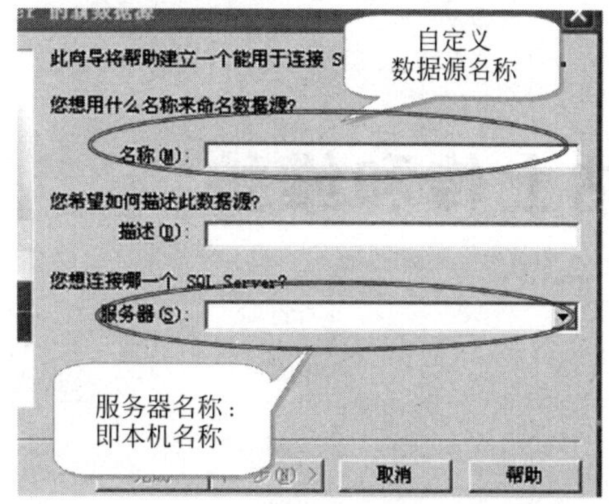

图 14-8　设置数据源(1)

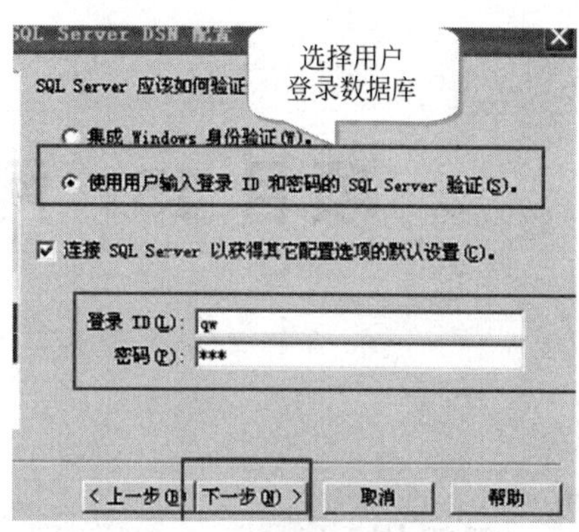

图 14-9　设置数据源(2)

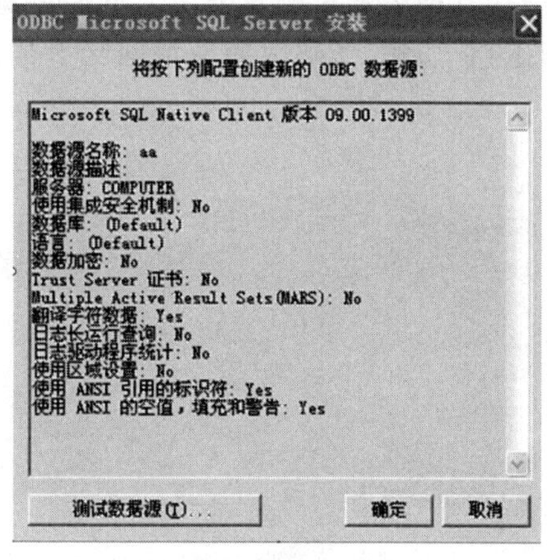

图 14-10　测试数据源

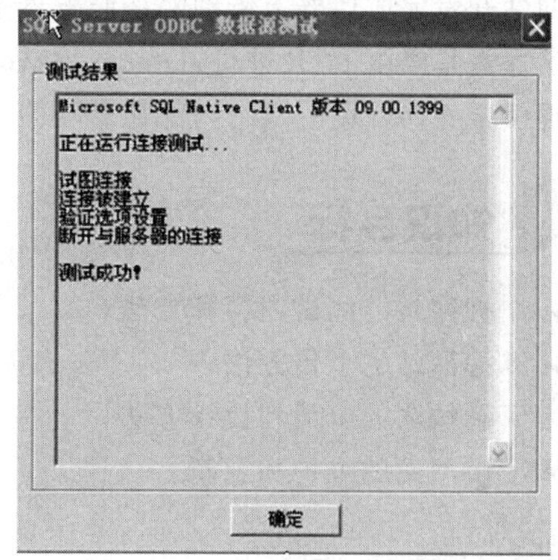

图 14-11　测试数据源结果

小　　结

动态网页是与静态网页相对应的，对于网站来说，动态网页主要能实现交互效果。本项目详细介绍了动态网页的特征及相关技术、搭建服务器和网页连接数据库的设计。

思　考　题

1. 动态网页的后缀名是什么?
2. 为什么要搭建服务器平台?

巩 固 练 习

参照本项目中的任务制作一个相似的注册页面。

项目 15　网站上传和维护

项目描述

网站开发完成后要上传到网络服务器上，才能让其他人通过浏览器进入网站浏览。发布网站通常是经由 FTP 进行，Dreamweaver 内建 FTP 功能，能够方便地把网站上传出去，并且提供了一些好用的网站内部管理功能。

知识目标

- 掌握网站的测试内容和方法；
- 掌握网站的上传方法；
- 了解域名的申请和设计方法；
- 了解网站的维护和更新。

技能目标

- 学会测试网站；
- 学会上传网站。

任务 15.1　网站的测试

任务描述

网站开发完成后，必须经过多次测试才能发布，以免出现不可避免的错误。测试网站通常是从以下 4 个方面进行测试：性能测试、安全性测试、基本测试和网站优化测试。

相关知识与技能

1. 性能测试

(1) 连接速度测试。用户连接到电子商务网的速度与上网方式有关，可以是电话拨号，也可以是宽带上网。

(2) 负载测试。负载测试是在某一负载级别下，检测电子商务系统的实际性能。也就是能允许多少个用户同时在线。可以通过相应的软件在一台客户机上模拟多个用户来测试负载。安排多个用户访问网站，让网站在高强度、长时间的环境中进行测试。测试内容主要有：网站在多个用户访问时，访问速度是否正常；网站所在服务器是否会出现内存溢出；CPU 资源占用是否正常。

(3) 压力测试。压力测试是测试系统的限制和故障恢复能力，也就是测试电子商务系统会不会崩溃。

2. 安全性测试

它需要对网站的安全性（服务器安全，脚本安全）进行测试，可能有的漏洞测试、攻击性测试和错误性测试。对电子商务的客户服务器应用程序、数据、服务器、网络、防火墙等进行测试。用相对应的软件进行测试。

3. 基本测试

它包括色彩的搭配，连接的正确性，导航的便捷性和正确性，CSS 应用的统一性。测试内容主要有：评价每个页面的风格、颜色搭配、页面布局、文字的字体与大小等方面与网站的整体风格是否统一、协调。各种链接所放的位置是否合适；页面切换是否简便；对于当前可用访问位置是否有明确可用提示等。

4. 网站优化测试

好的电子商务网站是看它是否经过搜索引擎优化，网站的架构、网页的栏目与静态情况等。

任务实现

1. 测试网页

本阶段主要是由网页制作工程师测试所制作的网页，测试内容包括 HTML 源代码是否规范完整，网页程序逻辑是否正确，是否存在空链接、链接错误等。

(1) 检查链接

利用 Dreamweaver CS6 提供的“链接检查器”可以方便地检查错误链接，方法如下：打开“珠海航展”的首页，在 Dreamweaver CS6 的主窗口中，依次选择【文件】→【检查页】→【链接】命令，弹出如图 15-1 所示的对话框，在该对话框中选择【检查整个当前本地站点的链接】选项，检查结果如图 15-2 所示。

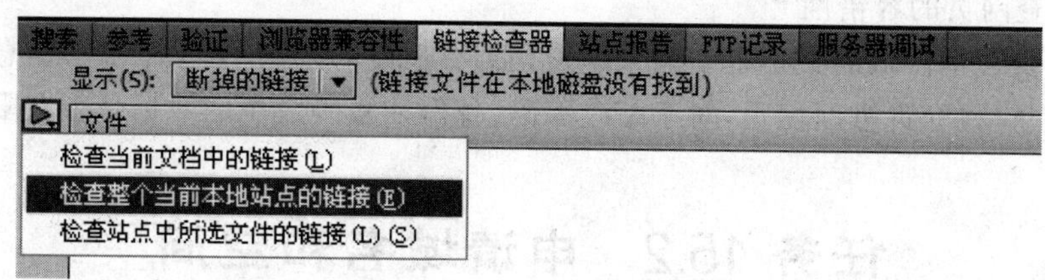

图 15-1 检查链接

从图 15-2 中可以看出该站点的链接文件有错误，还需要进行修改后再检查链接，直到没有孤立文件、断掉的链接为止。

孤立文件：网站经过多次的更新，难免会留下一些用不到的文件，这时就可以将这些孤立的文件删除，以免占用网页空间，因为这些文件在发布时都会被送到服务器上。

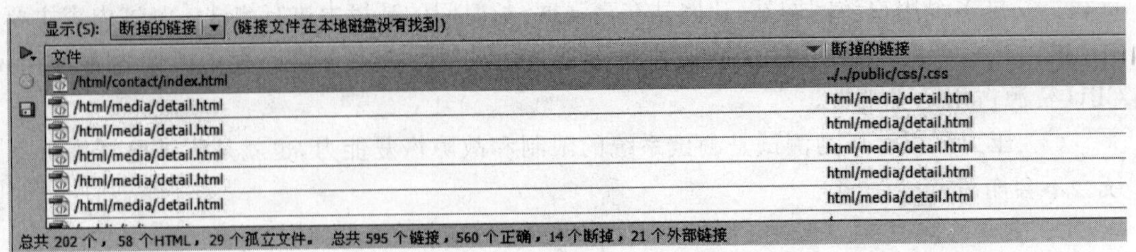

图 15-2　检查链接结果

断掉的链接：显示错误的超链接，可能指定的链接文件已不存在或文件名改变了。

(2) 检查目标浏览器兼容性

由于浏览者的浏览器类型或版本会有所不同，导致浏览同一网页时显示的效果也会有所不同。网页中的图像、文本等元素在不同的浏览器中显示的效果不大，但是 CSS 样式、行为等元素在不同的浏览器中可能差异很大。打开珠海航展的首页，在 Dreamweaver CS6 的主窗口中，依次选择【文件】→【检查页】→【浏览器兼容性】命令，在当前文档下方出现检查结果，如图 15-3 所示。

图 15-3　检查浏览器兼容性结果

2. 测试本地站点

本阶段测试内容包括：检查链接、检查页面效果、检查网页的容错性。

(1) 检查链接

同网页测试。

(2) 检查页面效果

检查网页中的脚本是否正确，是否出现非法字符或乱码；文字是否正常；是否有显示不出来的图片；Flash 动画的画面出现时间是否过长；网页特效是否能正常显示等。

(3) 检查网页的容错性

检查网页表单区域的文本框中输入字符是否有长度的限制，表单中填写信息出错时，是否有提示信息，并允许重新填写，对于邮政编码、身份证号码之类的数据是否有限制长度等。

任务 15.2　申请域名和空间

任务描述

网站设计完成并经过本地站点测试通过之后，将它发布到网上，首先需要申请一个域名和空间。空间申请是动态的，分不同语言编写，如 ASP、PHP、JSP，相应的空间支持和价格都是不同的，而域名在哪里申请都是一样，价格也比较透明。

相关知识与技能

1. 申请域名

(1) 什么是域名

域名(Domain Name),是由一串用点分隔的名字组成的,Internet 上提供用户访问某网站或网页的路径,用于在数据传输时标识计算机的电子方位(有时也指地理位置)。国际域名管理机构是采取“先申请,先注册,先使用”的方式,而网域名称只需要缴交金额不高的注册年费,只要持续注册就可以持有域名的使用权。由若干个字母和数字组成,由“.”分隔成几部分。例如,www. baidu. com 就是一个域名。

“域名申请”是为保证每个网站的域名或访问地址是独一无二的,需要向统一管理域名的机构或组织注册或备档的一种行为。也就是说,为了保证网络安全和有序性,网站建立后为其绑定一个全球独一无二的域名或访问地址,必须向全球统一管理域名的机构或组织去注册或者备档方可使用的一种行为。

域名是网站必不可少的“门牌号”,可用于:网站地址访问、电子邮箱、品牌保护等用途,所以很多企业或个人均会进行域名申请。

(2) 域名种类

① 顶级域名:(TLDs, Top-level domains,First-level domains)。

② 通用顶级域名:(gTLDs, generic top-level domains,国际域名、英文国际顶级域名、国际顶级类型域名、英文国际域名)。

通用顶级域分以下两类。

a. 无赞助:. biz、. com、. edu、. gov、. info、. int、. mil、. name、. net、. org、. pro、. xxx

b. 赞助:. aero、. cat、. coop、. jobs、. museum、. travel、. mobi、. asia、. tel

. com——用于商业机构。它是最常见的顶级域名。任何人都可以注册. com 形式的域名。

. net——最初是用于网络组织,例如因特网服务商和维修商。任何人都可以注册以. net 结尾的域名。

(3) 域名注册

查询依管理机构不同而有所差异。一般来说,gTLD 域名的管理机构,都仅制定域名政策,而不涉及用户注册事宜,这些机构会将注册事宜授权给通过审核的顶级注册商,再由顶级注册商向下授权给其他二、三级代理商。

ccTLD 的注册就比较复杂,除了遵循前述规范外,部分国家如前所述将域名转包给某些公司管理,亦有管理机构兼顶级注册机构的状况。

(4) 中文域名

就是以中文表现的域名。由于互联网起源于美国,使得英文成为互联网上资源的主要描述性文字。这一方面促使互联网技术和应用的国际化;另一方面,随着互联网的发展特别在非英文国家和地区的普及,又成为非英语文化地区人们融入互联网世界的障碍。中文域名是含有中文的新一代域名,同英文域名一样,是互联网上的门牌号码。中文域名在技术上符合 2003 年 3 月份 IETF 发布的多语种域名国际标准(RFC3454、RFC3490、RFC3491、RFC3492)。中文域名属于互联网上的基础服务,注册后可以对外提供 WWW、E-mail、FTP 等应用服务。

(5) 申请步骤

① 准备申请资料。com 域名无须提供身份证、营业执照等资料，自 2012 年 6 月 3 日起，cn 域名已开放个人申请注册，所以申请只需要提供身份证或企业营业执照。

② 寻找域名注册商。找一个信誉、质量、服务、稳定都很好的网站：空间域名网络，在这个网站上注册一个用户名。由于. com、. cn 域名等不同后缀均属于不同注册管理机构所管理，如要注册不同后缀域名则需要从注册管理机构寻找经过其授权的顶级域名注册服务机构。如 com 域名的管理机构为 ICANN，cn 域名的管理机构为 CNNIC（中国互联网络信息中心）。域名注册查询商已经通过 ICANN、CNNIC 双重认证，则无须分别到其他注册服务机构申请域名。

③ 查询域名。在注册商网站点击查询域名，选择你要注册的域名，并单击域名注册查询。

④ 正式申请。查到想要注册的域名，并且确认域名为可申请的状态后，提交注册，并缴纳年费。

⑤ 申请成功。正式申请成功后，即可开始进入 DNS 解析管理、设置解析记录等操作。

域名申请成功后会有域名证书，可以向域名服务商索要，《国际域名注册证书》是由国际顶级域名权威机构 ICANN（The Internet Corporation for Assigned Names and Numbers）授权颁发，《中国国家顶级域名证书》是由中国互联网络信息中心（China Internet Network Information Center，CNNIC）中国域名注册管理机构和域名根服务器运行机构出证。

(6) 其他

① 审批时间：国内域名的申请由于要备案，首先需要在网上提交，提交成功后还需要提供正式的域名申请表，企业营业执照副本复印件，介绍信和承办人身份证复印件等材料，经过人工审批后，一般需要一个月的时间。

② 域名实名认证：很多域名服务商要求对域名进行实名认证，具体情况如下。

a. 域名持有者为法人组织的，应提交组织机构代码证（复印件或扫描件）、注册联系人身份证（复印件或扫描件）。

b. 域名持有者为非法人单位，没有组织机构代码证的，应提交营业执照（复印件或扫描件）、注册联系人身份证（复印件或扫描件）。

c. 域名持有者为个人的，应提交持有人身份证（复印件或扫描件）。

国内域名是由中国互联网信息中心管理和注册的，其网址是：http://www. cnnic. net. cn/index. htm，如图 15-4 所示。

2. 申请空间

(1) 网站空间

网站实际上是建立在网络服务器上的一组 Web 文件，而这些文件需要占据一定的硬盘空间。这就是通常所说的网站空间。

一个网站到底需要多大的空间呢？这是企业做网站十分关心的问题。一般情况，企业网站的空间比较小，大致在 80～100MB，其中包括基本网页 HTML 文件和网页图片（需要 1～3MB 的空间），产品照片和各种介绍性页面（大小一般为 10MB），另外，企业需要存放反馈信息和备用文件的空间，还有一些剩余的硬盘空间（避免数据丢失）。如果是影视、在线听歌类等娱乐性质的网站则需要大一些的空间，通常大型网站都用自己的服务器。

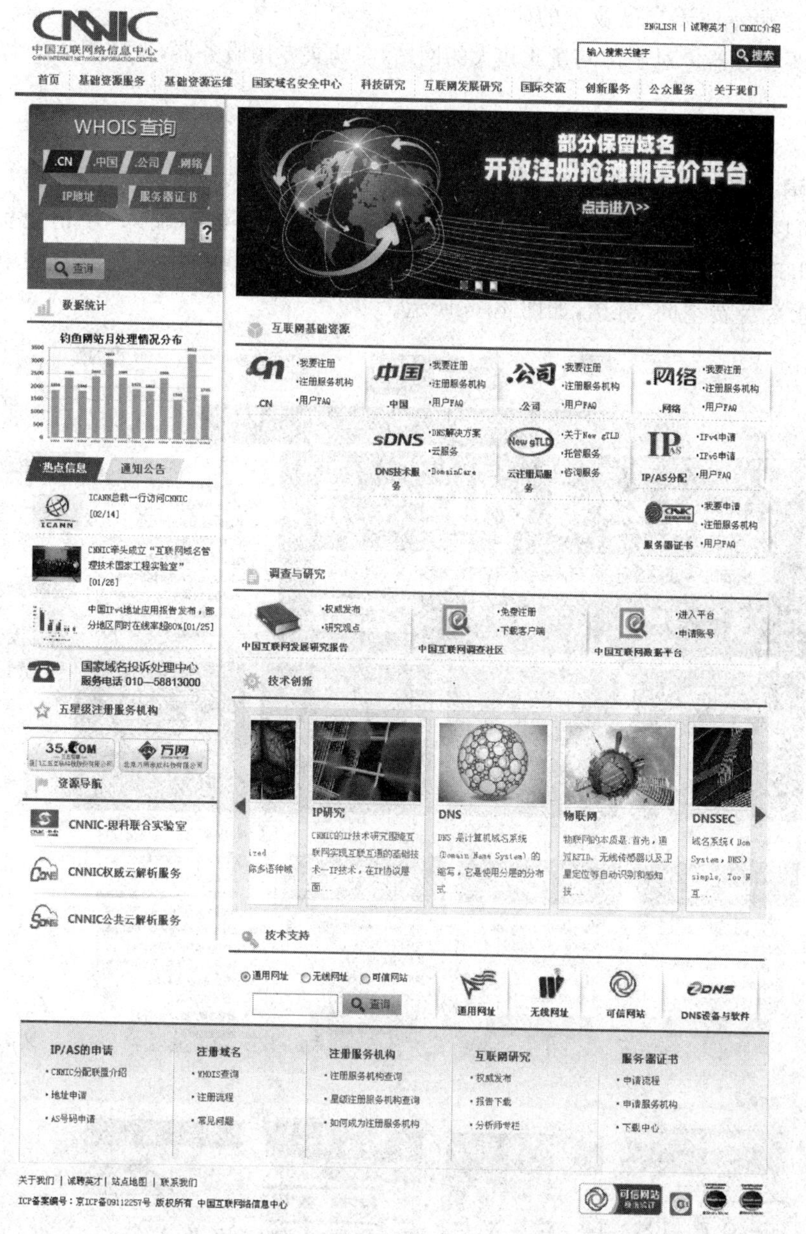

图 15-4　中国互联网络信息中心首页

(2) 空间类型

① 免费网站空间。不需要付费，但同时不支持应用程序技术和数据库技术。

② 使用虚拟主机。选择以虚拟主机空间作为放置网站内容的网站空间，通过支付一定的费用向网站托管服务商租用虚拟主机。虚拟主机空间价格最低，但仅能满足小部分中小企业的要求。

③ 租用专用服务器。用户无须自己购买服务器，只需根据自己业务的需要，提出对硬件配置的要求。用户采取租用的方式，安装相应的系统软件及应用软件以实现用户独享专用高性能服务器，实现 WEB＋FTP＋MAIL＋VDNS 全部网络服务功能，用户的初期投资

减轻了,可以更专注于自己业务的研发。

④ 购买服务器。对于访问量比较大的网站,需购买专用服务器,这样不会产生网络堵塞。

任务实现

1. 申请免费域名和空间

(1) 可以通过百度、搜狗等网站搜索提供免费空间的网站,输入“申请免费的主页空间”,即可出现相应的信息。在搜索结果中,选择“免费空间虚拟主机免费空间申请 aspphp 国内全能永久免费空间”链接,如图 15-5 所示。

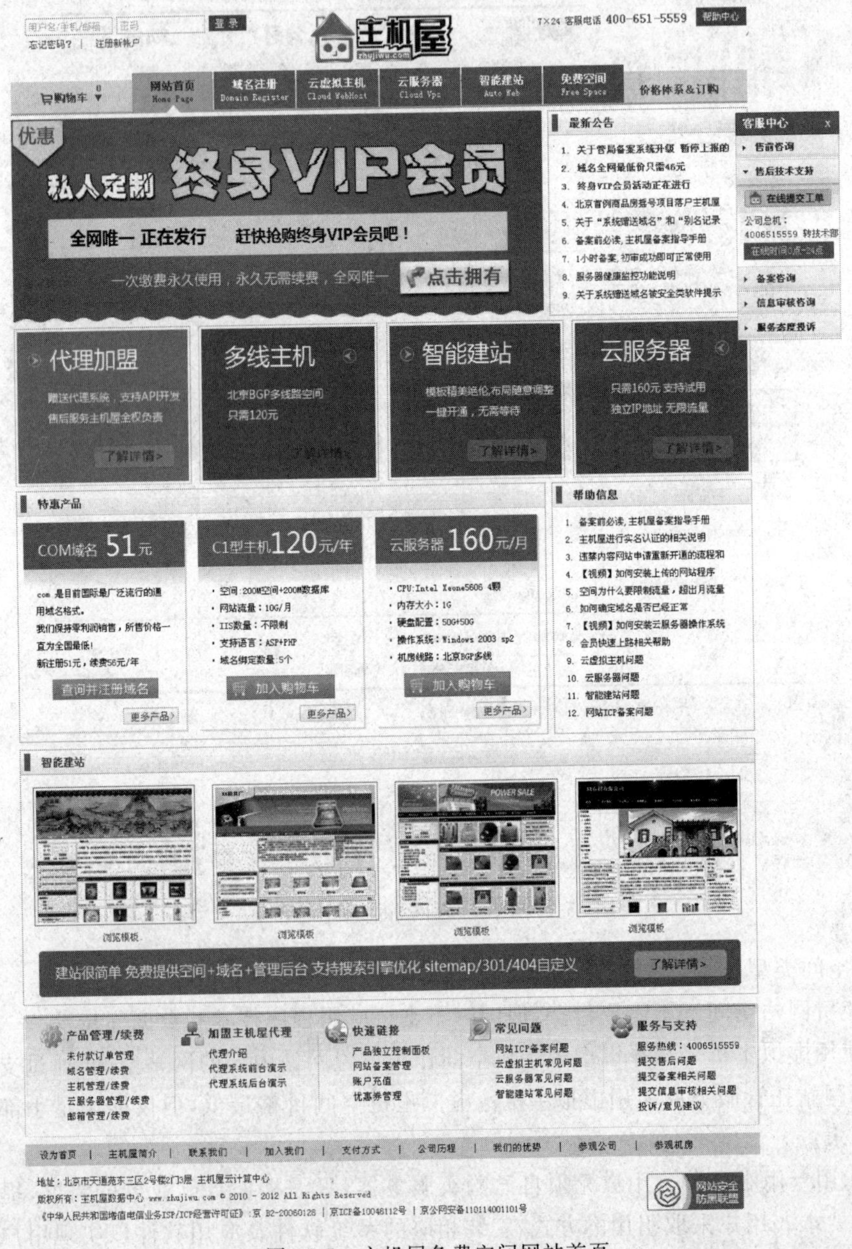

图 15-5　主机屋免费空间网站首页

(2) 单击"免费空间 free space"按钮 免费空间 Free Space ,填写注册信息,如图 15-6 所示。

注册新用户

邮箱地址：765948484@qq.com

请正确填写邮箱，以便今后密码丢失找回密码。

密码：••••••

重复密码：••••••

验证码：72　32 + 40 =　看不清？换一个

立即注册

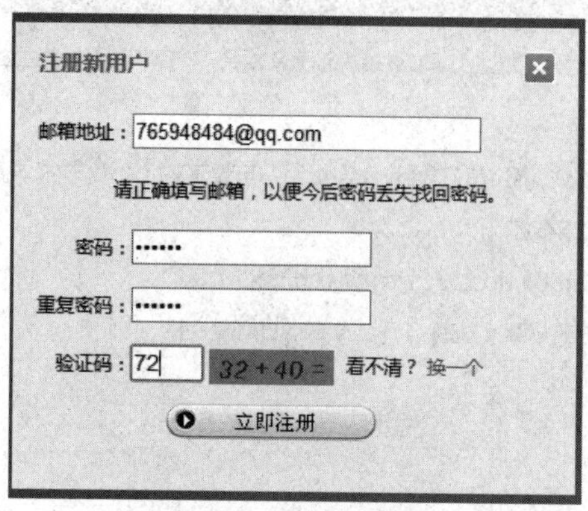

图 15-6　主机屋免费空间申请

(3) 单击【立即注册】按钮,弹出如图 15-7 所示的【注册成功】对话框。

图 15-7　成功申请免费空间

(4) 登录后,单击【会员中心】按钮 会员中心 ,弹出如图 15-8 所示的对话框。在该对话框中选择产品类型为"虚拟主机",单击运行状态下的【点击一键盘初始化】按钮,弹出如图 15-9 所示的域名信息。

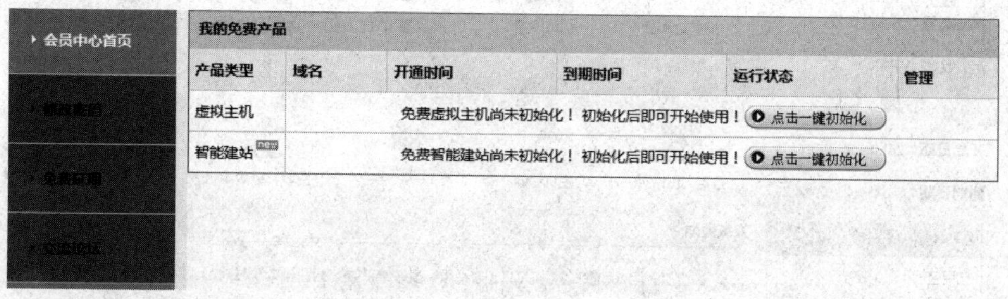

会员中心首页

我的免费产品

产品类型	域名	开通时间	到期时间	运行状态	管理
虚拟主机		免费虚拟主机尚未初始化！初始化后即可开始使用！		点击一键初始化	
智能建站 new		免费智能建站尚未初始化！初始化后即可开始使用！		点击一键初始化	

图 15-8　免费空间控制面板

我的免费产品

产品类型	域名	开通时间	到期时间	运行状态	管理
虚拟主机	ftp114305.host172.mymyweb.net	2014-4-8	2014-4-23 免费延期	正常	管理

图 15-9　免费域名信息

(5) 单击该域名,弹出如图 15-10 所示的【网站使用说明】对话框。

2. 管理免费空间

单击图 15-9 中的【管理】按钮,弹出如图 15-11 所示的免费空间信息。

网站使用说明
您当前访问的域名为系统测试域名，请尽快绑定顶级域名。如需用系统测试域名访问，请按照如下步骤设置您的电脑：
1. 打开“C:\Windows\System32\drivers\etc\”目录下的 hosts 这个文件（用记事本打开）。
2. 在文件底部加上如下代码：
182.18.8.75 ftp114305.host172.mymyweb.net
3. 保存后，关闭所有浏览器，重新打开浏览器，即可访问。
点击这里查看其他方法

图 15-10 【网站使用说明】对话框

图 15-11 申请的免费空间的信息

(1) 在图 15-11 中选择【设置 FTP 密码】选项，在弹出的对话框中设置上传文件的 FTP 密码，如图 15-12 所示。

(2) 单击【文件管理】选项，弹出如图 15-13 所示的服务器 IP、FTP 用户名及密码等信息对话框。

(3) 同样的操作方式，设置或查看其他相关信息。

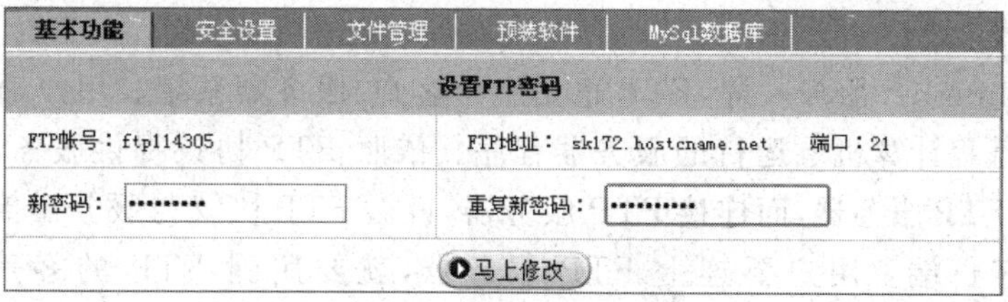

图 15-12　设置 FTP 密码

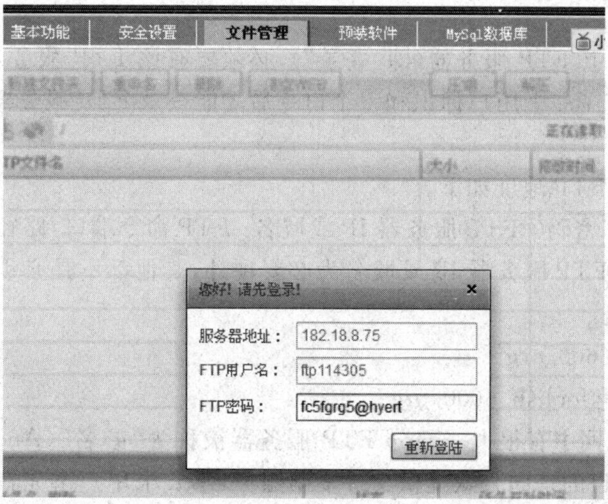

图 15-13　查看服务器 IP、FTP 用户名及密码等信息

任务 15.3　网站的上传和维护

任务描述

申请域名和空间后，本地站点建立的文件可以通过 FTP 协议上传到远程的 FTP 或 Web 服务器上，那么网站也就成为真正的网站了。主要是通过 FTP 软件工具连接到 Internet 服务器进行上传，关于网站上传工具在项目 1 中有具体的介绍。

相关知识与技能

1. FTP 协议

(1) 什么是 FTP

FTP 是 TCP/IP 协议组中的协议之一，是英文 File Transfer Protocol 的缩写。该协议是 Internet 文件传送的基础，它由一系列规格说明文档组成，目标是提高文件的共享性，提供非直接使用远程计算机，使存储介质对用户透明，能够可靠高效地传送数据。简单地说，FTP 就是完成两台计算机之间的复制，从远程计算机复制文件到自己的计算机上，称之为“下载(download)”文件。若将文件从自己的计算机中复制到远程计算机上，则称之为“上载(upload)”文件。在 TCP/IP 协议中，FTP 标准命令 TCP 端口号为 21，Port 方式数据端口为 20。

(2) 服务器

同大多数 Internet 服务一样，FTP 也是一个客户/服务器系统。用户通过一个客户机程序连接至在远程计算机上运行的服务器程序。依照 FTP 协议提供服务，进行文件传送的计算机就是 FTP 服务器，而连接 FTP 服务器，遵循 FTP 协议与服务器传送文件的计算机就是 FTP 客户端。用户要连上 FTP 服务器，就要用到 FTP 的客户端软件，通常 Windows 自带"ftp"命令，这是一个命令行的 FTP 客户程序，另外，常用的 FTP 客户程序还有 FileZilla、CuteFTP、Ws_FTP、Flashfxp、LeapFTP、流星雨-猫眼等。

(3) 用户授权

① 授权。要连上 FTP 服务器(即"登录")，必须要有该 FTP 服务器授权的账号，也就是说，用户只有在有了一个用户标识和一个口令后才能登录 FTP 服务器，享受 FTP 服务器提供的服务。

② 地址格式。FTP 地址如下。

ftp://用户名：密码@FTP 服务器 IP 或域名：FTP 命令端口/路径/文件名。

上面的参数除 FTP 服务器 IP 或域名为必要项外，其他都不是必须的。如以下地址都是有效的 FTP 地址：

ftp://foolish.6600.org

ftp://list:list@foolish.6600.org

③ 匿名。互联网中有很大一部分 FTP 服务器被称为"匿名"(Anonymous)FTP 服务器。这类服务器的目的是向公众提供文件复制服务，不要求用户事先在该服务器进行登记注册，也不用取得 FTP 服务器的授权。匿名 FTP 一直是 Internet 上获取信息资源的最主要方式，在 Internet 成千上万的匿名 FTP 主机中存储着无以数计的文件，这些文件包含了各种各样的信息，数据和软件。如 redhat、autodesk 等公司的匿名站点。

(4) 传输模式

FTP 协议的任务是将文件从一台计算机传送到另一台计算机，它与这两台计算机所处的位置、连接的方式，甚至是否使用相同的操作系统无关。假设两台计算机通过 FTP 协议对话，并且能访问 Internet，就可以用 ftp 命令来传输文件。每种操作系统在使用上有某一些细微差别，但是每种协议基本的命令结构是相同的。

FTP 的传输有两种方式：ASCII 传输模式和二进制传输模式。

① ASCII 传输模式。假定用户正在复制的文件包含的简单 ASCII 码文本，如果在远程机器上运行的是不同的操作系统，当文件传输时，ftp 通常会自动地调整文件的内容以便把文件解释成另外那台计算机存储文本文件的格式。但是常常有这样的情况，用户正在传输的文件包含的不是文本文件，它们可能是程序、数据库、字处理文件或者压缩文件(尽管字处理文件包含的大部分是文本，其中也包含指示页尺寸、字库等信息的非打印字符)。

在复制任何非文本文件之前，用 binary 命令告诉 ftp 逐字复制，不要对这些文件进行处理，这也是下面要讲的二进制传输。

② 二进制传输模式。在二进制传输中，保存文件的位序，以便原始和复制的是逐位一一对应的。即使目的地机器上包含位序列的文件是没意义的。例如，macintosh 以二进制方式传送可执行文件到 Windows 系统，在对方系统上，此文件不能执行。

如果你在 ASCII 方式下传输二进制文件，即使不需要也仍会转译。这会使传输稍微变慢,也会损坏数据,使文件变得不能用。在大多数计算机上,ASCII 方式一般假设每一字符的第一有效位无意义,因为 ASCII 字符组合不使用它。如果你传输二进制文件,所有的位都是重要的。如果你知道这两台机器是同样的,则二进制方式对文本文件和数据文件都是有效的。

(5) 工作方式

FTP 支持两种模式,一种方式叫做 Standard (也就是 PORT 方式,主动方式),一种是 Passive(也就是 PASV,被动方式)。Standard 模式 FTP 的客户端发送 PORT 命令到 FTP 服务器。Passive 模式 FTP 的客户端发送 PASV 命令到 FTP 服务器。

下面介绍这两种方式的工作原理。

① Port。FTP 客户端首先和 FTP 服务器的 TCP 21 端口建立连接,通过这个通道发送命令,客户端需要接收数据的时候在这个通道上发送 PORT 命令。PORT 命令包含了客户端用什么端口接收数据。在传送数据的时候,服务器端通过自己的 TCP 20 端口连接至客户端的指定端口发送数据。FTP 服务器必须和客户端建立一个新的连接用来传送数据。

② Passive。在建立控制通道的时候和 Standard 模式类似,但建立连接后发送的不是 Port 命令,而是 Pasv 命令。FTP 服务器收到 Pasv 命令后,随机打开一个高端端口(端口号大于 1024)并且通知客户端在这个端口上传送数据的请求,客户端连接 FTP 服务器此端口,然后 FTP 服务器将通过这个端口进行数据的传送,这个时候 FTP 服务器不再需要建立一个新的和客户端之间的连接。

2. Dreamweaver 内置 FTP

利用 Adobe Dreamweaver CS6 中改善的多线程 FTP 传输工具,可以更快速高效地上传网站文件,缩短制作时间。

3. 网站的维护

一个好的网站需要定期或不定期地更新内容,才能不断地吸引更多的浏览者,增加访问量。网站维护是为了网站能够长期稳定地运行在 Internet 上。维护的基本内容如下。

(1) 服务器及相关软硬件的维护,对可能出现的问题进行评估,制定响应时间。

(2) 数据库维护。

(3) 内容的更新、调整等。

(4) 制定相关网站维护的规定,将网站维护制度化、规范化。

(5) 做好网站安全管理,防范黑客入侵网站,检查网站各个功能,链接是否有错。

任务实现

1. 设置远程服务器站点

(1) 在当前文档窗口中,选择菜单栏中的【站点】→【管理站点】命令,打开【管理站点】对话框,如图 15-14 所示。

(2) 在【管理站点】对话框中,单击【编辑】按钮 ,弹出【站点对象-珠海航展】对话框,单击该对话框中的【服务器】类别,单击【新添加服务器】按钮 ,如图 15-15 所示。

(3) 在弹出的对话框窗口进行如图 15-16 所示的设置。

(4) 单击【保存】按钮并进行确认关闭对话框,返回【管理站点】对话框,单击【完成】按钮即可。

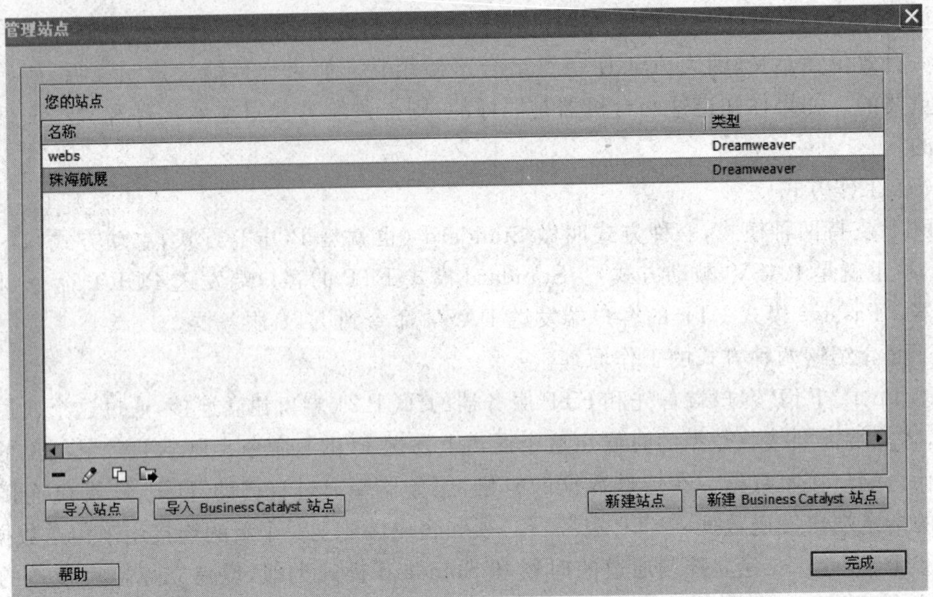

图 15-14 【管理站点】对话框

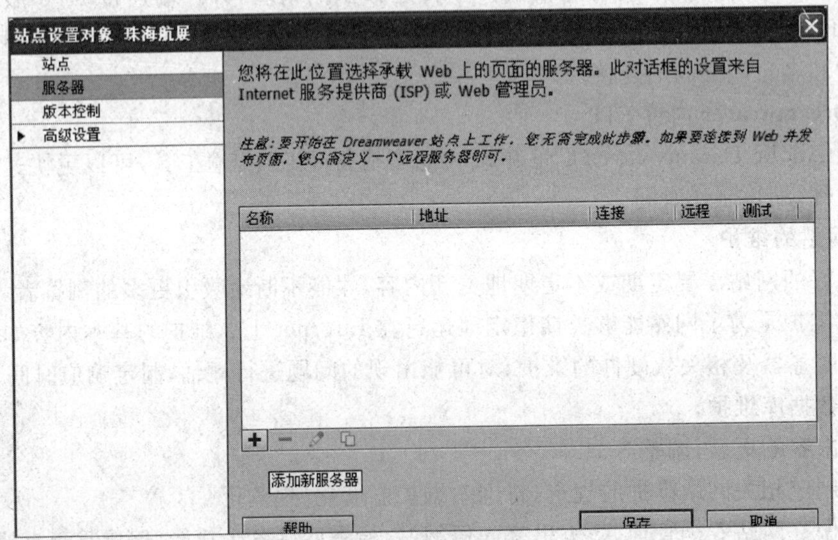

图 15-15 添加新服务器

2. 连接服务器

定义了远程服务器后，还需要建立本地站点和远程服务器，也就是 Internet 服务器的连接，才能上传本地站点文件。

(1) 在当前文档窗口中，依次选择菜单栏中的【窗口】→【文件】命令，弹出本地站点文件窗口，如图 15-17 所示。

(2) 单击图 15-17 中的【连接到远程服务器】按钮，则在站点窗口的远程站点窗口中显示主机的目录，它将作为远程站点根目录。

(3) 在站点窗口中选择本地站点，单击【上传】按钮，本地站点中的所有文件将逐个上传到远程站点。

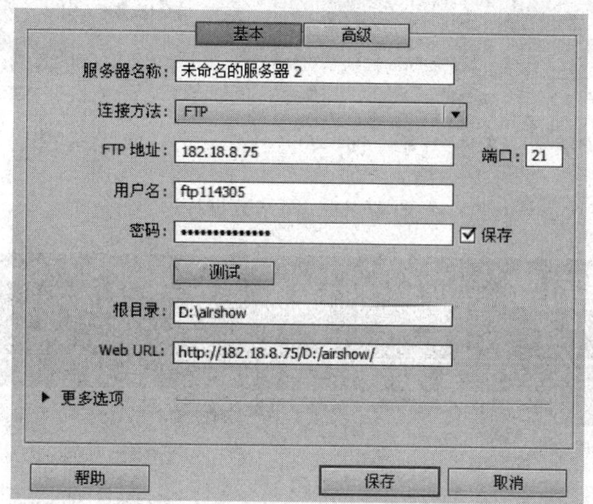

图 15-16　设置服务器

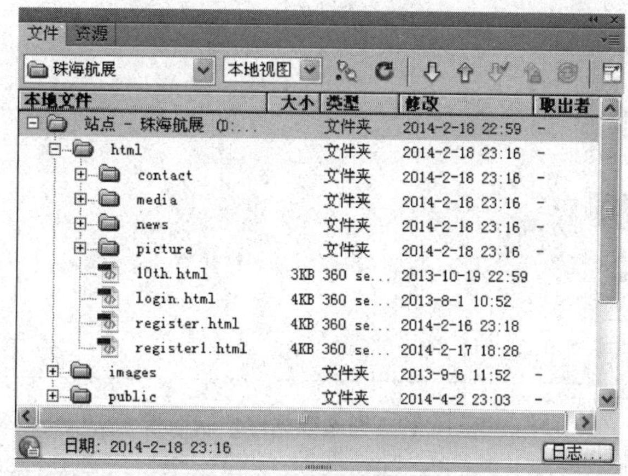

图 15-17　本地站点文件

3. 网站的维护

对于一个网站来说，数据库维护的维护比其他如内容方面的维护更重要。一般情况，小型网站只需要定时备份，大型网站除了需要定时备份，还要进行数据压缩、数据安全漏洞检查、数据库设计结构调整和优化，索引查询优化及软硬件升级等。

(1) 登录到已经申请的免费空间，选择【MySql 数据库】选项，弹出如图 15-18 所示的界面。单击【进入管理】按钮，弹出如图 15-19 所示的数据库控制面板界面。在该数据库控制面板中可以进行密码设置、数据库的备份与还原、数据库初始化及高级管理等操作。

注意：申请免费空间自带的数据库是 MySql 数据库。

(2) 密码设置如图 15-19 所示，密码长度要求是 9 位数。如果想修改为其他密码，单击【马上修改】按钮即可。

(3) 备份还原就是对数据库进行备份，如果某一时间段，网站不能正常运行，则可以通过备份将数据库还原到可运行的时间段。注意：在备份数据库之前，要单击【开启数据库 FTP】按钮，开启之后才能对当前网站数据库进行备份，如图 15-20 所示。

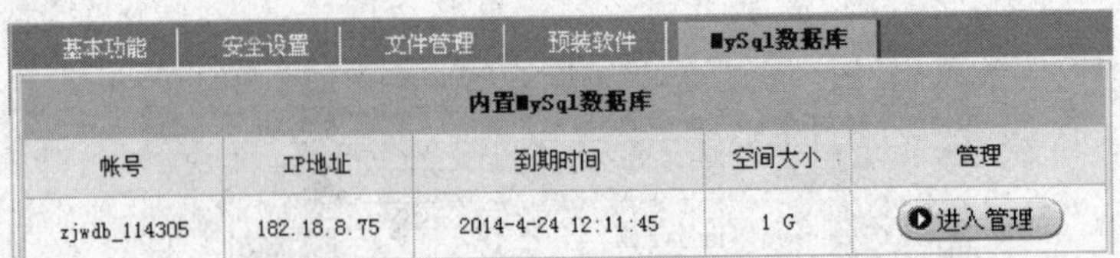

基本功能
安全设置
文件管理
预装软件
MySql数据库
内置MySql数据库
帐号
IP地址
到期时间
空间大小
管理
zjwdb_114305
182.18.8.75
2014-4-24 12:11:45
1 G
进入管理

图 15-18　网站数据库

免费空间网
http://www.id666.com
数据库控制面板
交流论坛
数据库基本信息
密码设置
备份还原
数据库初始化
高级管理
设置数据库密码
数据库类型：系统MySql数据库
服务器IP：　182.18.8.75
用户名：　zjwdb_114305
数据库帐号：zjwdb_114305
数据库密码：H35RFTOFT
连接端口：　3306
开始日期：　2014-4-8
到期日期：　2014-4-24
数据库帐号：zjwdb_114305
数据库密码：H35RFTOFT
新密码：
重复新密码：
马上修改
数据库使用情况
已用空间：　4 K
总 空 间：1 G
使用比例：　0%

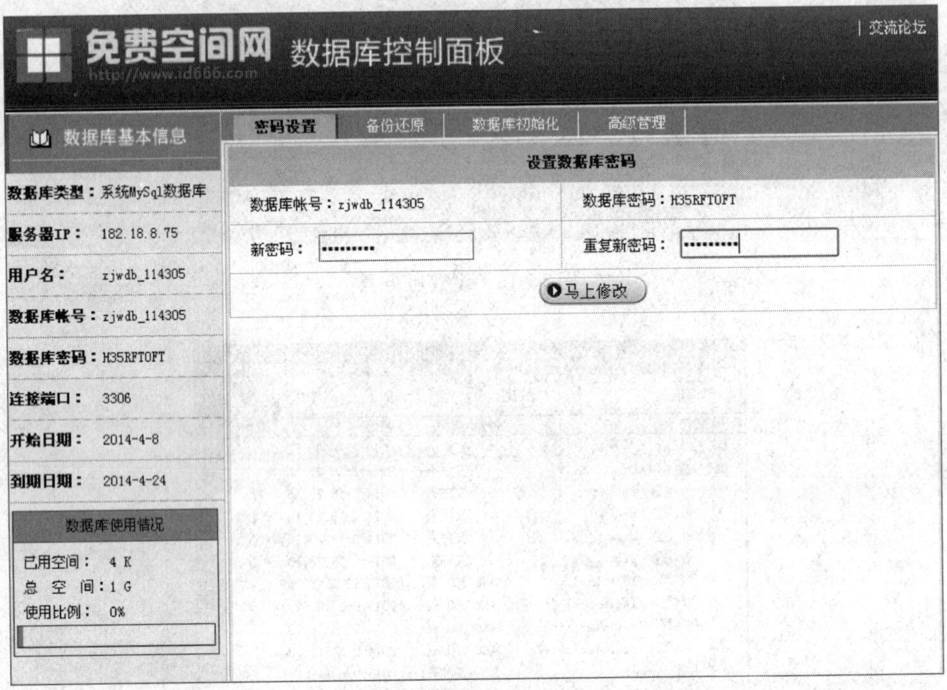

图 15-19　网站数据库控制面板

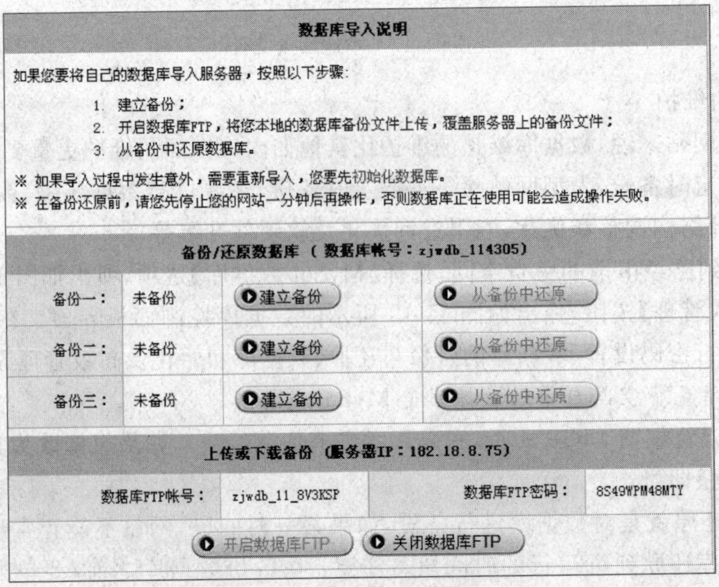

数据库导入说明
如果您要将自己的数据库导入服务器，按照以下步骤:
1. 建立备份；
2. 开启数据库FTP，将您本地的数据库备份文件上传，覆盖服务器上的备份文件；
3. 从备份中还原数据库。
※ 如果导入过程中发生意外，需要重新导入，您要先初始化数据库。
※ 在备份还原前，请您先停止您的网站一分钟后再操作，否则数据库正在使用可能会造成操作失败。
备份/还原数据库 （数据库帐号：zjwdb_114305）
备份一：
未备份
建立备份
从备份中还原
备份二：
未备份
建立备份
从备份中还原
备份三：
未备份
建立备份
从备份中还原
上传或下载备份 （服务器IP：182.18.8.75）
数据库FTP帐号：
zjwdb_11_8V3KSF
数据库FTP密码：
8S49WPM48MTY
开启数据库FTP
关闭数据库FTP

图 15-20　备份还原数据库

（4）数据库初始化，这个操作一般情况不要执行，因为执行该操作，网站中的相关数据库内容将全部丢失，如图 15-21 所示。

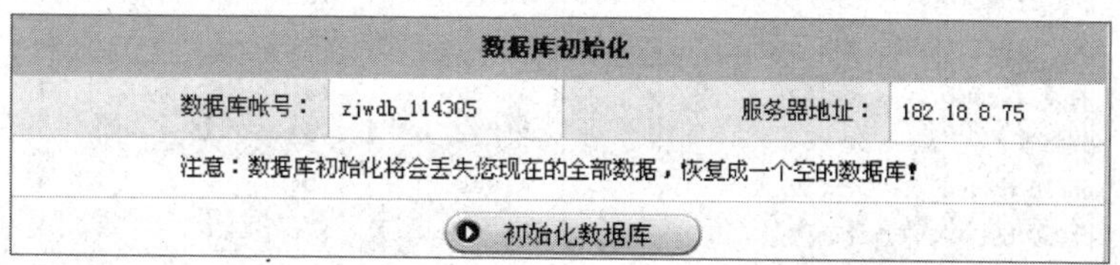

图 15-21　初始化数据库界面

（5）在数据库控制面板界面选择【高级管理】选项，弹出如图 15-22 所示的界面。在此界面中，可对数据库中数据表及数据字段进行相应的修改和删除操作，同时还能查询、增加和删除当前数据库中的数据，如图 15-23 所示。

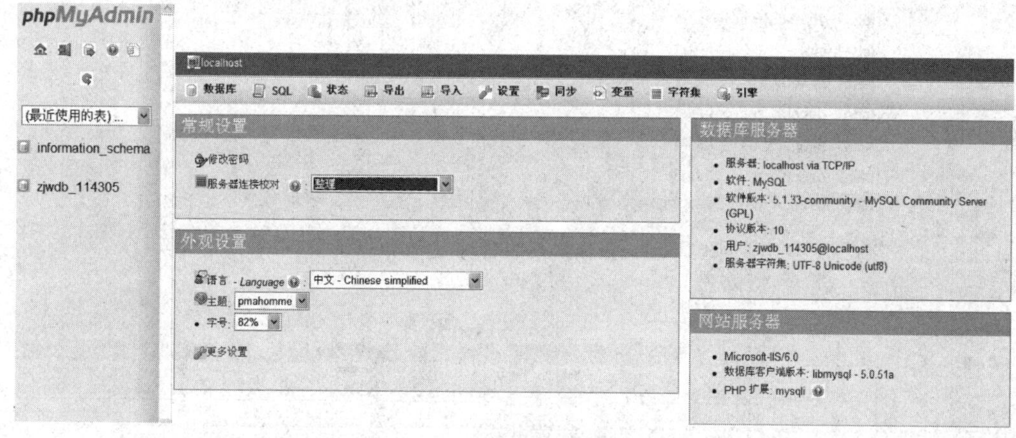

图 15-22　数据库高级管理

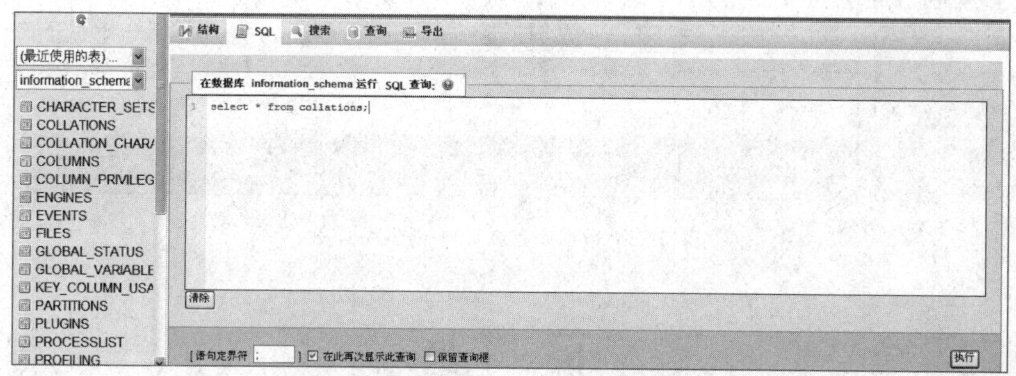

图 15-23　数据库高级管理-查询数据

单击【执行】按钮后，出现如图 15-24 所示的查询结果。

还可以在没有创建数据表的数据库添加相应的数据表，单击【新建数据表】按钮，弹出如图 15-25 所示界面，在该界面创建相应的数据表，创建完成后单击【保存】按钮即可。

+ 选项

COLLATION_NAME	CHARACTER_SET_NAME	ID	IS_DEFAULT	IS_COMPILED	SORTLEN
big5_chinese_ci	big5	1	Yes	Yes	1
big5_bin	big5	84		Yes	1
dec8_swedish_ci	dec8	3	Yes	Yes	1
dec8_bin	dec8	69		Yes	1
cp850_general_ci	cp850	4	Yes	Yes	1
cp850_bin	cp850	80		Yes	1
hp8_english_ci	hp8	6	Yes	Yes	1
hp8_bin	hp8	72		Yes	1
koi8r_general_ci	koi8r	7	Yes	Yes	1
koi8r_bin	koi8r	74		Yes	1
latin1_german1_ci	latin1	5		Yes	1
latin1_swedish_ci	latin1	8	Yes	Yes	1
latin1_danish_ci	latin1	15		Yes	1
latin1_german2_ci	latin1	31		Yes	2
latin1_bin	latin1	47		Yes	1
latin1_general_ci	latin1	48		Yes	1
latin1_general_cs	latin1	49		Yes	1
latin1_spanish_ci	latin1	94		Yes	1
latin2_czech_cs	latin2	2		Yes	4
latin2_general_ci	latin2	9	Yes	Yes	1

图 15-24　数据库高级管理-查询数据结果

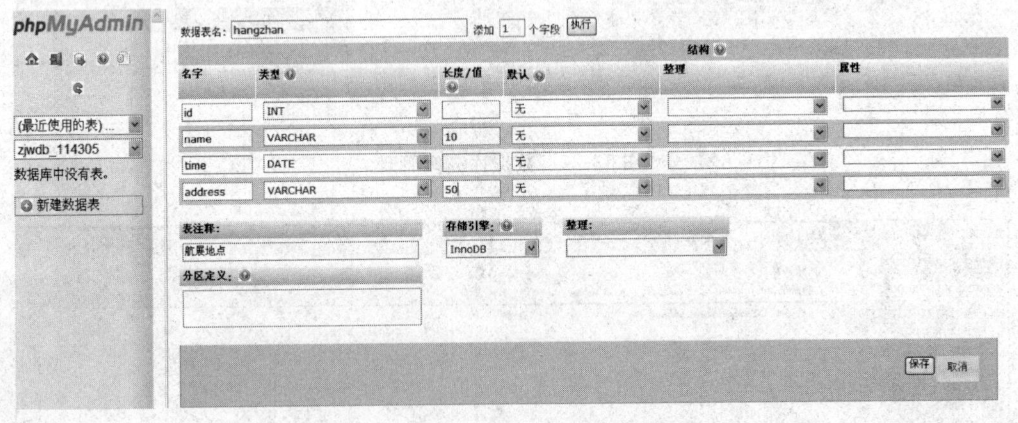

图 15-25　数据库高级管理-创建数据表

小　结

制作好的网站经过测试后，最后一步就是怎样将制作的网站上传到互联网上，让更多的人知道自己的网站。本项目详细介绍了网站的测试、怎么申请免费域名和空间及网站上传后的维护。

思　考　题

1. 网站通常是进行哪些方面的测试?
2. 为什么要申请域名和空间?
3. 上传到互联网的网站主要要进行哪些日常维护?

巩固练习

参照任务 1 和任务 2 完成以下任务。

1. 完成"酷致网络科技有限公司"网站的测试。
2. 为"酷致网络科技有限公司"网站申请免费的域名和空间。
3. 上传"酷致网络科技有限公司"网站到互联网。
4. 维护"酷致网络科技有限公司"网站。

参考文献

[1] 杜永红,樊学东,罗正蓉等.网页设计与制作及实训教程[M].北京:清华大学出版社,2013.

[2] 李晓歌,许朝侠,王辉等.Dreamweaver CS5 网页设计实例教程[M].北京:清华大学出版社,2013.

[3] 陈承欢. 网页设计与制作任务驱动式教程[M].第 2 版.北京:高等教育出版社,2013.

[4] 胡雪林. 网页设计与制作[M]. 北京:高等教育出版社,2013.

[5] 刘贵国. Dreamweaver CS6 网页设计与网站建设课堂实录[M]. 北京:清华大学出版社,2014.

[6] 戴仁俊. 网页设计与网站建设项目教程[M]. 北京:机械工业出版社,2014.

[7] 刘瑞新. 网页设计与制作教程(HTML+CSS+JavaScript)[M]. 北京:机械工业出版社,2014.

[8] 刘瑞新. 网页设计与制作教程[M].第 4 版. 北京:机械工业出版社,2013.

[9] 朱印宏. 网页设计与制作教程[M]. 北京:机械工业出版社,2011.

[10] 李翊,刘涛. Dreamweaver CS6 网页设计入门、进阶与提高[M]. 北京:电子工业出版社,2013.

[11] 赵辉. HTML+CSS 网页设计指南[M]. 北京:清华大学出版社,2010.

[12] 肖瑞奇.巧学巧用 Dreamweaver CS5 制作网页[M].北京:人民邮电出版社,2010.